菌丝基纳米功能材料及应用

竹文坤　何　嵘　雷　佳
陈　涛　李　怡　廉　杰　　著

U0200384

科学出版社

北京

内容简介

利用纳米技术使丰富多彩的生物质资源实现功能化应用是当今科研领域的研究热点。本书集中反映作者及课题组成员多年来在菌丝基纳米功能材料制备及应用方面研究的数据和成果,主要涉及菌丝的生物及物理化学特性,菌丝基纳米功能材料生长组装策略、形貌结构,以及其在吸附、催化、能量转换与存储方面的应用基础研究。

本书可供从事生物质材料、环境工程、材料工程的研究学者及工程技术人员参考。

图书在版编目(CIP)数据

菌丝基纳米功能材料及应用 / 竹文坤等著. --北京:科学出版社,2024.9

ISBN 978-7-03-072059-7

Ⅰ.①菌… Ⅱ.①竹… Ⅲ.①菌丝-纳米材料-功能材料-研究 Ⅳ.①TB383

中国版本图书馆 CIP 数据核字(2022)第 059087 号

责任编辑:陈丽华 / 责任校对:彭 映
责任印制:罗 科 / 封面设计:墨创文化

科学出版社 出版

北京东黄城根北街16号
邮政编码:100717
http://www.sciencep.com

成都锦瑞印刷有限责任公司 印刷
科学出版社发行 各地新华书店经销
*

2024年9月第 一 版 开本:787×1092 1/16
2024年9月第一次印刷 印张:14 1/2
字数:343 000

定价:169.00 元
(如有印装质量问题,我社负责调换)

前　　言

生命科学与材料科学相互交叉衍生出生物功能材料。其中，菌丝功能材料是一种低成本、环境友好、可降解的生物复合材料，在食品包装、节能环保、生物医药及环境治理等领域具有良好的应用前景。

目前，菌丝功能材料主要通过菌丝与生物质颗粒等介质直接复合或生长复合形成，相关研究集中于包装材料、建筑材料、保温材料、吸附材料等应用方面，而在利用菌丝生长富集金属离子掺杂改性和生长组装纳米颗粒材料形成宏观尺度菌丝纳米功能材料方面的研究较少。本书作者长期关注菌丝功能材料相关研究动态，依托西南科技大学环境友好能源材料国家重点实验室、核废物与环境安全省部共建协同创新中心、生物质材料教育部工程研究中心、四川省军民融合研究院等平台，自 2008 年开始对菌丝形态结构、生长特性和菌丝基生物质功能材料等进行研究和开发，探索其在环境治理、能源催化等方面的应用，在菌丝的研究和应用方面积累了丰富经验。

本书集中反映了作者及课题组成员多年来在菌丝基纳米功能材料制备及应用方面研究的数据和成果，包括菌丝的生物及物理化学特性，菌丝基纳米功能材料生长组装策略、形貌结构，以及其在吸附、催化、能量转换与存储方面的应用。本书得到了国家自然科学基金面上项目(21976147)、四川省杰出青年科技人才项目(2020JDJQ0060)、四川省科技厅重大科技专项(2019YFG0434 和 2019ZDZX0013)的资助。李威、连一仁、谭仁豪、周莉、董昌雪、喻开富、赵志斌、白文才、龚翔、王亚州、唐兴睿、刘敏、袁鑫参与了本书部分研究工作并做出了积极贡献，在此一并表示最诚挚的感谢。

菌丝基纳米功能材料的研究仍处于起步阶段，其制备方法及应用开发仍需广大研究人员倾力探索。由于作者的学识和经验有限，书中难免存在不足之处，敬请读者批评指正。

2024 年 3 月于绵阳西南科技大学

目　　录

第 1 章 绪　　论

1.1　菌丝基纳米功能材料概述

菌丝是一种新型的生物质材料,独特的空心管状结构和特殊的网络拓扑结构使它具有高机械强度,为它在多种环境下的应用创造了条件。同时,细胞壁复杂的化学组成使得菌丝材料具有丰富的表面官能团,可为微纳单元提供大量的结合位点。此外,菌丝还具有易培养、繁殖速度快、成本低等诸多优点,其作为生物质结构模板在合成纳米功能材料方面具有十分广阔的开发前景。目前,已有研究将菌丝作为模板进行微纳单元的组装,并制备出了许多具有特殊结构和优异性能的生物纳米复合材料。

菌丝基纳米功能材料,即以菌丝为模板或者以菌丝为基础结构制备的具有一定功能的纳米材料。利用它所制备的材料具有高比表面积、高稳定性及高强度等优异性能,这些材料被广泛应用于能量储存、电催化、光催化、水处理等领域。制备菌丝基纳米功能材料的方法主要有两大类:一是胞外组装,即以菌丝为模板组装材料,这种方法先利用菌丝细胞壁上丰富的官能团作为纳米材料的结合位点,通过范德瓦耳斯力和氢键作用将具有特殊功能的纳米材料吸附并固定到菌丝表面,然后通过特殊的后处理手段优化提升菌丝基纳米功能材料的性能;二是胞内组装,即利用菌丝的生长代谢组装材料,由于一些菌丝细胞在生长发育过程中会主动吸收环境中的一部分盐类等物质,这些盐类物质以离子的形式进入细胞,并在细胞内经过一系列的代谢过程生成纳米颗粒,这些纳米颗粒会大量聚集在菌丝细胞内成为功能单元核,外层细胞膜(壁)可作为保护层,进而形成特殊的核壳结构。

虽然菌丝基纳米功能材料具有特殊的结构、多种优良的性能,并且其易宏量制备、成本低廉,具有广阔的开发前景,但目前菌丝基纳米功能材料的发展仍处于起步阶段,其制备、改性及应用开发仍需广大研究人员倾力探索。

1.2　菌　丝　简　介

菌丝通常是指大多数真菌的结构单元,它是由多个细胞组成的单条管状细丝。最常见的菌丝为蕈菌、霉菌的菌丝。除真核菌丝外,放线菌这类原核生物也具有菌丝结构。孢子先萌发成芽管,芽管会不断延长生长,形成丝状或管状的多细胞结构,即菌丝。按菌丝细胞间有无隔膜,可将菌丝分为有隔菌丝和无隔菌丝(图 1-1)。高等真菌的菌丝为有隔菌丝,如担子菌门和子囊菌门;低等真菌的菌丝为无隔菌丝,如接合菌门;原核生物中的放线菌大多为无隔菌丝。按照菌丝的不同生理功能,生长在培养基质中以吸取营养为主的菌丝被称为基内菌丝,也称营养菌丝,很多真菌的菌丝还可分化形成假根、吸器等特殊的变态菌丝构造；生长在培养基质外的菌丝称为气生菌丝。气生菌丝成熟后可分化成各种形式的产孢子构造，如放线菌的孢子丝和蕈菌中的子实体。不同物种的菌丝直径差异较大，但同种菌丝的直径较为恒定。

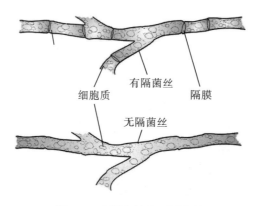

图 1-1　有隔菌丝和无隔菌丝

　　菌丝可进一步通过顶端分裂延长生长。菌丝不断地在培养基中延伸，其类似于植物的根系，主干上会萌发新的芽点，侧生出很多的分枝。菌丝在基质中或培养基中不断地蔓延生长，并不断地侧生分枝，最终会形成错综复杂的网状菌丝群，称为菌丝体。菌丝体具有三维网状结构，因而具有良好的物理力学特性。单根菌丝的力学性质和其在网络结构中的拓扑排列方式会影响菌丝体的力学性能，因此菌丝体具有很强的可塑性，可通过改变培养基配方的方式调节单根菌丝的性质，从而优化菌丝体的性能，并将其用于建筑材料、抗压抗拉伸材料的制备。此外，菌丝体含有丰富的表面官能团，不同物种的菌丝体还能富集某一类元素，从而具有特殊的化学组成。可通过调节培养基营养组成改变菌丝体的化学组成。菌丝体的这一特性使其在生物质炭材料中得到了广泛应用。

　　此外，在液体培养基摇瓶培养条件下，由于培养基中养分充足、培养基的黏度低，真菌孢子萌发出的丝状菌丝会自身缠绕、扭结，最终形成类球状的、表面致密的菌丝球。菌丝球具有多孔隙、表面积大、网状结构、菌丝表面官能团丰富等特点，是一种有生物活性且具有吸附和载体特性的新型生物质材料。近年来越来越多的研究开始关注以菌丝为模板生产生物质炭材料，该材料有望广泛应用在能量储存、电催化、光催化、吸附等领域。

1.3　菌丝分类

　　菌丝由孢子萌发后生长形成，在其不断地延长生长过程中，会分化形成具有不同功能的菌丝，因此，按照功能不同可分为基内菌丝、气生菌丝和孢子丝。如图 1-2 所示，基内菌丝主要生长在培养基内，是生物体与环境进行物质交流的主要场所，其就像植物的根系一样，不断地吸取养分以供菌丝体利用；气生菌丝是由基内菌丝生长到一定程度后，向上生长分化形成的；孢子丝则由气生菌丝分化形成，其主要功能为生产孢子。

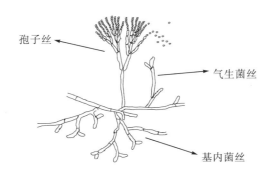

孢子丝
气生菌丝
基内菌丝

图 1-2 不同功能的菌丝结构

1.3.1 基内菌丝

在真菌中基内菌丝常称为营养菌丝。如图 1-3 所示，孢子在一定条件下萌发成芽管，由芽管生长成丝状细胞体，并不断生长形成菌丝，菌丝在不断地生长并伸长的过程中会产生分枝，许多分枝的菌丝在培养基中相互交织在一起就形成了基内菌丝。基内菌丝匍匐生长于营养基质表面或向基质内部延长生长，它们像植物的根一样，具有固定、吸收水分和提供营养物质等功能。基内菌丝生长发育到一定程度会向上生长，形成气生菌丝，气生菌丝再经生长分化最终形成孢子丝或子实体。放线菌的营养菌丝又称为基内菌丝，而蕈菌的基内菌丝常被称为一级菌丝或初生菌丝。基内菌丝一般在顶端生长，除菌丝顶端外，基内菌丝的其他部分都具有潜在的生长能力，任何一段基内菌丝碎片都可成为一个新的生长点，并发展成新的个体。基内菌丝生长到一定程度会形成网状菌丝体，但也有一些物种的基内菌丝体会分化形成特化结构，又称菌丝的变态，如根霉的营养菌丝生长出的匍匐枝会向下生长并长出许多小分枝菌丝，形成假根结构，假根会释放出消化酶并吸收消化后的有机物质。

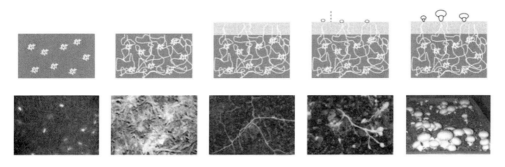

图 1-3 双孢菇基内菌丝生长发育形成子实体的过程

一般同物种的基内菌丝粗细都是一致的，但不同物种的基内菌丝直径大小差异很大，如放线菌的基内菌丝直径为 0.2～0.8μm，而真菌的基内菌丝直径一般为 1～5μm，如羊肚菌的基内菌丝直径为 2～4μm（图 1-4），真菌的基内菌丝最粗可超过 100μm。在长度上，一般基内菌丝的长度并无上限，如蜜环菌的基内菌丝能蔓延生长覆盖超过 9.6km^2 的面积。在液体培养基摇瓶培养的条件下，液体培养基旋转产生的应力作用会使基内菌丝扭结，最终形成菌丝球，而菌丝球的直径一般为 1～10cm。

图 1-4 羊肚菌的基内菌丝

基内菌丝的主要功能为吸收营养物质，因此基内菌丝可释放各种酶分解培养基中的有机物，并吸收小分子营养物质到菌丝内部供细胞利用。此外，有些基内菌丝还能产生一些水溶性或脂溶性色素，把培养基染成黄、绿、橙、红、紫、蓝、褐、黑等颜色，如很多放线菌的基内菌丝会在生长过程中产生色素使培养基着色，基内菌丝释放的色素在放线菌的分类和鉴定上有重要的参考价值，而覃菌的基内菌丝几乎都是没有颜色的，但待其衰老时会出现各种颜色。

1.3.2 气生菌丝

基内菌丝在生长到一定程度后，一部分会向上生长，并进一步分化形成气生菌丝。在光学显微镜下，气生菌丝颜色一般较深，直径比基内菌丝粗，直形或弯曲并有分枝，生长致密。气生菌丝生长于基内菌丝上，可以覆盖整个菌落表面。有的气生菌丝也能产生色素。气生菌丝的主要功能为进一步分化形成孢子丝并产生孢子。

1.3.3 孢子丝

孢子丝由气生菌丝分化形成，其主要功能为进一步分化形成孢子。不同物种的孢子丝形态差异很大，如放线菌的孢子丝形态为丝状，呈直线形、波浪形或螺旋形，放线菌的孢子丝可作为鉴定菌种的重要依据。在多数种类的霉菌中，孢子丝会在顶端分化形成特殊的结构（图 1-5），如孢子囊等多种复杂的结构，而在覃菌中，孢子丝会结合并分化形成原基，原基进一步发育会形成形态多样的子实体，覃菌的子实体形态也是鉴别物种的重要依据。

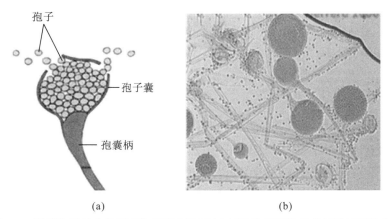

(a)   (b)

图 1-5 霉菌孢子丝分化形成孢子囊和孢子(a)以及孢子囊结构的显微镜图片(b)

1.4 菌丝生物学特性

1.4.1 菌丝的生长

菌丝生长初期，由孢子萌发生长产生芽管，然后以芽管为中心，向各个方向分枝延长最终形成菌丝体。无论菌丝是延长生长还是分枝生长，其生长点均为每一段菌丝的顶端。目前公认的菌丝顶端生长的机制为泡囊学说，即菌丝顶端泡囊的聚集导致了菌丝顶端的延长生长。

1957 年，Girbardt(1957)开创性地使用相差显微镜研究了菌丝细胞顶体的生物学功能。他的研究发现，顶体只存在于生长中的营养菌丝、萌发的孢子、菌丝分枝处的顶端，且顶体分布在菌丝尖端，与菌丝生长方向相关，并第一次展示了顶体与菌丝生长行为的密切联系。20世纪60年代,研究者利用透射电镜对菌丝细胞的亚细胞结构进行了深入的观察研究(Howard，1981)，研究发现，尖端超微结构中的顶体是一个以囊泡为主,复杂的、多组分的结构(图 1-6)。这些研究也表明顶体是一个突出的、在微丝密集的网状结构中富集的核心区域。

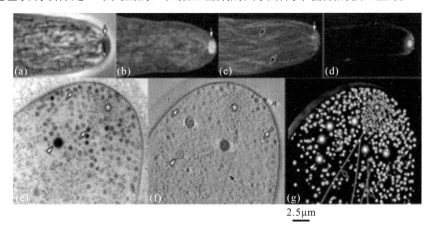

2.5μm

图 1-6 菌丝顶体参与菌丝顶端生长的过程

(a)经数码增强的无染色粗糙脉孢菌菌丝的图像，显示由分泌囊泡组成的暗云相和亮核相的顶体(箭头处)；(b)经 FM4-64 染色的菌丝激光共聚焦显微镜图像，显示顶体内的囊泡(箭头处)；(c)激光共聚焦显微镜图像；(d)构巢曲霉活细胞菌丝；(e)~(g)构巢曲霉菌丝尖端的透射电镜图。顶体核内的一簇微泡(星号)被顶泡(白色箭头)、沃鲁宁体(白色箭头)和微管(黑色箭头)所包围

20 世纪 90 年代初，科学家采用视频显微镜对菌丝的顶体结构进行了深入的研究（López-Franco et al.，1994），如图 1-6(a) 所示，顶体仅在菌丝生长时出现在菌丝顶端，当菌丝生长停滞时，顶端的顶体就会消失。近年来，荧光显微术的出现让活细胞分析成为可能，菌丝顶端生长机制得到进一步证明。Fischer-Parton 等(2000)利用 FM4-64 染料将菌丝顶体染色[图 1-6(b)～(d)]，观察到顶体结构是其分泌和内吞的途径，为顶体参与菌丝生长提供了有力证据。

菌丝顶端生长的机理模型如图 1-7 所示，高尔基体特定区域内产生的泡囊会移动并聚集到菌丝细胞顶端，与细胞膜发生膜融合将泡囊内容物分泌出来，泡囊内容物包括一些细胞壁的合成酶、消解酶，以及合成细胞壁结构的前体小分子物质。泡囊形成并和细胞膜融合，将细胞壁合成物和消解酶运输到细胞壁，使原来细胞壁的化学键被酶解，同时合成酶和底物会合成新的细胞壁，从而完成细胞壁的生长。此外，泡囊与细胞膜融合会使细胞膜的面积增加，进而使细胞膜得到生长。

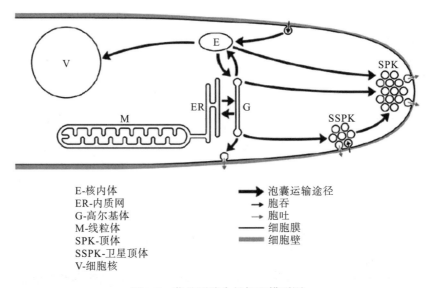

E-核内体　　　　　　　　➡ 泡囊运输途径
ER-内质网　　　　　　　 → 胞吞
G-高尔基体　　　　　　 → 胞吐
M-线粒体　　　　　　　 ── 细胞膜
SPK-顶体　　　　　　　　▬ 细胞壁
SSPK-卫星顶体
V-细胞核

图 1-7　菌丝顶端生长机理模型图

1.4.2 繁殖周期

不同物种的菌丝生长过程不同，但均可归纳为五个阶段：第一阶段是孢子在适宜的环境下萌发形成菌丝；第二阶段是菌丝延长生长，产生分枝形成基内菌丝体；第三阶段是基内菌丝体发育到一定阶段，向培养基外部空间生长成为气生菌丝体；第四阶段是气生菌丝体发育到一定程度，在它的上面形成孢子丝(或子实体)；第五阶段是孢子丝以一定方式形成孢子，并向环境释放孢子。

一般高等真菌的菌丝生长过程较为复杂。如图 1-8 所示，覃菌的菌丝在形成基内菌丝体后，会在环境条件变恶劣时分化形成一些特化结构(如菌索)进入休眠状态，待环境条件适宜时再继续生长。覃菌的菌丝生长进入繁殖阶段时，菌丝短枝的尖端与菌丝壁接触处细胞壁溶解，短枝中的一个核回到菌丝中生长尖端后面的一个细胞内，并生出另一个横隔将这个菌丝细胞与短枝隔开，最终在菌丝上增加了一个双核细胞；以形成喙状突起而连合两个细胞的方式不断使双核细胞分裂，从而使菌丝尖端不断向前延伸；到条件合适时，大量的二级菌丝分化为多种菌丝束，即为三级菌丝；菌丝束在适宜条件下会形成菌蕾，然后分化、膨大成大型子实体；子实体成熟后，双核菌丝的顶端膨大，细胞质变浓厚，在膨大的细胞内发生核配形成二倍体的核；二倍体的核经过减数分裂和有丝分裂，形成 4 个单倍体子核，这时顶端膨大细胞发育为担子，担子上部随即突出 4 个梗，每个单倍体子核进入一个小梗内，小梗顶端膨胀生成孢子。

此外，菌丝的生长周期也因物种的不同而差异巨大，如放线菌菌丝和霉菌菌丝的生长周期一般为 5～7d，而很多蕈菌菌丝的生长周期超过 6 个月。

图 1-8　蕈菌的菌丝生长过程(a)及其子实体(b)

1.4.3　营养要素

具有菌丝的物种很多，不同物种的菌丝对营养物质的需求量和比例均有较大差异。菌丝生长过程中需要的营养物质可以归纳为六大类，即碳源、氮源、无机盐、生长因子、水和能源，下面主要对前四大类营养物质进行介绍。

1. 碳源

碳源是指提供菌丝生长所需碳元素的营养源，碳源物质的主要作用是构成细胞物质及碳骨架，为菌丝提供整个生理活动所需要的能量。菌丝生长需要的碳源大多数为有机含碳化合物，主要包括糖与糖的衍生物、脂类、醇类、有机酸、烃类、芳香族化合物及各种含碳的化合物。大多数菌丝既可利用葡萄糖、果糖、蔗糖等简单化合物作为碳源，也可利用纤维素、淀粉等复杂化合物作为碳源，由于不同物种的菌丝利用碳源的能力不同，因此不同菌种的菌丝生长所需的最佳碳源不同。刘成荣(2007)等对香菇菌丝进行了液体深层培养，发现促进香菇菌丝生长的最佳碳源为蔗糖。朱雄伟等(2003)研究了不同碳源对白腐菌菌丝体生长的影响，发现淀粉为促进白腐菌菌丝体生长的最佳碳源。

2. 氮源

氮源是提供菌丝生长所需氮元素的营养源，其主要作用是合成细胞物质中的含氮物质。绝大多数菌丝既可利用无机含氮化合物作为氮源，也可以利用有机含氮化合物作为氮源。朱永真等(2011)研究了不同碳源、氮源对羊肚菌菌丝生长的作用，发现羊肚菌菌丝具有较广的碳源及氮源谱，实验中的 27 种有机或无机氮源均能被羊肚菌利用，当碳源为可溶性淀粉、氮源为尿素时，菌丝长势最好。在培养菌丝的科学实验中常用的氮源有碳酸铵、硝酸盐、硫酸铵、尿素、蛋白胨、牛肉膏、酵母膏等，而在生产上常用的氮源为硝酸盐、铵盐、尿素、氨，以及蛋白质含量较高的鱼粉、蚕蛹粉、黄豆饼粉、花生饼粉、玉米浆等。

3. 无机盐

无机盐是菌丝生长过程中必不可少的一类营养物质，它们为菌丝细胞生长提供必不可少的元素，这些元素在菌丝细胞内有多种重要的生理功能。无机盐提供的元素包括大量元素和微量元素，其中大量元素包括 P、S、K、Mg、Ca、Na、Fe 等，微量元素包括 Cu、Zn、Mn、Mo、Co 等。大量元素是菌丝细胞内一般分子的成分，同时有一些大量元素还具有维持渗透压、调节酶活性、充当菌丝细胞无氧呼吸时的氢受体和菌丝内酶的激活剂或抑制剂等生理功能。微量元素在菌丝细胞内作为酶的激活剂具有重要的生理功能。特定的无机盐种类对菌丝的生长往往有促进作用，邱奉同和刘培(2007)在高粱粉培养基中分别添加了 5 种不同的无机盐，结果发现 KH_2PO_4、$MgSO_4$、$ZnSO_4$、NaCl 对平菇菌丝的生长有促进作用。骆冬青(2008)发现 KH_2PO_4、$MgSO_4$ 对桑黄菌丝的生长有促进作用。一般菌丝生长所需要的无机盐为含有上述微量元素和大量元素的无机化合物，包括硫酸盐、磷酸盐、氯化物及含有钠、钾、镁、铁等金属元素的化合物。

4. 生长因子

生长因子是一类对菌丝正常代谢必不可少的有机物，它不能由菌丝细胞自行合成。生长因子主要包括维生素、氨基酸、嘌呤和嘧啶及其衍生物，此外还有甾醇、胺类、脂肪酸等，其主要作用为调节菌丝的生长。生长因子调节生长的作用同样因物种的不同而不同。李春艳等(2008)对褐菇菌丝体主要的生长因子进行了实验研究，发现添加氯化钙、维生素 B_6 和维生素 B_1 能促进褐菇菌丝体生长。马荣山和方蕊(2011)对草原白蘑的生长因子进行了单因子筛选，发现维生素 B_1 浓度为 $10mg·L^{-1}$ 时能促进草原白蘑的菌丝体生长。

1.4.4 环境条件

除了培养基的营养物质组成、酸碱度和含水量外，影响菌丝生长的主要环境条件还包括温度、空气湿度、光照和 CO_2 浓度。

1. 温度

菌丝对环境的适应能力较强，在 $5\sim37℃$ 的环境中均能生长，多数菌丝生长最适温度为 $20\sim27℃$，有少数菌丝甚至能在 $40℃$ 以上的高温下正常生长。武晋海等(2007)用高温富集法得到 3 株在 $50℃$ 以上可旺盛生长的霉菌，它们的菌丝最适生长温度分别为 $50℃$、$50℃$ 和 $45℃$。张玲等(2007)发现一种链霉菌的菌丝最适生长温度为 $40℃$。

2. 空气湿度

湿度条件是指菌丝体所处的环境中，外界空气的含水量，一般用相对湿度表示。湿度可通过调节菌丝的水分蒸发量和空气氧含量而起到影响菌丝生长的作用。尽管菌丝生长发育所需要的水分绝大多数来自其培养基，但菌丝的生长同样要求环境具有一定的空气湿度，如鸡枞菌菌丝生长的湿度是 60%～70%，竹荪菌丝生长的最佳空气相对湿度为 80%。菌丝生长阶段一般要比子实体生长阶段对空气湿度的要求低。

3. 光照

菌丝不能进行光合作用，因此菌丝一般不需要光照，过强的光线还会使培养基和菌丝升温，进而抑制菌丝的生长。如寄生曲霉的菌丝生长受光线抑制，在黑暗条件下其菌丝的生长状态更好。然而也有部分研究发现光照对菌丝的生长有促进作用，如光照对番茄早疫病菌菌丝的生长有明显的促进作用。

4. CO_2 浓度

CO_2 在菌丝生长过程中也发挥着巨大的作用。当培养基料中的气体含有一定浓度的 CO_2 时，可以调节菌丝的呼吸强度，减缓菌丝对培养基料中营养物质的消耗速度，并且能降低菌丝的纤维化程度，保持菌丝幼嫩的状态，但当培养基料或环境中的 CO_2 浓度过高时，则会抑制菌丝的呼吸作用，影响菌丝的新陈代谢，进而抑制菌丝的生长。

1.4.5　营养类型

大多数菌丝的营养类型为异养型，也有极少数菌丝为兼性自养型，如自养链霉菌菌丝可以在不添加碳源的合成培养基上生长，其可以将 CO_2 作为碳源。在异养型的菌丝中，存在腐生、寄生、共生三种方式，大多数菌丝营腐生生活，少数菌丝营寄生生活，也有部分菌丝营共生生活。

1. 腐生菌丝

腐生菌丝是指主要依靠分解环境中已死的动植物或微生物留下的有机物，并吸取分解后的小分子物质以维持自身正常生活的菌丝。生活中常见的大多数蕈菌、霉菌及放线菌菌丝为腐生菌丝，如根霉、青霉、草菇、香菇等。

2. 寄生菌丝

营寄生生活的菌丝常寄生在植物和动物体内，会引起植物和动物病害，如植物幼苗的根腐、猝倒等病害，同时也有很多寄生菌丝可寄生在人体内，如毛癣菌能寄生在人四肢上，引起手足癣。寄生菌丝会给人们的生产生活带来巨大的危害，寄生水霉菌丝常引起多数淡水鱼类和鱼卵患水霉病，导致鱼类大量死亡［图 1-9(a)、(b)］。一些寄生在昆虫上的菌丝可造成昆虫死亡，利用这些寄生菌丝产生的孢子制造的生物农药广泛应用于植保领域［图 1-9(c)、(d)］。

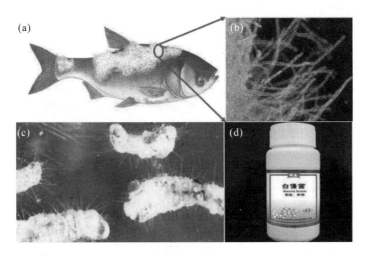

图 1-9　水霉菌丝造成的鱼类水霉病 (a)、水霉菌丝显微镜图片 (b)、白僵菌菌丝感染致死的害虫 (c)
和白僵菌生物农药 (d)

3. 共生菌丝

共生是指两种不同种类的生物之间所形成的互利互惠、相互依赖的紧密关系。两种共生生物共同生活在一起，倘若彼此分开，则双方或其中一方就无法生存。菌丝中也存在很多营共生生活的物种，最常见的便是菌根菌与植物。菌根菌是土壤中的一种真菌，其能侵入植物的根部并与植物形成菌-根共生体。自然界中长有菌根的植物无处不在，菌根菌丝能从土壤中吸收无机物并提供给植物加以利用，其能改善植物营养供给、调节植物代谢和增强植物抗病能力，而植物又给菌根菌丝提供其生长发育必需的有机物以维持菌根菌丝的正常生长生活，它们形成了互利互惠、相互依赖的共生关系。有些植物必须要有与其共生的菌根菌，否则其种子不能正常发芽，植株不能存活，如兰科植物和杜鹃科植物的幼苗若无菌根菌的共生就不能存活。此外，一些野生食用菌也是营共生生活，其中最常见的便是鸡坳菌。鸡坳菌菌丝会与白蚁形成共生关系，白蚁在构筑巢穴的时候会传播鸡坳菌的孢子，可以从鸡坳菌菌丝生长分化形成的小白球中获得各种营养和抗病物质，而鸡坳菌菌丝又可以从白蚁巢穴周围的环境中获得营养源。

1.4.6　代谢产物

菌丝在生长代谢过程中会产生各种具有生物活性的代谢产物，主要包括蛋白质、氨基酸、多糖、抗生素等，它们具有不同的生物活性，如香菇和灵芝中存在的多糖物质具有免疫调节作用，能提高人体免疫力。因此，利用好这些代谢产物对人类的生产生活具有重要意义。

1. 蛋白质

蛋白质是生物生长发育过程中必不可少的物质，菌丝中通常含有大量的蛋白质，因此食用菌是一类营养丰富的滋补食品，如美味牛肝菌中蛋白质含量占干重的 28.40%。在一些材料设计研究领域，菌丝体中的蛋白质是材料掺杂氮元素以改良材料性质的主要氮来源。此外，酶也是一类蛋白质，菌丝在生长过程中会分泌各种多肽酶到环境中，以分解有机质供自己利用。因此，菌丝具有重要的工业应用价值，可以用于生产酶制剂和各类发酵食品，如毛霉的菌丝可以分泌蛋白酶，将豆腐中的蛋白质分解并转化为氨基酸，得到独具风味的腐乳产品。

2. 氨基酸

氨基酸是菌丝最为常见的代谢产物之一，食用菌中氨基酸是主要的呈味物质。大多数菌丝中都含有多种氨基酸，一般有 16 种以上，且菌丝的氨基酸含量较高，远高于植物和一些动物。因此，食用菌是人类补充氨基酸的重要食品之一，同时，食用菌产业也是各国农业中重要的产业之一。

3. 多糖

多糖广泛存在于各类生物体细胞中，是由醛基和酮基通过糖苷键连接聚合形成的高分子聚合物，也是构成生物的四大基本物质之一。菌丝中含有大量的多糖类物质，其中纤维素、几丁质是构筑菌丝细胞骨架的主要物质，菌丝中还存在很多具有调节功能的活性多糖，如茯苓多糖、猴头菇多糖具有提高免疫力的作用。

4. 抗生素

一些菌丝还能分泌抗生素，以抑制或杀死其他不利于该菌丝生长的微生物。已知的能产生抗生素的菌丝种类有几百种，如很多放线菌就能分泌抗生素；青霉素就是由青霉菌菌丝分泌产生的，它是世界上第一种被发现的抗生素；蜜环菌的代谢产物蜜环菌甲素和蜜环菌乙素也是抗生素，具有抗菌、消炎的作用，已被应用在药品生产中。

5. 其他类代谢产物

除了以上常见的细胞代谢产物外，菌丝还能产生有机酸、生物碱、腺苷、甾醇等化合物。这些代谢产物具有不同的生物活性，如草酸、柠檬酸能抑制细菌生长，麦角甾醇能预防人体心血管系统疾病。

1.4.7　自然分布

具有菌丝的物种主要为放线菌、蕈菌和霉菌。菌丝的物种数超过 1 万种，在自然界分布极广，土壤、水域、空气、各种真菌和动植物体内外均有它们的踪迹。由于具有菌丝的物种较多，不同物种的菌丝分布具有较大的差异，如大多数蕈菌菌丝主要分布在树林、草原中，放线菌菌丝主要分布在湿润的土壤中，而有一些水生菌丝则主要分布在江河、池塘等水域中。在地域上，菌丝主要分布在气候温暖、湿润、水源充足的地方。在我国除新疆、西藏、甘肃、内蒙古等干旱的戈壁和沙漠地区外，其他各省均有大量菌丝物种分布，特别是在四川、云南分布着种类相当丰富的野生蕈菌，因此四川、云南是我国食用菌的主要产区。

1.5 菌丝形态

1.5.1 菌丝结构

菌丝是由孢子萌发后生长而成的。在显微镜下观察，菌丝呈现为管状的细丝，很像一根透明胶管，其直径一般比细菌细胞大几倍到几十倍。按照菌丝内有无隔膜，可将其分为有隔菌丝和无隔菌丝。有隔菌丝在菌丝内部有很多横隔膜，每个细胞中有 1 个、2 个或多个细胞核（如青霉、曲霉、蘑菇等的菌丝），将菌丝细胞分隔成长圆筒形，而无隔菌丝内无隔膜结构。通常有隔菌丝的细胞结构如图 1-10 所示。

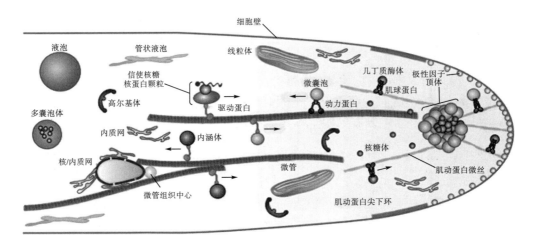

图 1-10 有隔菌丝的细胞结构

细胞壁是菌丝细胞最外层的结构，具有维持细胞形状和抵抗渗透压的作用。真菌细胞壁厚 100～250nm，占细胞干重的 30%，其主要化学组成为几丁质、纤维素、葡聚糖、甘露聚糖、蛋白质、类脂、无机盐等，主要由多糖组成（80%～90%）。除少数水生低等霉菌的细胞壁中含纤维素外，大部分霉菌细胞壁由几丁质组成。几丁质是由数百个 N-乙酰葡萄糖苷分子以 β-1,4-葡萄糖苷键连接而成的多聚糖，与纤维素的结构很相似，只是每个葡萄糖上的第二个碳原子和乙酰胺相连，而纤维素上的与羟基相连。几丁质和纤维素分别构成了高等和低等霉菌细胞壁的网状结构——微纤丝，包埋于一种基质中。细胞壁的不同组成可作为一些菌丝生物的物种分类依据，如根据细胞壁组分的不同，可将霉菌分为许多类别，这些类别与常规的分类学指标有密切关系。菌丝细胞壁结构可分为四层：最外层是无定形葡聚糖层；第二层是糖蛋白形成的网状粗糙结构的蛋白质层；第三层是几丁质层；最内层是细胞膜，细胞膜的厚度为 7～10nm，其结构和组成与其他真核细胞相似。

细胞核是菌丝细胞贮存和传递遗传信息的重要结构。同高等生物一样，菌丝细胞核由核膜、核仁组成，核内有染色体。核的直径为 0.7～3.0nm，核膜上有直径为 40～70nm 的小孔，核仁的直径约 3nm。每个细胞内核的数目为 1 个、2 个或多个。一些原核菌丝的细胞内没有细胞核，也没有隔膜。菌丝的细胞结构与其他生物的细胞结构基本相同。值得注意的是，膜边体和沃鲁宁体是许多丝状真菌菌丝细胞中特有的细胞器。膜边体位于细胞质膜和细胞壁之间，为单层膜结构，类似于细菌中的中体，有人称其为"真菌中体"。膜边体为管状、囊状、球状、卵形或多层折叠，可由高尔基体或内质网的特定部位形成，各个膜边体能互相结合，也可与别的细胞器或膜结合，功能尚不清楚，可能与分泌水解酶或细胞壁的形成有关。顶体是参与菌丝顶端生长的主要结构。如图 1-11 所示，顶体区域由大小不等的囊泡、核糖体、微管、肌动蛋白和一些无定型或不确定性质的颗粒物质聚集而成。顶体具有高度动态性和多形性，其主要存在于菌丝顶端，在菌丝延长生长的过程中起到至关重要的作用，决定了菌丝的形态。此外，菌丝细胞中还含有微体、微管等内含体。

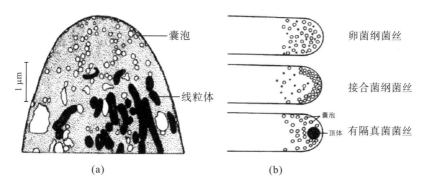

图 1-11 蜜环菌菌丝顶端切面结构(a)和菌丝顶端囊泡排列类型(b)

　　如图 1-12 所示，有隔菌丝细胞的隔膜也具有多种形态结构，可分为单孔型、多孔型和桶式型。单孔型隔膜中央有一个较大的孔口，这种单孔型的隔膜是子囊菌、半知菌菌丝的典型隔膜。多孔型隔膜上有多个小孔，隔膜上的孔有多种结构类型，如白地霉、镰刀菌。桶式型隔膜有一中心孔，孔的边缘膨大而使中心孔呈琵琶桶状，两面覆盖一层弧形的膜，称为桶孔覆垫，是由内质网转化形成的。有隔菌丝是高等真菌常具有的结构。隔膜中间的小孔结构可以使细胞之间的细胞质和营养物质相互流通，进行物质、能量及信息的交换。

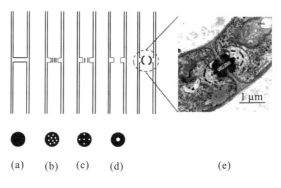

图 1-12 菌丝隔膜类型

(a)全封闭隔膜；(b)白地霉的隔膜；(c)镰刀菌的隔膜；(d)典型子囊菌隔膜；(e)典型担子菌隔膜

1.5.2 菌丝体结构

菌丝体是由许多分支丝状的菌丝交叉、缠绕形成的。不断分枝生长的菌丝在三维空间中交错延长生长使得菌丝体具有三维网状结构。简单来说，菌丝是构成菌丝体的基本单元，是许多真菌和放线菌的主体。菌丝体是菌丝生长发育过程中形成的营养器官，其主要功能是分解基质，并从基质中摄取营养物质。如图 1-13 所示，菌丝体具有宏观结构，菌丝通过不断分枝生长可在培养基上形成肉眼可见的菌丝体，即菌落，菌落为绒毛状、絮状或蜘蛛网状。一些食用菌在生长发育过程中，当其菌丝遇到不良环境或将要繁殖时，还会相互紧密地结合在一起，形成一些特殊的菌丝体结构，如菌丝束、菌索、菌核、菌根、菌膜等。在液体培养条件下，由于养分充足，菌丝生长迅速，并会自身缠绕、扭结，最终形成类球状的、表面致密的菌丝球菌丝体。菌丝球具有一定的物理特性，因此在材料制备领域受到了广泛的关注。

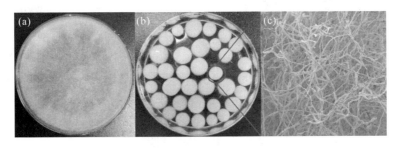

图 1-13　菌落菌丝体(a)、菌丝球菌丝体(b)和菌丝球菌丝体的微观结构(c)

1.6 菌丝的化学和物理特性

1.6.1 菌丝的化学成分

菌丝的化学成分与其他生物细胞基本相同，主要是水、蛋白质、核酸、碳水化合物、脂类及各种无机盐类。构成这些化合物的化学元素有几十种，其中碳、氢、氧、氮、硫、磷六种元素含量比其他元素含量高得多，占细胞总重量的 95% 以上；含量较高的有钾、镁、钙、铁、钠、铜、锰、锌及氯等，如木耳的菌丝就含有较多的铁，其铁含量在 1.5mg/g 以上；其他元素的含量很低，称为微量元素，这些元素在菌丝内绝大多数以化合物的形式存在，可分为无机化合物与有机化合物两大类。

1. 无机化合物

菌丝中的无机化合物主要为水和无机盐类，其中水占 90% 以上，可分为结合水和自由水两类。结合水是与其他化合物结合起来的水分子，在一般的物理因素影响下不会失去，也不能流动；自由水是以游离状态存在的水，是菌丝内重要的溶剂，能溶解各种营养成分及代谢产物，在菌丝内起着贮存、运输的作用。

无机盐类主要是指以离子状态存在的各种元素，如 K^+、Ca^{2+}、Mg^{2+}、Po^{3-}、Ce^{2-}等，这些离子在菌丝内的总重量因物种不同而存在较大差异。磷以磷酸根的形式存在，并经常与其他元素共同组成磷脂、核苷酸、三磷酸腺苷(adenosine triphosphate，ATP)等有机化合物，成为菌丝的重要组成成分。其他微量元素也很重要，有些是酶的激活剂。

2. 有机化合物

菌丝中的有机化合物主要有碳水化合物、蛋白质、核酸、脂类、维生素等几大类。

碳水化合物包括 D-葡萄糖等单糖，麦芽糖、蔗糖等双糖，肝糖原等多糖类，以及多种有机酸、醇、酚等化合物，其中含量最多的是多糖类。这些多糖多数以游离状态或与蛋白质、脂类结合的形式存在于菌丝内，少数以储备形式或参与细胞结构的形式存在。

蛋白质是以碳、氢、氧、氮四种元素为主组成的化合物，氨基酸则是组成蛋白质的基本化合物，组成蛋白质的氨基酸有 20 余种。蛋白质在菌丝内的含量为鲜重的 7%～10%，是组成细胞质、细胞器、细胞核等的主要成分，也是组成各种酶类的主要成分。菌丝在新陈代谢的活动中不断吸收氨基酸等营养物质用以构成菌丝所需的蛋白质，同时又不断分解蛋白质为其生命活动提供能量。

核酸包括核糖核酸(ribonucleic acid，RNA)和脱氧核糖核酸(deoxyribonucleic acid，DNA)，由碳、氢、氧、氮和磷五种元素组成，是在遗传、变异及蛋白质合成等生命活动中起主导作用的物质。

脂类包括两大类，即细胞质中的固定脂和贮存脂，前者是构成细胞质必不可少的组成成分，后者则是储备物质的一部分。脂类是由碳、氢、氧三种主要元素，以及氮、磷等辅助元素组成的。在菌丝中，脂类主要以脂肪、磷脂、蜡质和固醇等化合物的形式存在。脂肪是以三个分子的高级脂肪酸为主要成分的混合物，其中不饱和脂肪酸占脂肪的70%以上。其主要生理功能是以磷脂的形式参与菌丝的结构，同时也是能量贮存的一种方式。菌丝中含有的脂肪总重量不超过鲜重的 0.5%。磷脂和固醇是细胞质膜、内质膜、线粒体膜及核膜的主要成分。这些生物膜对菌丝吸收营养、排出代谢的废物等活动起着重要作用。

在菌丝内存在以 B 族为主的多种维生素。这些小分子的化合物是多种酶类的辅基，如维生素 B_1(硫胺素)是脱羧酶的辅酶、维生素 B_2(核黄素)是黄素酶的辅基。

由于菌丝结构中含有较多的碳、氢、氧、氮、磷、钾、镁、硫、钙、铁、钠、铜、锰、锌及氯等元素，利用菌丝制备纳米材料可以人为地掺杂某类元素，进而达到预期效果，因此菌丝在功能复合材料的制备领域具有较大潜在开发价值。

1.6.2 菌丝的物理特性

菌丝体是具有三维网状结构的生物质，具有一定物理力学特性，其总体力学性能受单根菌丝力学行为和网状结构内菌丝拓扑排列的影响。当菌丝承受荷载压力时，菌丝体会变形，其扭转程度取决于单根菌丝的弹性。菌丝体的整体力学特性会通过单根菌丝交织的网状结构而产生复杂的整体响应。菌丝体具有优异的力学性能，有研究表明，红斑孢霉和黑曲霉菌丝的细胞壁具有很强的韧性，其拉伸强度为 100～150MPa。菌丝体的力学机制主要受到单根菌丝的弹性、分枝和网络密度的影响。Islam 等(2017)的研究表明，菌丝的单调力学行为在拉伸和压缩过程中都是非线性的，在拉伸破坏前表现出相当大的应变硬化。Appels 等(2018)研究了生长环境和疏水酶基因缺失对蘑菇菌丝体材料力学特性的影响，发现在杨氏模量和拉伸强度分别为 1237～2727MPa 和 15.6～40.4MPa 的情况下，不同生长环境对于缺失基因以及不缺失基因的影响，缺失基因的菌丝提升了 3～4倍。这些数值与菌丝体的密度有关，生长环境条件和基因改组是通过影响蘑菇菌丝体的密度来影响其力学性能的。不同栽培基质培养出来的菌丝体的力学性能不同，相比生长在多糖类物质上的菌丝体，生长在纤维素上的菌丝体含有更高含量的几丁质，表现出更高的杨氏模量和更低的延展性能，这表明在较难分解的培养基材料上培养得到的菌丝体具有更高的硬度。

1.6.3　菌丝的表面官能团组成

菌丝表面官能团主要由细胞壁的化学物质组成。菌丝的细胞壁主要成分为几丁质，几丁质是由数百个 *N*-乙酰葡萄糖苷分子以 β-1,4-葡萄糖苷键连接而成的多聚糖(图 1-14)。因此，菌丝表面官能团主要包括羟基、氨基等。此外，细胞壁还含有葡聚糖、甘露聚糖、蛋白质、类脂等成分。因此，菌丝还含有羧基、羰基等官能团。

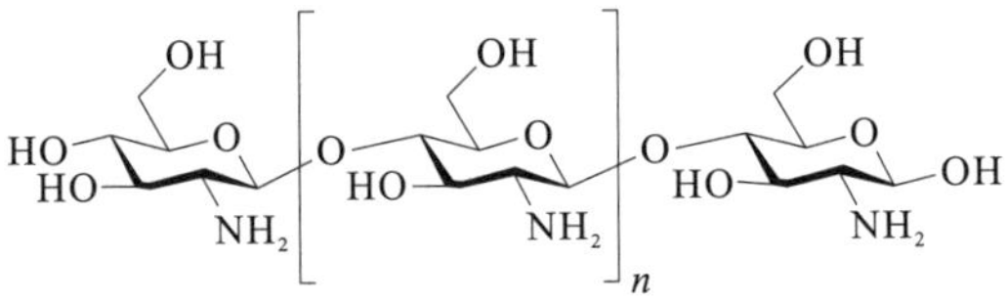

图 1-14　几丁质化学结构式

菌丝表面丰富的含氮官能团和含氧官能团使菌丝具备优良的化学吸附性能。应用菌丝制备吸附材料已受到国内外研究者的广泛关注，Bai 和 Abraham(2002)利用黑根霉吸附铬，发现在最佳吸附条件下，菌体对浓度为 50mg/L 及 100mg/L 的 Cr(Ⅵ)的去除率可达到 99.2%。Park 等(2005)采用黑曲霉对 Cr(Ⅵ)进行去除，发现黑曲霉对Cr(Ⅵ)的去除机制是氧化还原反应。如图 1-15 所示，Park 等认为菌丝去除 Cr(Ⅵ)包括三个步骤：①Cr(Ⅵ)与真菌细胞壁中存在的几丁质和壳聚糖胺等含有的正电荷基团结合；②相邻官能团将 Cr(Ⅵ)还原为 Cr(Ⅲ)，且还原电位低于 Cr(Ⅵ)；③还原后的Cr(Ⅲ)通过带正电荷的基团与阳离子的 Cr(Ⅲ)离子之间的电子斥力释放到水溶液中。此外，菌丝因表面具有丰富的化学键和官能团，在催化、电化学、能源等领域也有广泛应用。

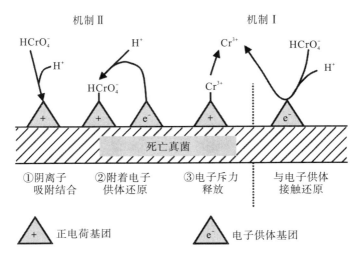

图 1-15　菌丝对铬的吸附机理

1.7　菌丝功能材料制备策略

纳米材料具有许多特殊的物理化学现象，如小尺寸效应、表面效应、量子尺寸效应等。自 1990 年至今，纳米材料已经由零维、一维发展到了二维和三维，并已成功应用于医疗、制造业、环境安全等领域。研究者利用物理、化学及生物等合成方法制备出了许多具有独特性质的纳米材料。

由于纳米材料尺寸小，实际应用受到限制，因此，利用先进组装技术将微纳单元组装形成宏观尺度功能材料对于纳米材料的实际应用具有重大意义。组装形成的宏观尺度材料具有多级规则结构，既可保持纳米结构的尺寸效应，又具有良好的物理或化学性能。近年来，出现了许多先进的化学和物理组装策略，如真空冷冻干燥、真空抽滤、界面调控和模板诱导等。传统组装方法存在实验设备要求高、反应条件苛刻、易造成二次污染和成本高等缺点。现有大多数组装方法只能针对相应的纳米单元进行装配，结构功能相对单一，限制了其实际应用，不易规模化。因此，研究者期望寻求一种通用、高效、低成本、环境友好及易规模化的纳米单元组装技术来制备具有一定结构的多功能宏观尺度纳米复合材料。

众所周知，自然界经过上亿年的演化发展，进化出许多具有特定结构和功能的生物组织，目前人工合成还不能制备出这种特定的结构和功能组织。因此，研究这些生物结构的形成过程将是新材料发展的途径之一，对促进微纳单元组装形成宏观尺度材料具有重要意义。近年来，随着人们对生物组织结构研究的不断深入和对新材料、新结构的需求日益迫切，纳米生物合成及组装技术应运而生，这是一种采用生物活性物质来组装合成纳米材料的新方法。与其他物理化学方法相比，生物组装方法具有节能、环保和成本低的优点，且生产效率高，已成为纳米材料合成及组装的新方向。

在众多生物中，微生物种类多，尺寸分布范围广，结构简单且易于操作，具有广泛适应性和极强生命力，因此纳米微生物合成及组装技术受到国内外研究者的广泛关注。大部分微生物单个细胞尺寸为 100nm～100μm，微生物可利用自身代谢或模板作用对微纳单元进行跨级次多尺度加工与组装，甚至可以延伸到宏观尺度(图1-16)。

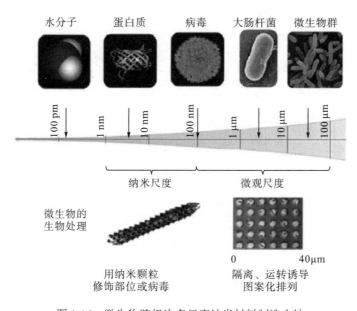

图1-16　微生物跨级次多尺度纳米材料制造方法

菌丝直径取决于菌丝的物种和生长环境，其长度可从几微米到几米。菌丝是地球上最庞大的生物种群之一，来源广泛。菌丝壁的特征成分为几丁质、葡聚糖和蛋白质。外层为葡聚糖黏液层，内层由几丁质纤维共价交联其他多糖(如葡聚糖)形成。几丁质微纤维为菌丝提供了机械刚性和强度。Stocks 和 Thomas(2001)、Zhao 等(2005)报道了两种菌丝细胞壁(分别为红曲霉和黑曲霉)在 110～140MPa 时的弹性模量。

真菌孢子在液体培养基的培养下，可以形成球和体两种典型形态，再经过旋转培养、延长生长，在水流剪切力作用下最终形成菌丝球。真菌菌丝组成复杂，最内层为磷脂双分子，内部为蛋白质和几丁质纤维混合体，外层为葡聚糖黏液层。菌丝在生长过程中需要一定的营养物质，包括碳源和氮源。碳源以葡萄糖为主，而氮源以蛋白胨或氨基酸为主，菌丝可以在体内消化或富集这些营养物质。真菌孢子作为一个生命体对培养基也有一定的要求：不能有强毒性；不能过分抑制其生长。

1.7.1　模板法组装策略

丝状真菌尺寸范围跨度大，单个细胞可最终生长成宏观尺度的丝状结构。因此，可以丝状真菌形成的菌丝为模板将微纳结构单元组装制备成宏观尺度的纳米材料。将真菌菌丝作为模板用于纳米材料的组装合成，主要是将其细胞壁作为纳米材料的结合位置，因为菌丝细胞壁的组成复杂，最外层为葡聚糖黏液层，内部混杂有蛋白质和几丁质纤维，最内层由磷脂双分子层组成。采用真菌菌丝进行组装，利用真菌管状的形状特点，生长过程中细胞产生的多种酶对盐溶液中的前驱体进行水解还原和吸附，形成的纳米颗粒沉积在细胞壁上，最终形成管状或线形纳米复合材料。

菌丝在材料科学领域的应用主要为纳米材料的制备，通常指以菌丝为生物碳模板，通过负载具有特定功能特性的微纳单元，制备出一系列具有特定功能的宏观尺寸复合材料。如 Li 等 (2015) 在真菌菌丝生长过程中加入纳米四氧化三铁颗粒，振荡培养获得了球状的复合材料，并研究了其对含铀废水进行生物处理的可行性。Ding 等 (2015) 采用与 Li 等同样的方法制备了真菌菌丝与纳米四氧化三铁的复合材料，针对放射性废水中 U(VI)、Sr(II) 和 Th(IV) 的吸附展开了深入研究。Zhang 等 (2016) 在此基础之上创新性地发展了磁加热，提高了复合材料对染料的吸附速度。此外，Cheng 等 (2015) 采用水热法制备了真菌菌丝与凹凸棒石的复合材料，并通过固定的柱吸附实验证明了该材料有望用于放射性废水中铀的吸附。真菌菌丝除了可以用于与纳米金属氧化物制备纳米复合材料，也能够与有机分子或者高分子聚合物合成相关的高分子复合材料。如 Li 等 (2016) 通过原位培养法制备了真菌菌丝与单宁的复合材料，利用单宁分子的螯合结构，使得该复合材料对水中锶离子的吸附性能得到显著提升。Wang 等 (2015) 将搅碎的菌丝球与苯胺溶液混合，调节 pH，并加入适量的过硫酸钠，使整个实验过程处于 5℃ 以下的低温，最后通过真空抽滤的方式得到了薄膜，表征结果说明在真菌菌丝表面存在着大量的聚苯胺纳米颗粒，这是由于真菌菌丝表面发生了原位聚合反应。Lian 等 (2019) 以真菌菌丝为原料，将其过滤筛选制备成膜，再以 800℃ 煅烧使其活化，得到了具有中孔或大孔的碳材料，该材料具备高容量和使用寿命长的特点，可作为储能材料。Chai 等 (2015) 将石墨烯加入真菌菌丝悬浊液中混合均匀，采用真空抽滤的方法制备成薄膜，高温煅烧至 700℃，并将其作为 Li-S 电池夹层的原材料，实验表明，复合材料能够有效延长电池的循环使用寿命和提高电池的充放电能力。

1.7.2　生长代谢组装策略

细胞在生长过程中会吸收环境中的盐类等物质，进入细胞的离子在细胞内经代谢过程生成纳米颗粒。自 1989 年起，*Nature* 和 *Science* 杂志相继发表了在细菌体内合成 CdSe 纳米材料和磁纳米颗粒(Fe_3O_4 纳米颗粒) 的相关文章。随着对纳米材料微生物合成研究的深入，越来越多的纳米材料(如 Fe_3S_4 和 Ag 等) 通过微生物菌体被合成。菌丝细胞外真菌分泌的蛋白质更为丰富，可用于形成更多的纳米颗粒，如金、银等贵金属，合金和多种氧化物。这些纳米颗粒丰富的成分和多变尺寸可直接应用于多个领域。

真菌菌丝以顶端延长的方式生长，在顶端细胞的内部结构中，细胞质中的内质网分泌细胞结构所需的营养成分和生长调节物质，分泌出的囊泡和细胞壁融合，通过增加细胞壁的成分来促使菌丝延长。在生长到一定阶段后，对生长具有调控作用的钙离子逐渐固定并减少，菌丝生长停止。在该过程中，细胞消耗能量，营养物质通过主动运输进入细胞质(图 1-17)。

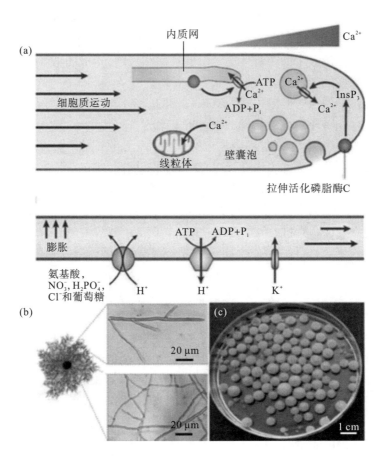

图 1-17 丝状真菌生长代谢过程(a)、真菌菌丝生长形态及网络状结构(b)、真菌菌丝球数码相片(c)

丝状真菌顶端区域含有大量的细胞质囊泡，这些囊泡含有细胞壁和原生质膜的前驱物水解酶和多糖合成酶，菌丝顶端囊泡的
聚集导致了顶端的延长生长

Iqbal 等(2007)利用菌丝生长，使菌丝和木瓜生物质均匀混合，制备了一种真菌与木瓜混合交织的生物质材料，其吸附性能相比单纯的真菌或者木瓜得到极大的提升。此外，真菌菌丝能够生长形成宏观尺度的材料，加上其表面能够附着纳米颗粒，因此复合材料表面具有纳米材料所拥有的一些特征。由多种纳米粒子组装成的材料已应用在抗菌材料、传感器、电子材料和分离材料等领域。相似的方法也被用来制备一维线状的纳米金。Sugunan 等(2007)首先将谷氨酸钠加入氯金酸溶液中制备前驱体溶液，然后将其加入培养基中，最后得到均匀附着在菌丝表面的材料。之后，研究者通过不同的方法制备纳米金或在培养基中加入不同的还原剂来改进金纳米线的组装工艺。通过类似的方法可合成金、银、钯和铂等贵金属纳米线(图 1-18)。在材料性能方面，根据菌丝制备出的菌丝基复合材料在保留微纳单元自身特性的基础上，增加了分散性、稳定性和回收能力。优质的菌丝基材料跨维度地提升了微纳材料的应用能力。

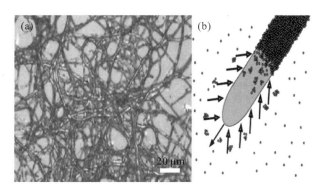

图 1-18　在培养基中加入谷氨酸后真菌组装纳米金的电子显微相片(a)

及纳米金组装到真菌菌丝上的示意图(b)

随着菌丝的顶端延长，纳米金颗粒沉积到新长出的菌丝表面

1.8　菌丝功能材料应用

1.8.1　吸附材料

　　水是生命之源，但随着人口增长、工农业的发展，水污染问题越来越突出。水污染的隐蔽性和复杂性，使得它的治理一直是环境科学和工程技术领域的研究重点。开发简单可行且经济环保的水污染治理技术已经迫在眉睫。吸附法因具有适应性广、操作简单及安全性高等优点已被广泛应用于放射性废水、染料废水和重金属离子污染废水的治理中。

　　目前，吸附剂材料主要有无机吸附剂、合成吸附剂和生物质吸附剂等。与无机吸附剂及合成吸附剂相比，生物质吸附剂来源丰富、成本低、重复性好、易降解、环境友好，在废水处理中得到了广泛的应用。在生物质吸附剂中，微生物引起了人们的兴趣，如藻类和真菌制备的吸附剂。真菌吸附剂可处理低浓度的污染物，对 pH 和温度适应范围较宽，同时真菌具有来源广泛、成本低、选择性强、吸附量大、处理效率高、运行费用低、易再生等优点，是一种前景很好的吸附剂材料。

　　从原子时代开始，放射性核素就是水环境中常见的污染源。高迁移率的放射性核素从水环境中逐渐转移到土壤中，最终进入植物体内。放射性核素进入食物链可能对人体健康造成严重且不可逆转的损害。一旦放射性核素在生物体中富集，它们就会在体内形成不溶性胶体，并保留在网状内皮组织中。常见的吸附剂如活性炭、金属-有机框架材料、聚合物等成本较高或在制备过程中会产生有害的副产物，从而使其应用受到了限制。而真菌菌丝生物质则可以很好地解决上述问题，是一种具有良好前景的材料。

1.8.2　催化材料

　　真菌菌丝由于具有三维网状结构，并且单根的菌丝是空心结构，因此可以与其他具有催化作用的单元复合，从而制备具有催化性能的复合材料。丝状真菌菌丝与脂肪酶结合后在生物转化过程中具有潜在的催化作用。在过去的几十年中，鞭毛菌的菌丝结合脂肪酶作为生物转化过程中的替代生物催化剂已被广泛研究。菌丝体结合脂肪酶可以作为悬浮游离细胞直接使用，或作为全细胞生物催化剂固定在生物质载体颗粒上。在后者中，细胞可以被固定在原始或额外的支持材料上以避免净化步骤，这是一个具有吸引力且低成本的能提高化学反应效率的技术。

纳米二氧化钛（TiO_2）颗粒是一种已被广泛应用的光催化剂，存在难回收利用等问题，同时，光和溶液中氧的缺乏也会导致光催化效率的降低。Lian 等（2017a、b）利用菌丝颗粒来固定二氧化钛颗粒，这些颗粒可以漂浮在水溶液表面并降解有机物，菌丝球为三层球形，其中最内层为真菌菌丝，中间层为菌丝-Fe_3O_4，外层为菌丝/N-TiO_2/NG。与二氧化钛颗粒相比，菌丝球不仅便于回收，而且容易接收光和氧气。光催化活性和吸附测试表明，复合菌丝球是一种潜在的光催化材料。

1.8.3 生物传感器

纳米技术和生物学的融合为纳米和微米尺寸材料的控制合成提供了新的视野，这些材料被广泛用于各种传感领域。在目前的研究工作中，微生物结构被作为一个模板加以利用。具有生物相容性的一维金微丝是由氨基酸在生长的真菌菌丝作用下产生的，并负载在菌丝上，该材料作为葡萄糖生物传感器电极，灵敏度为 $43.2\mu A\cdot mM^{-1}\cdot cm^{-2}$，标准偏差为 0.88%，宽线性为 5～20mm。灵敏度高、稳定性好和具有生物相容性使该材料在生物传感方面具有应用潜力。

生物模板由于具有绿色、可再生、易于获取等优点，在制造先进材料方面显示出了巨大的发展潜力。Li 等（2018）分别将五种纳米材料，即 ZnO、Fe_3O_4、$Cu(OH)_2$、聚苯胺（polyaniline，PANI）和聚吡咯（polypyrrole，PPy），未经修饰地涂覆在菌丝表面，制造的纳米材料牢固地附着在菌丝表面以形成外壳，基于 PANI/菌丝、PPy/菌丝和 ZnO/菌丝制造的微传感器可用三甲胺（trimethylamine，TMA）气体测试，三者均对 TMA 具有良好的线性响应，决定系数（R^2）高于 0.977，重现性测量的相对标准偏差低于 7.2%，反应恢复速度快。Lin 等（2014）将 PLM［poly（luminol）］和 PNR［poly（neutral red）］复合，并以氧化石墨烯（graphene oxide，GO）和多壁纳米管（multiwall nanotube，MWNT）为混合模板制备出 PLM-PNR- MWCNT-GO［poly（luminol）-poly（neutral red）-multi-walled carbon nanotube-graphene oxide］复合材料，发现其在电化学系统中具有活性、pH 依赖性和稳定性。

1.8.4 电化学材料

真菌菌丝作为一种生物质材料，由单根的菌丝不断延长生长，最终形成具有三维网状结构的菌丝球或者菌丝体。碳化真菌菌丝可以保持良好的结构，使碳材料具有高比表面积、多孔结构、高导电性和 pH 稳定性，在电化学领域具有很好的应用潜能，目前已经在超级电容器、锂离子电池、锂硫电池等方面表现出较好的性能，但是单纯的菌丝碳在这些方面的性能还有待提高，研究者们通常通过功能化处理，主要是利用掺杂来提高菌丝基碳材料的电化学性能。

Atalay 等（2017）先在水溶液条件下通过化学沉淀法在枝状真菌菌丝上形成纳米镧基

材料，再将材料在 360℃下进行退火，退火后样品的比表面积为 $85.64 m^2 \cdot g^{-1}$，氮气吸附-解吸曲线显示为典型的Ⅳ型等温线；然后在 0.5mol/L Na_2SO_4 电解质溶液中分析材料的电化学性质，发现材料的循环伏安曲线呈标准矩形，在 $2mV \cdot s^{-1}$ 的扫描速率下具有 $2190F \cdot g^{-1}$ 的特定电容。Hao 等(2018)使用菌丝球作为碳骨架和生物模板制备出三维多孔菌丝体衍生的活性炭(3D-MAC)。经过 $ZnCl_2$ 活化和高温碳化后，碳材料仍然保持很好的三维网状结构。通过添加 NH_4Cl，获得外源氮元素掺杂(N 掺杂)的 3D-MAC，其具有由微孔和大孔组成的分层多孔结构。同时，在 N 掺杂的 3D-MAC 中引入一些亲水基团和大量的含 N 官能团有助于改善法拉第赝电容。扫描速度为 $10mV \cdot s^{-1}$ 时，N 掺杂的 3D-MAC 比电容为 $237.2F \cdot g^{-1}$，是 3D-MAC 的 1.5 倍，即使扫描速率为 $500mV \cdot s^{-1}$，N 掺杂的 3D-MAC 仍然显示出近似对称的矩形形状。

菌丝在 Li-S 电池方面也有相关应用。例如，Chai 等(2015)使用丝状真菌(黑曲霉)作为可碳化纤维来驱动石墨烯纳米片嵌入菌丝网络系统中，然后在 700℃条件下碳化，制备了石墨烯嵌入碳纤维(graphite fiber composite，GFC)薄膜。GFC 薄膜的分子结构主要由芳香族成分组成，薄膜中掺杂 N(8.62%)和 O(8.12%)元素，最终产品的电导率高达 $0.71 S \cdot cm^{-1}$。GFC 薄膜作为导电中间层，大大提高了 Li-S 电池的性能，包括容量保持率和倍率性能。通过插入 GFC 薄膜，电池在 1C[①]下 300 次循环后有 $700mA \cdot h \cdot g^{-1}$ 的容量，即使在 5C 下工作，它也能够提供超过 $650mA \cdot h \cdot g^{-1}$ 的可逆容量。该研究为制造优异性能的宏观碳材料提供了一种简便有效的方法，这种材料在电化学储能方面具有巨大的应用潜力。菌丝在锂离子电池方面也有相关的应用。例如，Huggins 等(2016)以菌丝作为碳材料合成的可持续模板，利用菌丝生长过程，通过高温热解菌丝和 Co^{2+} 的复合物制备了钴和氮共掺杂电极材料。

1.8.5　塑料

由于特殊的结构和力学特性，菌丝具有抗拉伸、高弹性、环境友好、低成本、易大量获得和可降解等诸多优势，这为可降解塑料的研发和制备提供了可能。有学者报道了菌丝体基塑料及相关产品的制备和应用(Pelletier et al.，2013)，并利用成本低廉的农业废物培养真菌制备出菌丝体基塑料，所获得的菌丝体基塑料具有良好的生物可降解性和综合性能，引起了学界、产业界和投资界的浓厚兴趣。菌丝体基塑料具有原材料成本低、环境友好、安全、惰性、可再生等优点，虽然其力学性能相比传统的聚苯乙烯等略逊一筹，但是考虑到其比重低、抗压回弹性好的特点，菌丝体基塑料仍有望在包装、建筑、交通、海洋工程等诸多领域实现应用。Abhijith 等(2018)对担子菌基塑料板材的声学性能进行了测试，结果表明，这类材料对于机动车噪声频段(1000Hz)的吸收率高达 75%，非常有希望取代传统的泡沫隔音板，且菌丝体基塑料的线性热膨胀系数与聚苯乙烯泡沫的近似。吴豪等(2015)测试了以平菇 2005-A 为菌种制备的菌丝体基塑料与聚苯乙烯泡沫塑料(expandable polystyrene，EPS)硬质蜂窝状泡沫的应力-应变曲线，结果表明，当承受相同的应力时，菌丝体基塑料的形变与 EPS 相当，说明其具备替代 EPS 的潜力。

---

① C 表示充放电倍率。

1.8.6　其他应用

　　将无机纳米抗菌剂与菌丝进行生物组装，在保留其抗菌能力的基础上，提高了抗菌的长效性，纳米颗粒可穿透生物细胞膜，与体内蛋白质上的基团相结合，使蛋白质变性，破坏细胞的代谢功能。当细胞死亡分解后，金属离子被释放并重复进行杀菌活动。Mohammed Fayaz 等(2009)使用真菌菌丝还原银纳米颗粒，并将银与海藻酸钠复合，用来包裹水果，有效延长了水果的保质期。

　　采用菌丝还原法制备和组装纳米颗粒是一种简单、环保的方法,具有极高的应用价值。Narayanan 和 Sakthivel(2011)采用真菌制备金纳米颗粒并将其组装在菌丝球上，发现该菌丝球能快速将 4-硝基酚还原成 4-氨基酚。Bigall 等(2008)利用组装有铂的菌丝催化还原铁氰化钾。

第2章 利用真菌菌丝构筑宏观材料

随着纳米科技飞速发展，采用物理、化学和生物等手段已经能合成多种高质量零维、一维、二维纳米材料，如碳材料、金属及其氧化物、半导体等，且部分纳米材料已实现宏量制备。纳米材料具有独特的物理和化学性质，如在小尺寸、宏观量子隧道、量子尺寸和介电限域等方面表现出特异效应，因而受到国内外研究者的广泛关注。然而，纳米颗粒性能单一、粒径极小、难以分离与回收，如何解决纳米材料在实际应用中遇到的问题是当前面临的挑战之一。利用通用组装策略，将微纳结构单元进行装配，形成多级结构宏观尺度功能化材料是解决纳米材料多领域实际应用问题的主要途径，各微纳单元可通过相互的协同作用，赋予宏观材料多重性质和特殊功能。

自然进化导致蛋白质、核酸和其他宏观分子等高度功能化"组件"可以进一步组装，形成多级结构组织，进而在宏观尺度执行复杂的任务。利用生物系统将纳米单元组装形成结构和功能多样化的宏观材料具有巨大市场潜力。相比而言，通过物理或化学方法对纳米单元合成组装实现整体控制，以及在微观或宏观尺度获得功能结构十分困难，并且工艺复杂、成本高、有二次污染，这限制了纳米材料的实际应用。然而，利用生物系统集成纳米颗粒是一个相对新的领域，利用其多尺度控制纳米基本单元组装，并实现结构和功能统一仍然是一个挑战。因此，国内外学者期望发展一种高效、通用、低成本、环境友好的方法有效控制纳米单元，实现功能化宏观块材规模化制备。

在自然界生物进化过程中，形成了许多性能优异的生物结构材料。受自然界启发，研究者们开始关注纳米生物合成及组装。目前，研究者们以病毒、细菌、真菌等微生物细胞作为模板进行微纳单元的组装，已制备出许多具有特殊结构和优异性能的生物纳米复合材料。例如，Nam 等(2006)将 CoO_3/M13 病毒组成混合系统应用于高能锂离子电池阴极材料，提高了其电容和放电能力；Kuo 等(2008)以细菌为模板，合成了生物相容性纳米金包细菌的复合物，并将其用于光热治疗。近年，真菌菌丝由于具有独特和有趣的空心管状结构形式而受到广泛关注。研究者将贵金属纳米颗粒添加到丝状真菌的培养基中，使空心管状菌丝表面覆盖一层纳米颗粒，在实际应用中，该复合材料可以作为催化剂或电器部件的微细导线。

真菌菌丝(fungal hyphae，FH)是一种典型的环境友好材料，具有机械强度高、易培养、繁殖速度快、成本低等优点，作为纯生物质结构模板在应用方面具有十分广阔的前景。本章以真菌菌丝作为生物质载体，采用菌丝生长方法将微纳结构单元组装为一系列宏观尺度纳米复合材料。将微纳单元负载于菌丝表面主要是因为真菌菌丝细胞壁表面含有大量的脂类和糖蛋白等，拥有丰富的官能团，可以与各种微纳功能单元相互作用。首先，将零维、一维、二维等微纳功能结构单元均匀分散到液体营养液中；然后，将真菌孢子接种到营养液中，旋转振荡培养，孢子萌发形成菌丝，菌丝体细胞通过延伸生长，将营养液中分散的微纳功能结构单元吸附在其表面,在水流剪切力作用下菌体细胞生长、缠绕,形成宏观尺度的菌丝纳米复合球;最后通过连续培养,在不同培养时间添加不同的纳米单元来调控纳米颗粒在菌丝球上的组装顺序,使纳米单元在菌丝球载体上形成有序结构,制备出多功能、具有核壳结构的宏观尺度菌丝纳米复合球。该技术具有环境友好、成本低、简单、通用和易规模化等特点。

2.1　实验材料与方法

2.1.1　菌种及试剂

炭角菌(*Xylaria striata*)。从野外槐树树干采集标本,组织分离纯化后获得纯菌种,菌种保藏在中国科学技术大学仿生与纳米化学实验室。

葡萄糖、蛋白胨、氯化钠、冰醋酸、无水乙醇、硝酸钠、氯金酸、柠檬酸钠、高锰酸钾、浓硫酸、三氯化铁、石墨粉、氯化银、硝酸铜、孔雀石绿等试剂均从国药集团化学试剂有限公司购买,以上药品均为分析纯;钠基蒙脱土[sodium-based montmorillonit,MMT-Na]购买于浙江丰虹新材料股份有限公司;碳纳米管(carbon nanotube,CNT)购买于南京先丰纳米材料科技有限公司;盐酸阿霉素(doxorubicin hydrochloride,后文简称为DOX)购买于上海江莱生物科技有限公司。

2.1.2　材料制备

1. 液体菌种的制备

按培养基配方称量4g葡萄糖和1g蛋白胨,溶解于100mL去离子水中,将其中95mL分装于250mL三角瓶中,在121℃、1.5MPa条件下灭菌20min,制得液体培养基。将5mL炭角菌孢子悬液($1.5×10^9$cfu/mL)接种于液体培养基,在28℃、145r/min条件下培养48h,制得炭角菌液体种子,存放于4℃冰箱中备用。

2. 微纳结构单元的合成

通过水热法制备分散性良好的Fe_3O_4纳米颗粒(Fe_3O_4 nanoparticles,Fe_3O_4 NPs);纳米金(gold nanoparticles,Au NPs)胶体溶液采用柠檬酸三钠还原法合成;通过浓度比为1∶3的浓硝酸和浓硫酸的化学氢氧化处理法制备水溶碳纳米管;高纯度单分散纳米金棒(gold nanorods,Au NRs)胶体溶液通过晶种生长法制备,用浓度为10^{-4}mol/L的聚苯乙烯磺酸钠[poly(sodium-p-styrenesulfonate),PSS]对Au NRs表面进行修饰,获得表面带正电荷的Au NRs胶体溶液;配制浓度为5g/L的钠基蒙脱土溶液,剧烈地机械搅拌7d进行剥离,再将溶液在3000r/min下离心10min后取上层溶液即为单层蒙脱土纳米片溶液;通过改良Hummers法将石墨片氧化得到氧化石墨,采用超声波清洗机(功率100W)对氧化石墨剥离4h,制得单层氧化石墨烯(graphene oxide,GO)溶液。

3. 菌丝纳米复合球的制备

不同功能的菌丝/Fe_3O_4纳米颗粒(FH/Fe_3O_4 NPs)、菌丝/Au 纳米颗粒(FH/Au NPs)、菌丝/碳纳米管(FH/CNT)、菌丝/Au 纳米棒(FH/Au NRs)、菌丝/氧化石墨烯(FH/GO)和菌丝/钠基蒙脱土(FH/MMT-Na)纳米复合球在真菌菌丝生长过程中对纳米功能单元进行装配，在水流剪切力作用下，通过菌丝不断生长缠绕形成宏观尺度的菌丝纳米复合球。

将一定质量浓度的 Fe_3O_4 NPs、Au NPs、CNT、PSS-Au NRs，单层 GO 和 MMT-Na 片分散到无菌水(121℃，1.5MPa 灭菌 20min 的去离子水)中。在洁净台上，用枪头取各种纳米粒子溶液 10mL，将装有 110mL 灭菌后的液体培养基(葡萄糖 5g，大豆蛋白胨 1.25g)加入玻璃三角瓶(规格 250mL)中，混合均匀。然后，加入液体菌种 5mL，放置在 28℃环境中，145r/min 恒温摇床振荡培养 72h。过滤除去液体培养基，将获得的菌丝纳米复合球浸泡于质量分数为 0.5%的 NaOH 溶液中 24h，再用去离子水冲洗至中性。复合菌丝球使用液氮结冰固化，放入冷冻干燥机(Labconco-195)中冷冻干燥。三角瓶、枪头和培养基均在三洋压力蒸汽灭菌锅中(121℃，1.5MPa)灭菌 20min。

将丝状真菌孢子接种于适宜的液体培养基中，旋转振荡培养，产生的水流剪切力会导致菌丝不断延长生长、缠绕形成菌丝球。在液体培养基中接种炭角菌孢子，在 28℃、150r/min 的条件下恒温摇床振荡培养 60h，成功制备得到白色、表面多孔、直径为 0.5cm 左右的菌丝球［图 2-1(a)］，菌丝球真空冷冻干燥后仍然保持完好的球体形状［图 2-1(b)］，其内部结构通过扫描电子显微镜(scanning electron microscope，SEM)进行观察可得，如图 2-1(c)、(d)所示，菌丝球由丝状菌丝缠绕组成多孔结构，菌丝分支，表面光滑，菌丝直径为 1～5μm。

值得关注的是，菌丝通过相互缠绕、包裹形成的菌丝球具有良好的机械性能，在 100W、40Hz 条件下分别超声波处理 1h、3h、5h，相互连接的菌丝并未分散，菌丝保持完整球体形貌，与超声波处理前相同［图 2-1(e)～(h)］。此外，可以通过控制菌丝培养时间来调控菌丝球大小，如图 2-1(i)～(k)所示，接种前 60h，环境变化导致菌丝生长缓慢，属于延迟期，形成的菌丝球直径为 0.30～0.45cm；培养 60～84h 时菌丝生长最快，为对数生长期，形成直径为 0.45～0.75cm 的菌丝球；培养 84h 后菌丝逐渐老化，停止生长，属于稳定期。

为展现真菌菌丝生长制备菌丝纳米复合球方法的通用性，将各种功能纳米单元加入液体培养基，通过菌丝生长过程装配微纳单元，并不断缠绕形成具有一定结构功能的菌丝纳米复合球。作为纳米组装单元，零维纳米颗粒包括 Au NPs、Fe_3O_4 NPs［图 2-2(a)、(b)］，一维的纳米线包括 CNT、Au NRs［图 2-2(c)、(d)］，二维的纳米片包括 MMT-Na、GO［图 2-2(e)、(f)］。首先，将上述零维、一维、二维的微纳结构单元均匀分散到液体营养液中；其次，将真菌孢子接种到营养液中，旋转振荡培养，孢子萌发形成菌丝，菌丝体细胞通过延伸生长，将营养液中分散的微纳功能结构单元吸附于其表面，在水流剪切力作用下菌体细胞不断生长、缠绕形成宏观尺度的菌丝纳米复合球(图 2-3)。

图 2-1　炭角菌菌丝球

(a) 菌丝球的数码相片；(b) 真空冷冻干燥后的菌丝球数码相片，插图为单个菌丝球的数码相片；(c)、(d) 菌丝球内部结构的 SEM 图；(e)～(h) 超声波处理 0h、1h、3h、5h 的菌丝球数码相片；(i)～(k) 培养 60h、72h、84h 的菌丝球数码相片

图 2-2　6 种纳米单元的透射电子显微镜图

(a) Au NPs；(b) Fe$_3$O$_4$ NPs；(c) CNT；(d) Au NRs；(e) MMT-Na；(f) GO

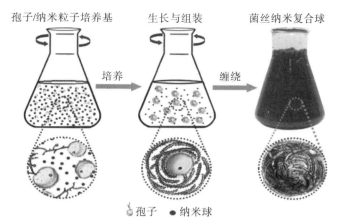

图 2-3　真菌菌丝通过生长组装、富集多维度纳米单元制备菌丝纳米复合球示意图

4. 多功能有序结构菌丝纳米复合球的制备

配制液体培养基,按每 100mL 去离子水称量 2g 葡萄糖、0.25g 酵母粉、0.25g 大豆蛋白胨,搅拌溶解,将其中 100mL 分装于 250mL 三角瓶,在三洋压力蒸汽灭菌锅(MLS-3750)中(121℃, 1.5MPa)灭菌 20min;将纳米单元分散在无菌水中,浓度调至 1mg/mL,添加 5mL 纳米颗粒溶液至液体培养基,混合均匀;然后接入真菌菌种,在 28℃、150r/min 的条件下培养 60h,真菌菌丝将分散在液体培养基中的纳米颗粒附着于其细胞表面,在水流剪切力作用下,菌丝不断生长、缠绕形成菌丝纳米复合球;将上述菌丝纳米复合球放入相同浓度的另一纳米颗粒液体培养基中,在相同旋转振荡的条件下培养 24h,形成具有多功能核壳结构的菌丝纳米复合球;将菌丝纳米复合球用质量分数为 0.5% 的 NaOH 溶液浸泡 12h 后用去离子水冲洗至中性待用。

真菌菌丝体生理周期分为营养期和生殖生长期两个阶段,而菌丝营养期又分为延迟期、快速生长期、稳定期、凋亡期。在不同菌丝的营养期加入纳米单元,菌丝通过生长对纳米单元进行装配,通过连续培养调控纳米颗粒在菌丝球上的装配顺序,使纳米单元在菌丝球载体上形成有序结构,从而制备具有核壳结构的功能化菌丝纳米复合球。FH/Fe$_3$O$_4$ NPs/Au NPs 复合球的制备如图 2-4 所示,在培养初期,在液体培养基中添加一定浓度的纳米金溶液,培养 60h 时,将形成的菌丝-纳米金复合球取出,用无菌水洗净,然后放入添加有四氧化三铁液体的培养基中振荡培养,培养 24h,获得具有核壳结构的纳米金包覆四氧化三铁菌丝纳米复合球,该球既具有磁响应,也具有光热性质。

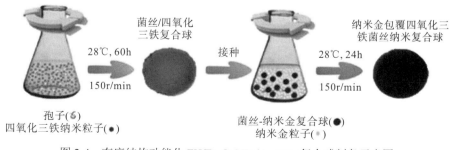

图 2-4　有序结构功能化 FH/Fe$_3$O$_4$ NPs/Au NPs 复合球制备示意图

通过以上方法，可以合成一系列具有两层有序核壳结构的多功能菌丝纳米复合球，如图 2-5（a）～（d）所示。将核壳结构多功能菌丝纳米复合球继续放入含有其他纳米颗粒的液体培养基中振荡培养，持续培养可形成具有三层有序核壳结构的多功能菌丝纳米复合球，如图 2-5（e）、（f）所示。目前，菌丝的规模化发酵生产技术已经成熟，为多功能菌丝纳米复合球宏量制备奠定了基础，在实验室通过放大实验，一次可获得 5L FH/CNT/Au NPs/GO 复合球样品（图 2-6）。

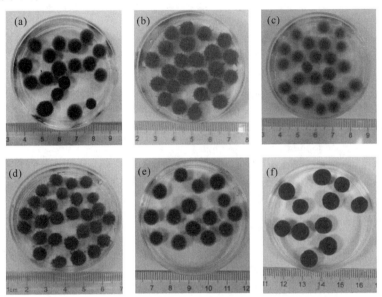

图 2-5　几种有序结构多功能菌丝纳米复合球光学图片

（a）FH/Fe$_3$O$_4$ NPs/Au NPs；（b）FH/GO/Au NPs；（c）FH/Fe$_3$O$_4$ NPs/GO；（d）FH/Au NPs/Fe$_3$O$_4$ NPs；
（e）FH/GO/Au NPs/CNT；（f）FH/CNT/Au NPs/GO

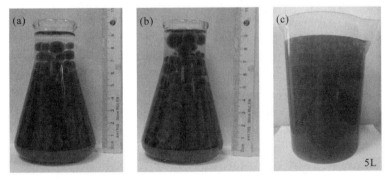

图 2-6　有序结构多功能菌丝纳米复合球宏量制备

（a）FH/GO/Au NPs/CNT 复合球；（b）、（c）FH/CNT/Au NPs/GO 复合球

2.1.3　菌丝纳米复合球实验方法

1. 光热转化效率

取 FH/Au NPs 和 FH/Au NRs 复合球各 25mg 分别沉浸在装有 1mL 无菌水的 1.5mL 管中，

再用近红外光谱仪(波长为 808nm，功率为 2W)对 FH/Au NPs 和 FH/Au NRs 复合球辐照 5min，采用数字温度计(TES-1310，苏州特安斯电子实业有限公司)进行温度测量，每 30s 记录一次温度数值。相同条件下，纯真菌菌丝球作为对照组，1mL 去离子水作为空白对照。

2. 细胞毒性实验

将细胞接种在杜尔贝科改良伊格尔培养基(Dulbecco's modified Eagle's medium，DMEM)中，在 37℃、5% CO$_2$ 的条件下进行培养。DMEM 是在原伊格尔培养基中添加 10% 的胎牛血清(购买于 Life Technologies 公司)和 1%的抗生素(100U/mL 青霉素和 100μg/mL 链霉素，购买于 Life Technologies 公司)制作而成的。

将菌丝和 FH/GO 复合材料切割成约 3mm×3mm 大小，使其固定在 12 孔培养板上，以空白作为对照组。在 37℃、5% CO$_2$ 的细胞培养箱中培养 12h。将 12000 个 RAW264.7 细胞分散在 1000μL 溶液中。细胞用钙黄绿素(活细胞和钙结合显示绿色荧光)染色，用碘化丙啶(嵌入死细胞的 DNA 和 RNA 显示红色荧光)来测试细胞的死活。对染色后的细胞进行洗涤，固定后放在倒置显微镜下进行观察。在细胞毒性分析方面，将 1000μL 溶液中的 12000 个 RAW264.7 细胞接种到有菌丝和 FH/GO 复合材料的 12 孔培养板上，分别培养 24h、48h 和 72h 后，用胰蛋白酶处理培养的细胞制得分散细胞悬液，利用自动细胞计数器对孔板内 RAW264.7 细胞数量进行计数。

3. FH/CNT 复合球对孔雀石绿和 Cu^{2+} 的吸附-解吸实验

将所用玻璃器皿置于 1:1 硝酸溶液中浸泡 24h 后用去离子水冲洗至中性，鼓风干燥，待用。配制 100mg/L 孔雀石绿和 Cu^{2+} 溶液，用 0.1mol/L HCl 和 0.1mol/L NaOH 调节至所需 pH，分装入三角瓶，每瓶 50mL，加入 25mg(干重)的 FH 和 FH/CNT，在 25℃、150r/min 条件下振荡 48h。吸附实验后的溶液使用孔径为 0.22μm 的微孔滤膜进行过滤，对滤液采用电感耦合等离子体原子发射光谱(inductively coupled plasma atomic emission spectrometry，ICP-AES)技术和分光光度法分别进行测定，通过孔雀石绿和 Cu^{2+} 吸附前后的浓度，计算出孔雀石绿和 Cu^{2+} 的吸附量。

采用盐酸、乙醇、氯化钠和它们的混合溶液对孔雀石绿进行解吸。先将吸附孔雀石绿和 Cu^{2+} 的 FH/CNT 材料浸入 50mL 解吸溶液，在 25℃、150r/min 条件下振荡解吸 24h，解吸后再次采用该材料进行吸附实验，循环 6 次，计算其吸附量。

4. FH/GO 复合球对盐酸阿霉素的体外吸附-解吸实验

在 10mL、浓度为 1mg/mL 的 DOX 溶液中加入 10mg 负载有纯真菌菌丝球和 FH/GO 复合球的样品，在 37℃条件下，避光振荡 72h。不同时刻 DOX 溶液的吸光度利用紫外分光光度计在波长 480nm 处进行测定，依据 DOX 标准曲线计算纯真菌菌丝球和 FH/GO 复合球对 DOX 的负载量。用去离子水冲洗负载 DOX 的 FH/GO 复合球材料三次，真空冷冻干燥，备用。

将 5mg 载药的纯真菌菌丝球和 FH/GO 复合球样品分散至 10mL 磷酸盐缓冲液(phosphate buffer saline，PBS)中，溶液 pH 分别为 5.4 和 7.4，然后分装于分子量为 14000

的再生纤维素透析袋，用塑料夹子扎紧袋口，置于 500mL 的干净烧杯中，加入 290mL 磷酸盐缓冲液，在 37℃条件下摇床振荡进行 DOX 释放。在波长为 480nm 处，利用紫外分光光度计测定不同时刻释放液的吸光度，每次取样体积为 3mL，同时补充等体积的磷酸盐缓冲液。将测量出来的吸光度代入标准曲线计算出不同时刻 DOX 的释放率。

2.1.4　核壳结构菌丝纳米复合球实验方法

1. 核壳结构菌丝纳米复合球的吸附-解吸实验性能

标准储备液浓度为 1000mg/L，用去离子水分别溶解甲基紫和刚果红，再分别将标准储备液依次稀释为浓度为 1mg/L、2mg/L、3mg/L、4mg/L、5mg/L 的标准溶液。去离子水作为参比溶液，不同浓度标准溶液的吸光值采用紫外-可见分光光度计分别在波长 595nm（甲基紫）和 497nm（刚果红）处进行测定。以不同浓度的甲基紫和刚果红标准溶液的吸光度为纵坐标、溶液浓度值为横坐标，拟合曲线如图 2-7 所示。

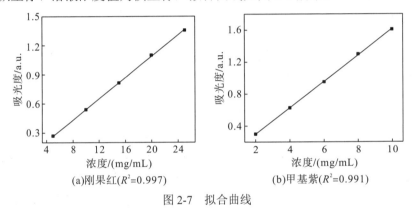

(a)刚果红(R^2=0.997)　　(b)甲基紫(R^2=0.991)

图 2-7　拟合曲线

　　(1)吸附实验。配制浓度为 50mg/L、100mg/L、150mg/L、200mg/L、250mg/L 的染料溶液，分别将其中 30mL 分装于 100mL 三角瓶中，加入 30mg 菌丝纳米复合球，用塑料封口薄膜密封。然后在 25℃、150r/min 条件下摇床振荡吸附 48h；将吸附后的染料溶液在 80000r/min 条件下高速离心除去杂质，收集上清液，在波长 595nm 和 497nm 处使用紫外-可见分光光度计测定其吸光值，通过标准曲线方程，计算吸附后溶液中甲基紫和刚果红的浓度，然后换算出单位质量菌丝纳米复合球对甲基紫和刚果红的吸附量。

　　(2)解吸实验。分别将吸附甲基紫后的菌丝纳米复合球材料浸入 50mL 乙醇/水的混合解吸溶液中，在 50℃、150r/min 条件下振荡 24h，然后再次采用该材料进行甲基紫吸附-解吸实验，循环 6 次，计算其吸附量。

2. 菌丝纳米复合球的催化性能

分别称取 0.0139g 4-NP 和 3.783g $NaBH_4$ 在 100mL 的容量瓶中配制成溶液；按 4-NP：$NaBH_4$=37：36500（摩尔比）量取 3.7mL 4-NP 和 3.65mL $NaBH_4$ 加入 100mL 的三角瓶中定容到 40mL，将溶液放在摇床上振荡混合均匀，向三角瓶中加入 30mg 菌丝纳米复合球催化剂，从加入催化剂开始计时，每隔 3min 取样一次，每次取样 3mL，样品采用微孔滤膜过滤器处理，对处理后的溶液在波长 250～500nm 处测定其吸光度，回收催化剂，重复实验 10 次，检验菌丝纳米复合球循环使用效果。

2.1.5　结果表征

采用日本日立公司的 H-7650 型透射电子显微镜(transmission electron microscope，TEM)，在加速电压为 100kV 的条件下对样品进行形貌分析；利用 Philips X′ Pert PRO SUPER X-ray 对样品物相进行 X 射线衍射(X-ray diffraction，XRD)分析。样品表面形貌用德国蔡司集团的 SUPRA 40 扫描电子显微镜在加速电压 5kV 下进行观察；光热转换测试使用长春新产业光电技术有限公司的 MDL-808nm 2W 激光设备进行；使用 TES-1310 数字温度计进行水温测量；元素含量采用美国珀金埃尔默(Perkin Elmer)公司的 7300DV 型电感耦合等离子体原子发射光谱仪进行测量；吸光度通过日本岛津公司的 UV-2501PC/2550 型紫外-可见吸收光谱(ultraviolet-visible absorption spectrometry，UV-Vis)在室温下进行测量；使用 Labconco-195 冷冻干燥机在-49℃、1.3～5.0Pa 条件下对样品进行真空冷冻干燥。

菌丝纳米复合球的 XRD 图谱的衍射峰与各纳米粒子检索的衍射峰是一致的，说明在菌丝球载体里面存在各种纳米粒子(图 2-8)。从纳米单元在菌丝球内部空间分布的 SEM 图(图 2-9)可以看出，零维的纳米颗粒(Au NPs、Fe_3O_4 NPs)、一维纳米线(CNT、Au NRs)都紧密和均匀地分布在菌丝表面，二维纳米片(GO、MMT-Na)通过附着在菌丝表面或连接两根菌丝等方式均匀地分布在菌丝球载体中。此外，可以通过调节纳米单元的添加量和培养时间有效调控菌丝球组装和集成各纳米粒子的量和菌丝纳米复合球的大小(图 2-10)。如图 2-10(a)～(d)所示，以 FH/GO 复合球为例，随着液体培养基中 GO 浓度的增加，形成的 FH/GO 复合球颜色由浅色变成深色，主要原因是菌丝生长组装和集成的 GO 量增多。如图 2-10(e)～(g)所示，随着培养时间延长，菌丝球逐渐长大，负载 GO 量也增多，根据菌丝生长周期和实际需要，菌丝纳米复合球培养时间以 84h 为宜。

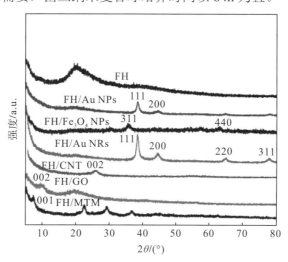

图 2-8　空白菌丝及装配不同纳米单元的菌丝纳米复合球的 XRD 图谱

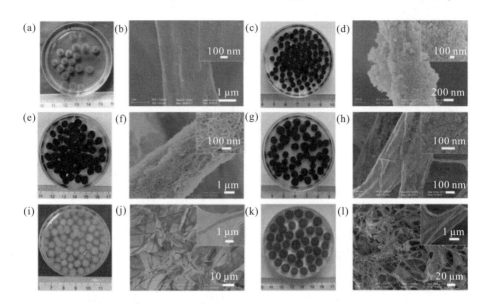

图 2-9　菌丝纳米复合球数码相片和菌丝纳米复合球冻干样品内部结构的 SEM 图

(a)、(b) FH/Au NPs；(c)、(d) FH/Fe₃O₄ NPs；(e)、(f) FH/CNT；(g)、(h) FH/Au NRs；(i)、(j) FH/GO；(k)、(l) FH/MMT-Na

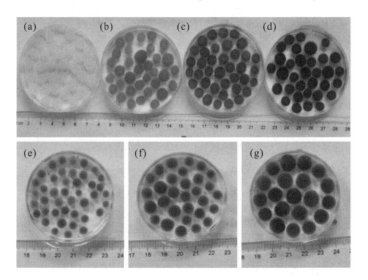

图 2-10　不同 GO 浓度条件下菌丝生长组装制备的 FH/GO 复合球数码相片(a～d)和不同培养时间条件下
菌丝生长组装制备的 FH/GO 复合球数码相片(e～g)

(a) 0mg/mL；(b) 3mg/mL；(c) 6mg/mL；(d) 12mg/mL；(e) 60h；(f) 72h；(g) 84h

　　与在相同浓度纳米单元溶液中采用纯菌丝球吸附纳米单元的传统方法相比，通过菌丝生长组装制备的菌丝纳米复合球材料集成的纳米单元量更多，分布均匀。例如，如图 2-11 所示，通过 SEM 对菌丝球内部进行观察，采用传统吸附方法形成的菌丝纳米复合球的纳米单元主要在菌丝交叉处呈平台状分布，而较少存在于没有交叉的菌丝上；采用菌丝生长组装方法形成的菌丝纳米复合球的纳米单元则均匀附着在每一根菌丝上。相比吸附法，菌丝生长组装形成的菌丝纳米复合球单位面积上固定的纳米单元数量更多。

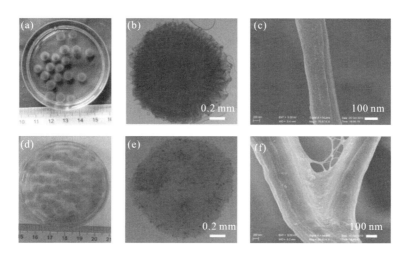

图 2-11　菌丝生长组装方法(a～c)及菌丝传统吸附方法制备的复合球展示(d～f)

(a)菌丝生长组装 Au NPs 后的数码相片；(b)菌丝生长组装 Au NPs 后的切片光学显微图片；(c)菌丝生长组装 Au NPs 后的冻干样品 SEM 图；(d)菌丝球吸附 Au NPs 后的数码相片；(e)菌丝球吸附 Au NPs 后的切片光学显微图片；(f)菌丝球吸附 Au NPs 后的冻干样品 SEM 图，菌丝传统吸附方法指将菌丝球放入 0.1mg/mL 的 Au NPs 胶体溶液，振荡吸附 72h

简单分析通过菌丝生长将纳米单元成功组装和集成的可能机理。首先，网状三维多孔结构的菌丝球能提供较大比表面积用于对纳米单元进行物理吸附；其次，菌丝与纳米单元通过静电吸附进行相互作用，由图 2-12(a)可知，菌丝球在培养液中形成且长大，同时伴随 Zeta 电位缓慢上升，菌丝球形成前期 Zeta 电位为负值，当菌丝振荡培养 75h 后，Zeta 电位变为正值。因此，载体菌丝与纳米单元正负电性相反，从而产生相互作用，使菌丝能有效对纳米粒子进行组装。例如，将带正电荷的纳米金棒添加到葡萄糖-蛋白胨液体培养基中，由于电荷排斥，纳米金棒不能组装和集成到菌丝球载体中，但通过用带负电荷的聚苯乙烯磺酸钠(PSS)对纳米金棒进行包附，形成的带负电荷的纳米金棒则能有效组装和集成到菌丝球载体中。另外，通过红外光谱对菌丝进行表征，如图 2-12(b)所示，结果表明，菌丝含有丰富的功能基团，如羟基($3423cm^{-1}$)、羧基($1735cm^{-1}$)、酰胺键($1646cm^{-1}$ 和 $1537cm^{-1}$)等，菌丝可以利用这些基团通过氢键、范德瓦耳斯力、配位键等与纳米单元进

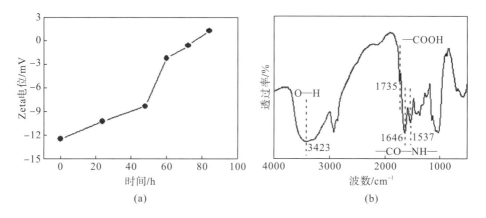

(a)　　　　　　　　　　　　　　(b)

图 2-12　炭角菌菌丝球形成过程中 Zeta 电位变化曲线(a)及菌丝红外光谱图(b)

行相互作用,从而进行纳米单元组装。此外,菌丝生长过程中,营养物质代谢会在菌丝表面产生许多以多糖、蛋白为主的胞外聚合物的分泌物,这些物质可以使菌丝细胞表面产生较大的黏附力,有利于对纳米单元的吸附组装(表 2-1)。因此,菌丝细胞表面的胞外聚合物黏附力和电荷形成的静电力吸附是组装和集成纳米单元的主要原因。

表 2-1　纳米单元分散在菌丝液体培养基中的 Zeta 电位

样品	Zeta 电位/mV
Au NPs	−23.82±4.32
Fe$_3$O$_4$ NPs	−15.80±6.92
PSS/Au NRs	−12.30±3.16
CNT	−20.30±2.24
GO	−18.03±3.79
MMT-Na	−31.82±4.67

通过菌丝生长组装和集成的菌丝纳米复合球材料的稳定性非常好,例如,将 FH/CNT 复合球在 100W、40Hz(KQ-250DV)条件下超声波处理 1h、3h、5h,与超声波处理前比较基本无变化,碳纳米管与菌丝未产生分离,FH/CNT 复合球形态仍然保持完好,其形貌如图 2-13(a)~(d)所示,另外,将 FH/GO 复合球在去离子水中浸泡 3 个月,复合球形貌保持完整,GO 仍然与菌丝结合得很好,并完整保留在菌丝球载体中,如图 2-13(e)、(f)所示。

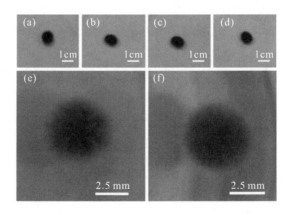

图 2-13　FH/CNT、FH/GO 复合球数码相片

(a)~(d)为不同超声波处理时间下 FH/CNT 复合球的数码相片:(a)0min;(b)1h;(c)3h;(d)5h;(e)、(f)分别为 FH/GO 纳米复合球在去离子水中不浸泡和浸泡 3 个月的数码相片

为了证实纳米单元在菌丝球空间中有序分布,将多功能菌丝纳米复合球用 OCT 包埋剂(optimal cutting temperature compound)冷冻固定到样品托上,再冰冻,用切片机切片,通过显微镜观察纳米单元在复合球内部的分布。FH/CNT/GO 复合球截面数码相片和光学显微图片如图 2-14 所示,从颜色部分观察可知,该菌丝纳米复合球是一种有序的核壳结

构，将其真空冷冻干燥，通过 SEM 对其截面进行观察，发现中心黑色部分是菌丝与碳纳米管复合，外围部分主要是菌丝与氧化石墨烯复合。结果表明，在二次培养过程中，氧化石墨烯没有渗入 FH/CNT 复合球内部，形成的 FH/CNT/ GO 复合球是有序核壳结构。此外，对其他两层和三层有序结构菌丝纳米复合球进行冰冻切片，通过光学显微观察颜色分布，发现它们都是一种有序的核壳结构(图 2-15)。

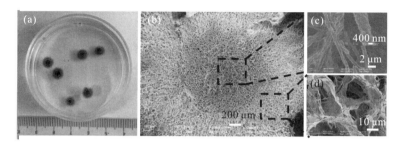

图 2-14　FH/CNT/GO 复合球纳米单元空间分布数码相片及光学显微图片

(a)复合球截面数码相片；(b)复合球截面 SEM 图；(c)、(d)复合球切片的中心和边缘的放大 SEM 图

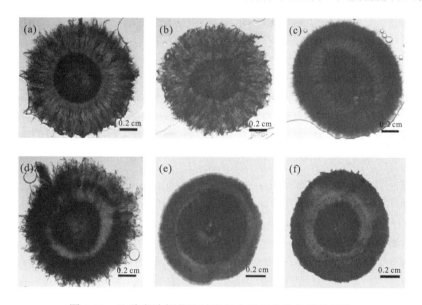

图 2-15　几种多功能菌丝纳米复合球切片光学显微图片

(a)FH/Fe$_3$O$_4$ NPs/Au NPs；(b)FH/GO/Au NPs；(c)FH/Fe$_3$O$_4$ NPs/GO；(d)FH/ Au NPs/Fe$_3$O$_4$ NPs；
(e)FH/GO/Au NPs/CNT；(f)FH/ CNT /Au NPs/ GO

2.2　结果分析与讨论

2.2.1　菌丝纳米复合球性能

Fe$_3$O$_4$ 磁性纳米颗粒在电学和磁学方面表现出优异性质，可广泛应用于电子信息、生物医药、催化剂载体等领域。因此，可通过将 Fe_3O_4 纳米颗粒添加到葡萄糖-蛋白胨液体培养基中，利用菌丝生长过程中的吸附、缠绕作用制备磁性纳米复合球。图 2-16(a) 演示了 FH/Fe_3O_4 NPs 复合球在磁铁作用下磁感应的灵敏性，可以看出复合球表现出优异的磁感应性能，可以通过磁铁吸引使它在水溶液中克服水的阻力和地球引力而定向移动。图 2-16(b) 的结果表明，在室温下 FH/Fe_3O_4 NPs 复合球饱和磁化强度为 1.63emu/g，磁滞回线表现出超顺磁行为，这与 Fe_3O_4 纳米颗粒的尺寸对应的超顺磁尺寸范围是相符的。FH/Fe_3O_4 NPs 复合球具有优异的磁学性能，在实际生活中可应用于磁疗、污水处理等领域。

由于贵金属纳米颗粒具有局域表面等离子体共振效应和光热效应等独特性质，因此，制备了菌丝纳米金颗粒复合球和菌丝纳米金棒复合球，并对其性质进行研究。如图 2-16(c) 所示，在近红外光照射下，菌丝纳米金颗粒复合球和菌丝纳米金棒复合球短时间内均可使水温迅速上升，5min 后，菌丝纳米金颗粒复合球使水温达到 68℃，菌丝纳米金棒复合球使水温达到 82℃，而空白菌丝球所在的水的温度变化较小。由于纳米金颗粒或金棒紧密均匀分布在菌丝表面，产生的电磁耦合作用有助于提高纳米复合球的光热转换效率。

关于菌丝纳米复合球在水处理方面的应用，根据 FH/CNT 复合球对重金属和染料具有吸附特性，开展了相关实验。如图 2-16(d) 所示，相比纯菌丝球，FH/CNT 复合球吸附能力极大提高，该材料对 Cu^{2+} 和孔雀石绿(malachite green，MG)的吸附容量分别为 264mg/g 和 183.2mg/g，比纯菌丝球分别提高 32% 和 22%，主要原因是碳纳米管具有比表面积大的特点，将其与菌丝复合，有利于提高材料的接触面积。为了实现菌丝碳纳米管复合球的回收和再生，探索了不同解吸溶液的解吸效果，结果如图 2-16(e) 所示。其中，最好的解吸条件是含 80%乙醇的 1mol/L HCl 溶液，在该条件下几乎实现了 95%的解吸。实验结果表明，菌丝碳纳米管复合材料可重复使用，且吸附性能变化较小，保持着较高的吸附量。其他成本更低、效率更高的解吸溶液可以通过实验进一步探索。

此外，在葡萄糖-蛋白胨液体培养基中添加单层蒙脱土纳米片，制备菌丝蒙脱土纳米复合球，并对其热稳定性进行研究，结果如图 2-16(f) 所示，纯菌丝球和菌丝蒙脱土纳米复合球失重分两个阶段：第一阶段失重 15%，主要是因为材料吸附的水分挥发；第二阶段失重 50%，主要是因为菌丝裂解为二氧化碳和水。与纯菌丝球比较，菌丝蒙脱土纳米复合球热分解曲线向温度高的区域移动，说明蒙脱土纳米片与菌丝的复合有利于改善菌丝球的热分解稳定性能。

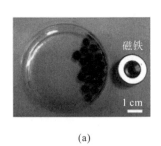

(a)

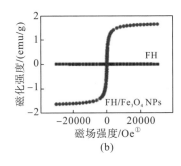

(b)

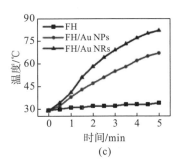

(c)

① 1Oe=79.5775A/m。

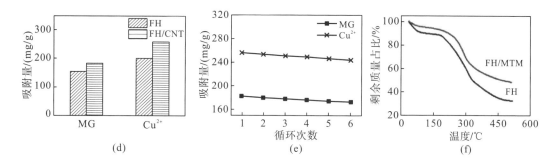

图 2-16　复合球数码相片、相关曲线及柱状图

(a)FH/Fe$_3$O$_4$ NPs 复合球在水溶液中的磁响应数码相片；(b)FH/Fe$_3$O$_4$ NPs 复合球在室温条件下的磁滞回线；(c)FH、FH/Au NPs 和 FH/Au NRs 的光热效应；(d)FH/CNT 对 Cu^{2+} 和 MG 的吸附量；(e)FH/CNT 对 Cu^{2+} 和 MG 的吸附-解吸循环曲线；(f)FH、FH/MMT-Na 纳米复合球热分解曲线

　　关于菌丝纳米复合球在生物医学材料方面的应用，研究了 FH/GO 复合球细胞毒性和药物吸附-缓释特性。将 RAW264.7 细胞分别在空白培养基、菌丝球和 FH/GO 复合球材料表面培养，记录细胞的生长情况，如图 2-17(a)～(c)所示。RAW264.7 细胞在 FH/GO 复合球材料表面培养 48h 后，细胞伸展性较好，形态呈圆形，表明细胞在材料表面增殖良好，与空白培养基细胞形貌相似。通过自动细胞计数器对细胞在空白培养基、FH 和 FH/GO 复合球材料表面培养 0h、24h、48h 和 72h 的生长数量计数[图 2-17(d)]，结果显示，FH/GO 复合球对 RAW264.7 细胞没有明显毒性。因此，生物相容性好的 FH/GO 复合球作为一种环境友好的生物质材料，在生物医药方面具有良好的应用前景。

　　通过吸附的方式将 DOX 在 FH/GO 复合球上进行负载。由图 2-17(e)可知，DOX 在 FH/GO 复合球上的负载量随着时间延长而逐渐增加，96h 基本已达饱和，负载量为 0.99mg/g。由于 GO 纳米片具有高比表面积，复合球显示出比纯菌丝球更高的 DOX 负载量，验证了 FH/GO 复合球在纳米药物载体方面具有潜在的应用价值。

　　为符合药物在人体中释放的真实情况，选用适当的温度和 pH 模拟真实的生理条件。图 2-17(f)为磷酸盐缓冲液(PBS)中纯菌丝球及 FH/GO 复合球在不同 pH 条件下 DOX 释放率的变化曲线，可知温度为 37℃、pH 为 5.4 和 7.4 时，随时间的延长，两种材料对 DOX 的释放率均逐渐升高然后趋于稳定。在整个释放阶段，菌丝球比 FH/GO 复合球对 DOX 的释放更快，这是因为 GO 与 DOX 的氢键作用阻碍了 DOX 的脱离，同时 FH/GO 较大的比表面积也对 DOX 的释放产生了抑制作用。相比 pH 为 7.4，在 pH 为 5.4 的条件下复合材料具有更好的缓释 DOX 的效果。

(a)　　　　　　　　　　　　　(b)　　　　　　　　　　　　　(c)

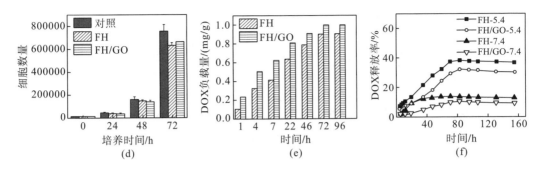

图 2-17 FH/GO 复合球细胞毒性及药物吸附-释放

(a)～(c)RAW264.7 细胞分别在空白培养基、菌丝球和 FH/GO 复合球中的荧光显微图片；(d)在 FH 和 FH/GO 复合球表面培养 0h、24h、48h 和 72h 后细胞的数量，误差棒表示标准偏差；(e)25℃条件下，不同时间菌丝球和 FH/GO 复合球对盐酸阿霉素的载药量；(f)37℃条件下，不同 pH(5.4 和 7.4)下菌丝球和 FH/GO 复合球在 PBS 中的盐酸阿霉素释放率

2.2.2 核壳结构菌丝纳米复合球性能

为了展现多功能菌丝纳米复合球在实际生活中应用的优势，研究了 FH/Fe$_3$O$_4$ NPs/GO 复合球在水处理领域的效能。一方面，FH/Fe$_3$O$_4$ NPs/GO 复合球含有比表面积较大的 GO，具有较强的吸附性能；另一方面，Fe$_3$O$_4$ 具有良好的磁性，可以在水处理后回收再利用。FH/Fe$_3$O$_4$ NPs/GO 复合球对甲基紫和刚果红的吸附性能如图 2-18 所示。结果表明，FH/Fe$_3$O$_4$ NPs/GO 复合球对甲基紫(阳离子)的吸附比对刚果红(阴离子)的吸附效果好；该材料对甲基紫和刚果红的吸附量分别为 126.2mg/g、71.7mg/g，相比空白菌丝球，FH/Fe$_3$O$_4$ NPs/GO 复合球对染料的吸附性能有较大幅度的提升。

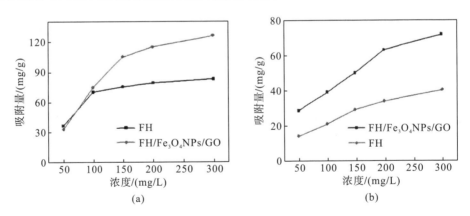

图 2-18 FH/Fe$_3$O$_4$ NPs/GO 复合球对不同浓度甲基紫(a)和刚果红(b)的吸附曲线

吸附染料后，对 FH/Fe$_3$O$_4$ NPs/GO 复合球回收再利用情况进行研究。如图 2-19 所示，用复合球对甲基紫进行吸附，吸附结束后通过磁场作用，将吸附饱和的复合球进行回收，在 50℃条件下通过乙醇溶液将染料洗脱，再次将 FH/Fe$_3$O$_4$ NPs/GO 复合球进行甲基紫吸附，如此重复 6 次后 FH/Fe$_3$O$_4$ NPs/GO 复合球吸附量为 122mg/g，仍然保持良好的吸附性能，相比空白菌丝球，FH/Fe$_3$O$_4$ NPs/GO 复合球可以回收再利用，更经济。

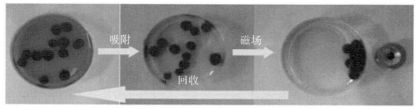

(a)FH/Fe₃O₄ NPs/GO复合球对甲基紫吸附-回收-再利用过程

(b)吸附甲基紫的FH/Fe₃O₄ NPs/GO
复合球冻干样品数码相片

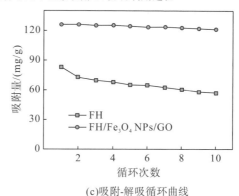

(c)吸附-解吸循环曲线

图 2-19　甲基紫吸附

对 FH/Fe₃O₄ NPs/Au NPs 复合球的光热效应、催化性能和回收利用进行研究,如图 2-20 所示。结果表明,FH/Fe₃O₄ NPs/Au NPs 复合球在磁铁吸引下,可以克服水的阻力和地球引力而定向移动,表现出优异的磁响应性;该复合球在近红外光照射下,短时间内可使水温迅速上升,5min 时,水温接近 70℃,表现出较高的光热转换效率,而空白菌丝球所在的水温只有较小的变化。

(a)磁响应数码相片

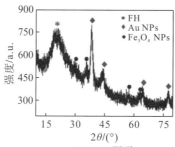

(b)XRD图谱

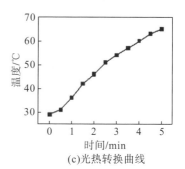

(c)光热转换曲线

图 2-20　FH/Fe₃O₄ NPs/Au NPs 复合球相关图片及曲线

不同反应时间 FH/Fe₃O₄ NPs/Au NPs 复合球催化还原对硝基苯酚的 UV-Vis 曲线如图 2-21(a)所示。FH/Fe₃O₄ NPs/Au NPs 复合球质量为 30mg,其中含纳米金颗粒 0.52mg。通过计算反应物对硝基苯酚的转化率,发现在反应 8min 时转化率就已经达到 97.1%,反应 10min 时转化率达到 100%,催化反应速率由快变慢。图 2-21(b)是催化剂还原反应物拟合曲线,由图可知,该催化还原反应过程符合一级反应动力学方程,拟合曲线具有良好的线性关系(R^2=0.093)。

利用阿伦尼乌斯方程对 FH/Fe₃O₄ NPs/Au NPs 复合球催化反应活化能进行计算,

如图 2-21(c)所示，Kuroda 等(2009)所研究的复合催化剂 Au NPs/PMMA 催化对硝基苯酚的还原反应活化能为 38kJ；Saha 等(2010)得出藻硅酸钙/Au NPs 催化对硝基苯酚的还原反应活化能为 21kJ；Lam 等(2012)所报道的 Au/PDDA/NCC 催化对硝基苯酚的反应活化能为 69.2kJ。与其他纳米金复合催化体系相比，FH/Fe$_3$O$_4$ NPs/Au NPs 复合球对硝基苯酚的催化还原反应活化能较低。

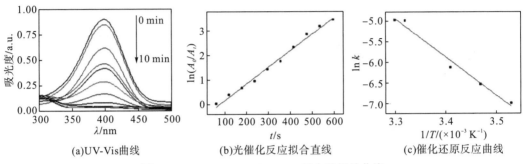

(a)UV-Vis曲线   (b)光催化反应拟合直线   (c)催化还原反应曲线

图 2-21   FH/Fe$_3$O$_4$ NPs/Au NPs 复合球相关曲线

图 2-22 展示了 FH/Fe$_3$O$_4$ NPs/Au NPs 复合球的循环再利用性能，由于复合球具有磁响应性和催化性能，当催化反应完成后，FH/Fe$_3$O$_4$ NPs/Au NPs 复合球可以利用磁场作用进行回收，重复进行催化反应。图 2-23 描述的是 FH/Fe$_3$O$_4$ NPs/Au NPs 复合球重复利用对催化反应平均速率的影响，结果表明，经过 10 次重复利用，FH/Fe$_3$O$_4$ NPs/Au NPs 复合球催化反应速率变化不大，仍保持较高的催化效率，说明 FH/Fe$_3$O$_4$ NPs/Au NPs 复合球具有较高的稳定性，可以多次循环使用。

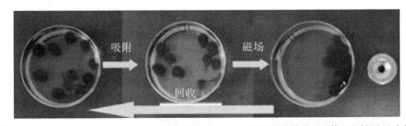

图 2-22   FH/Fe$_3$O$_4$ NPs/Au NPs 复合球作用下对硝基苯酚催化-回收-再利用示意图

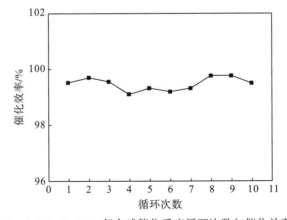

图 2-23   FH/Fe$_3$O$_4$ NPs/Au NPs 复合球催化反应循环次数与催化效率的关系曲线

2.3　小　　结

　　本章展示了一种简单、绿色、低成本的通用真菌菌丝生长组装方法,通过调控菌丝培养时间,或者在菌丝生长期添加不同的纳米单元,可以集成各种维度的纳米单元,制备出宏观尺度功能纳米复合球,实现菌丝纳米复合球大小及功能可控。通过菌丝生长组装方法形成的纳米复合球生物相容性好,具有一定机械强度,菌丝和纳米单元结合稳定。复合球材料在染料和重金属吸附、药物缓释、光热转换和磁响应方面表现出优异性能。一方面,菌丝作为纳米单元载体,解决了纳米颗粒小、实际回收利用难的问题;另一方面,纳米单元能赋予菌丝更多性能,有效扩展菌丝的应用领域。此外,期望这种策略能扩展到其他微生物,将零维、一维、二维纳米材料分别组装或集成,制备多级次且具有光学、电学、磁学性质的宏观块材,并将其广泛应用到生物医药、重金属及染料废水处理、光热治疗等领域。

　　在真菌菌丝营养期的不同培养时刻添加不同的纳米单元,可以调控纳米颗粒在菌丝球上的组装顺序,使纳米单元在菌丝球载体上形成有序结构,制备具有两层和三层有序核壳结构的多功能宏观尺度菌丝纳米复合球。颜色分布和 SEM 分析通过结果表明在不同培养时间添加纳米颗粒,其均能均匀附着于菌丝表面,在菌丝球空间分布相对有序。这种复合球集成了各种纳米颗粒的性能,形成了多功能体系,回收利用方便,在水处理、催化、光热等领域都具有较好应用前景。相比其他物理或化学方法,该方法可以装配各种具有生物相容性的纳米颗粒,具有简单、环境友好、低成本、通用等特点,并可以宏量制备。

第3章 菌丝基吸附材料制备及性能分析

3.1 菌丝/碳纳米管对铀和染料的吸附性能

纳米材料以其独特的物理化学性质而闻名。例如，小尺寸效应给纳米材料带来了优越的光学、热学和力学性能，然而，纳米材料存在难回收的缺点，使其在作为环境材料应用时存在二次污染的风险，限制了其实际应用。因此，对纳米材料进行宏观组装是有意义的。目前，研究者已经开发出多种纳米材料组装技术，如逐层沉积、真空过滤协助装配、冷冻干燥、表面合成和朗缪尔-布洛杰特(Langmuir-Blodgett)技术等。

受到大自然的启发，研究人员开发了一种先进的纳米粒子生物组装方法。该方法将微生物与微/纳米粒子结合，微/纳米粒子参与微生物的生长，通过氢键相互作用实现三维宏观材料的可控组装。此外，具有一定形状和大小的真菌菌丝(FH)是一种有前景的功能材料，在其快速生长过程中可以实现微/纳米颗粒的有序装配，合成具有特定功能的生物组装材料。

水污染已经成为一个全球性的环境问题。废水中含有多种污染物，如放射性核素和染料。吸附是去除这些污染物最常用的方法之一，目前已开发出许多吸附剂来去除这些污染物，其中碳纳米管(CNT)具有很大的表面积，在水污染处理方面具有很高的效率。本章将CNT负载到FH上，通过FH介导制备FH/CNT复合材料，用于去除铀[U(Ⅵ)]、阴离子染料刚果红(Congo red，CR)和阳离子染料甲基紫(methyl violet，MV)，在FH生长环境中添加的CNT可以沉积在细胞壁上。本章通过批量吸附实验，研究不同条件下FH/CNT的吸附性能和吸附机理，验证FH介导CNT组装的有效性，揭示制备的FH/CNT复合材料在水污染治理中的应用潜力。

3.1.1 实验材料与方法

1. 材料

炭角菌从槐树枝干上分离纯化得到，储存于西南科技大学。碳纳米管购于南京先丰纳米材料科技有限公司，其平均直径为15nm，长度为50mm，纯度为95%。甲基紫、刚果红购自天津市化学试剂研究所有限公司，硝酸铀酰、氢氧化钠、葡萄糖、酵母提取物、硝酸、蛋白胨由成都市科龙化工试剂厂提供。

2. FH/CNT复合材料的制备

在菌丝培养过程中，真菌菌株炭角菌在100mL的锥形瓶中孵化，在28℃条件下，置于振荡培养箱中以180r/min振荡培养4d。使用尼龙布料将菌丝过滤，用大量的去离子水清洗，然后依次浸没在浓度为 1%的 NaOH 和 HCl 水溶液中灭活 3h，并去除有机残留物，最后用蒸馏水洗净直到 pH=7。

对于 FH/CNT 复合材料的制备，先通过 HNO_3 处理 CNT，使其侧壁氧化，得到分散性良好的氧化 CNT 水溶液（5mg/mL）。再将 0.5mL、1mL、2mL 的氧化 CNT 水溶液加入含有真菌的锥形瓶中以 180r/min 在恒温培养箱中培养 4d，得到不同 CNT 含量的 FH/CNT 复合材料（命名为 FH/CNT-0.5、FH/CNT-1、FH/CNT-2）。FH 和 FH/CNT 均被冷冻干燥成最终的复合球供下一步实验使用。

3.1.2 结果分析与讨论

1. 复合材料的形成过程

利用培养基中的有机营养和无机盐，真菌可以从孢子生长为菌丝，这一生长过程符合正交的尖端生长模型。葡聚糖基质位于细胞壁的外侧。细胞成熟过程中，黏附在细胞壁上的蛋白质增多。随着丝状真菌的生长，羧基修饰的 CNT 通过静电作用和氢键作用沿菌丝生长方向吸附到菌丝表面的脂质和糖蛋白上，并在菌丝的外侧表面引入羧基。在剪切力作用下，CNT 附着的 FH 缠绕在一起，组装成多孔三维 FH/CNT 复合材料，如图 3-1 所示。此外，布朗运动可以将 CNT 带到菌丝表面，而远离真菌的 CNT 则不受影响。菌丝周围的 CNT 浓度会影响固定在细胞壁上的 CNT 含量。

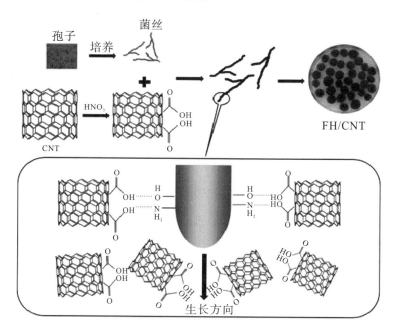

图 3-1 FH/CNT 复合材料制备示意图

2. FH 和 FH/CNT 材料的表征

细胞的分裂和随后的分化是丝状真菌生命周期的一部分，它们在萌发时形成长长的丝状菌丝,本章对控制孢子成球生长技术进行了研究,在不同 CNT 浓度的培养基中培养 FH,制备不同 CNT 含量的 FH/CNT 复合材料。图 3-2(a)～(d)的光学图像显示了 CNT 不同负载量的形态结构。材料表面的 SEM 图如图 3-2(e)～(h)所示。FH 显示为管状结构[图 3-2(e)],在培养基中添加 CNT 后,菌丝基本结构没有明显变化,菌丝表面形态呈丝堆叠状[图 3-2(f)～(h)]。随着营养液中 CNT 含量的增加,球的颜色变黑,说明 FH 的微观结构中加入了更多的 CNT。

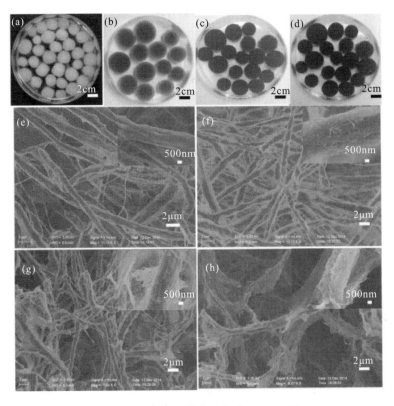

图 3-2 不同材料的数码相片及 SEM 图

(a)～(d)FH、FH/CNT-0.5、FH/CNT-1 和 FH/CNT-2 的数码相片；(e)～(h)FH、FH/CNT-0.5、FH/CNT-1 和
FH/CNT-2 的 SEM 图

XRD 图谱证实了菌丝中碳纳米管的存在,并显示了碳纳米管在 25.8° 处的石墨结构特征峰[图 3-3(a)]。FH 的傅里叶变换红外光谱(Fourier transform infrared spectrum, FTIR)图在 2924cm^{-1} 处有一个峰值,这归因于 CH、CH$_2$ 和 CH$_3$ 的伸缩振动。1654cm^{-1} 处的峰对应于羰基的 C=O 伸缩,1546cm^{-1} 处的峰归因于酰胺基的 N—H 弯曲,1045cm^{-1} 和 879cm^{-1} 处的峰是由 CH、CH$_2$、CH$_3$ 的伸缩振动、羰基的 C=O 伸缩带、酰胺基的 N—H 弯曲、C—O—C 分量和非饱和 C—H 的平面外弯曲共同引起的,而 FH/CNT 复合材料的 FTIR 图中的一些主峰位置出现了偏移[图 3-3(b)],FH 与 FH/CNT 复合材料 FTIR 图中峰的位置差异可能是由氢键相互作用引起的。随着 FH/CNT 复合材料中 CNT 含量的增加,C—H、N—H、C—O—C 对应的 2924cm^{-1}、1546cm^{-1}、1045cm^{-1} 处的峰值强度降低。此

外，菌丝表面 CNT 的存在扰乱了不饱和 C—H 的平面外弯曲，导致特征峰在 879cm^{-1} 处消失［图 3-3(b)］。

FH 的减重过程可以分为两个步骤［图 3-3(c)］。第一步减重大约 10%，出现在 100℃，归因于释放物理吸附的水；第二步减重大约 45%，出现在 200～500℃，是由于含氧官能团的分解。FH/CNT 的减重过程与 FH 相似。可以得出结论，FH/CNT 的热分解温度为 200～500℃。因此，FH/CNT-0.5、FH/CNT-1 和 FH/CNT-2 中 CNT 含量分别约为 2.91%、5.15% 和 9.24%。此外，如图 3-3(d) 所示，FH/CNT-2 的 Zeta 电位远低于 FH，FH/CNT-2 的 Zeta 电位在 pH＝5.0(±0.1) 时低至 -21.4mV。这表明在 FH 中加入 CNT 有利于降低表面电位，有利于正离子的静电吸引。

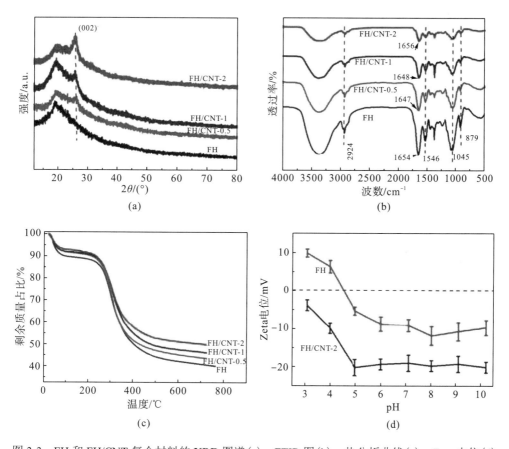

图 3-3　FH 和 FH/CNT 复合材料的 XRD 图谱(a)、FTIR 图(b)、热分析曲线(c)、Zeta 电位(d)

3. FH 和 FH/CNT 材料对核素的吸附

如图 3-4(a) 所示，U(Ⅵ) 在前 40min 吸附速度较快，40min 后无明显变化，FH/CNT 复合材料的吸附性能优于 FH。复合材料对碳纳米管的吸附能力随碳纳米管用量的增加而增加。FH 和 FH/CNT 复合材料对 U(Ⅵ) 的吸附动力学为伪二阶动力学模型(表 3-1)。因此，吸附 U(Ⅵ) 的过程是化学反应，涉及 U(Ⅵ) 与 FH/CNT 表面活性位点的络合。在其他含碳纳米管的复合材料中也观察到类似的现象。

表 3-1 FH 和 FH/CNT 复合材料吸附 U(Ⅵ) 的动力学模型参数值

样品	伪一阶动力学模型			伪二阶动力学模型		
	吸附量 /(mg/g)	速率常数/min^{-1}	决定系数	吸附量/(mg/g)	速率常数/[g/(mg·min)]	决定系数
FH	63.9510	0.081	0.98677	65.9530	0.014	0.9990
FH/CNT-0.5	100.3033	0.079	0.97057	101.3863	0.049	0.9992
FH/CNT-1	127.1941	0.115	0.98297	127.6544	0.024	0.9997
FH/CNT-2	186.4701	0.121	0.97532	186.7105	0.092	0.9998

如图 3-4(b) 所示，随着初始浓度的增加，FH/CNT 复合材料对 U(Ⅵ) 的吸附速度快于 FH。根据决定系数(表 3-2)，朗缪尔(Langmuir)模型和弗罗因德利希(Freundlich)模型与复合材料的等温线拟合良好(R^2>0.99)，这可能是在 U(Ⅵ) 的测试浓度范围内吸附不饱和所致。此外，Langmuir 模型的拟合结果表明，FH 和 FH/CNT-2 的最大 U(Ⅵ) 吸附量分别是 62.1257mg/g 和 187.2564mg/g，这表明将大量的碳纳米管负载在 FH 上是一种制备高性能 U(Ⅵ) 吸附剂的有效策略。与 FH 相比，FH/CNT 复合材料具有较低的 Zeta 电位，因此具有较强的吸附能力。此外，CNT 具有较大的比表面积，这也有利于污染物被 FH/CNT 复合材料吸附。

表 3-2 FH 和 FH/CNT 复合材料吸附 U(Ⅵ) 的等温模型参数值

样品	Langmuir 模型			Freundlich 模型		
	q_{max}/(mg/g)	b/(L/mg)	R^2	k/(mg$^{1-\frac{1}{n}}$·L$^{\frac{1}{n}}$·g^{-1})	n	R^2
FH	62.1257	0.9484	0.9967	13.3622	2.09	0.9991
FH/CNT-0.5	109.4819	2.4864	0.9974	17.4541	2.14	0.9995
FH/CNT-1	154.6501	12.9607	0.9930	21.2711	2.15	0.9966
FH/CNT-2	187.2564	14.4368	0.9941	29.4867	2.74	0.9928

注：q_{max} 为最大吸附量，b 为与吸附剂的能量和亲和力有关的常数；k 为与吸附量相关的经验常数；n 为与 Freundlich 模型等温线非线性相关的经验常数。

FH/CNT 复合材料的 U(Ⅵ) 吸附能力与其他含 CNT 的复合材料相比具有一定的优势。例如，FH/CNT 复合材料对磁性钴铁氧体/CNT 的最大吸附量分别为 166.6mg/g 和 212.7mg/g。

此外，本章研究了在 120mg/L 的 U(Ⅵ) 溶液中，初始 pH 对 FH 和 FH/CNT 复合材料吸附 U(Ⅵ) 的影响。由图 3-4(c) 可知，随着 pH 从 2 增加到 5，各种材料对 U(Ⅵ) 的吸附能力急剧增加，这可能是 H$^+$ 或 H$_3$O$^+$ 与 UO$_2$(OH)$_n^{(2-n)+}$ 竞争性结合的结果，与 pH 从 2 增加到 5 条件下，Zeta 电位的降低密切相关。复合材料表面负电荷与 U(Ⅵ) 正电荷之间的静电相互作用是影响 U(Ⅵ) 吸附的重要因素，而在 pH>5 时，大量的 U(Ⅵ) 与阴离子形成 U(Ⅵ)-羟基络合物，导致吸附量降低。

温度对吸附过程的影响如图 3-4(d) 所示，吸附量随着温度的增加而增加。具体而言，

FH/CNT-2 对 U(Ⅵ) 的吸附量从 20℃的 71.27mg/g 增加到 40℃的 190.10mg/g,这表明 U(Ⅵ) 的吸附过程是吸热的。

考虑到废水中离子的多样性,探讨共存离子对 FH/CNT 复合材料在应用中的吸附能力的影响是有价值的[图 3-4(e)、(f)]。如图 3-4(e) 所示,FH/CNT-2 的吸附量并不受共存阴离子存在的影响,并显示了对 U(Ⅵ) 较好的选择性,这是由于材料表面具有 U(Ⅵ) 选择性的官能团(如氨基、羧基等)。结果表明,FH/CNT-2 具有良好的去除或恢复 U(Ⅵ) 的能力。

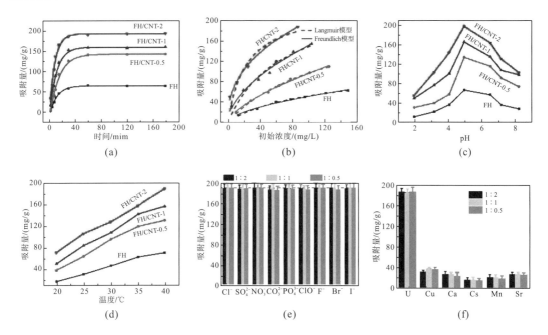

图 3-4　FH 和 FH/CNT 材料的吸附动力学(a)、等温线(b)和初始 pH(c)、温度(d)、阴离子共存(e)、阳离子共存(f)对吸附的影响

4. U(Ⅵ)吸附机理分析

通过对吸附前后复合材料的 XPS 图谱进行分析,进一步阐明 U(Ⅵ) 在 FH/CNT 上的吸附机理。在 XPS 总谱中发现吸附 U(Ⅵ) 前后 FH 和 FH/CNT-2 都存在 C1s 和 O1s 峰,吸附 U(Ⅵ) 之后都新增加了 U4f 峰[图 3-5(a)]。在吸附 U(Ⅵ) 前后,FH 的 C1s 图谱上出现了 C—C 峰、C—OH 峰和 C═O 峰[图 3-5(b)、(d)]。在吸附 U(Ⅵ) 后的 FH 和 FH/CNT-2 表面出现了位于 382eV 处的 $U4f_{7/2}$ 和位于 393eV 处的 $U4f_{5/2}$[图 3-5(h)、(k)],这证实了复合材料对 U(Ⅵ) 的吸附。此外,FH/CNT-2 吸附 U(Ⅵ) 前的 C1s 图谱中出现了 C—C 峰、C—OH 峰和 C═O 峰[图 3-5(f)],而 FH/CNT-2 吸附 U(Ⅵ) 后在 289.1eV 处出现了 O—C═O 峰[图 3-5(i)],证实了 CNT 和 U(Ⅵ) 之间的相互作用,表明 FH/CNT-2 对 U(Ⅵ) 的吸附过程是化学变化。O1s 图谱显示氧原子含量降低了 17%[图 3-5(c)、(e)、(g)、(j)],这可能是氧原子与 U(Ⅵ) 形成络合物,导致 C—O 中氧原子的电荷密度和碳原子周围的电荷密度降低所造成的。

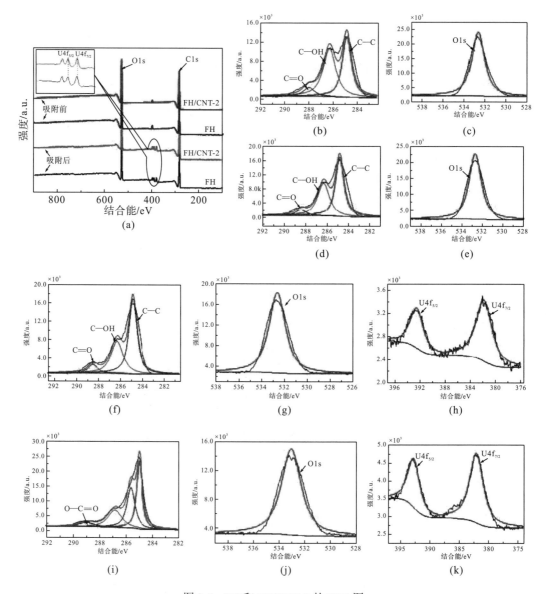

图 3-5　FH 和 FH/CNT-2 的 XPS 图

(a) XPS 总谱；(b)~(c) FH 吸附 U(Ⅵ) 前 C1s 和 O1s 的高分辨率 XPS 图；(d)~(e) FH/CNT-2 吸附 U(Ⅵ) 前 C1s 和 O1s 的高分辨率 XPS 图；(f)~(h) FH 吸附 U(Ⅵ) 后 C1s、O1s 和 U4f 的高分辨率 XPS 图；(i)~(k) FH/CNT-2 吸附 U(Ⅵ) 后 C1s、O1s 和 U4f 的高分辨率 XPS 图

5. 阳离子染料和阴离子染料的吸附

在 pH=7.0(±0.1)、30℃条件下研究接触时间对 CR(10mg/L) 和 MV(4mg/L) 溶液吸附量的影响(图 3-6、图 3-7)。反应时间为 120~160min 时，吸附达到平衡状态。FH/CNT-2 对 CR 和 MV 的吸附速度比 FH 快[图 3-6(a)、图 3-7(a)]。由拟合结果(表 3-3)可知，对于 FH/CNT 复合材料，伪二阶动力学模型拟合效果(R^2>0.99)优于伪一阶动力学模型。

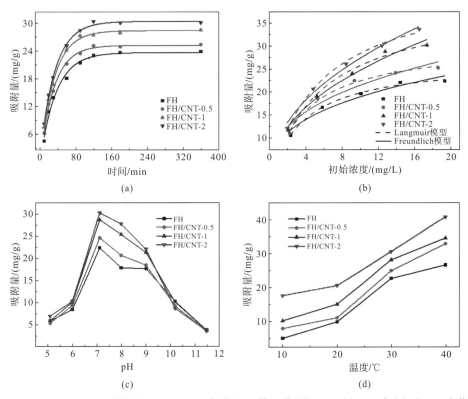

图 3-6 FH 和 FH/CNT 复合材料的 CR 吸附动力学(a)、等温线(b)及 pH(c)、温度(d)对 CR 吸附的影响

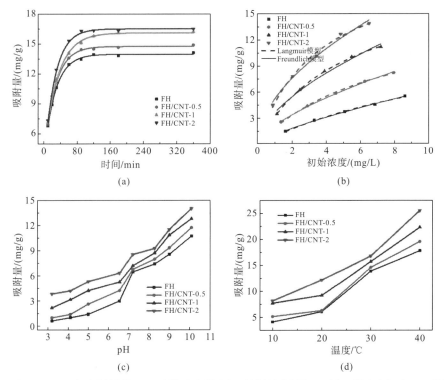

图 3-7 FH 和 FH/CNT 复合材料的 MV 吸附动力学(a)、等温线(b)及 pH(c)、温度(d)对 MV 吸附的影响

表 3-3　FH 和 FH/CNT 复合材料吸附 CR 和 MV 的动力学模型参数值

染料	样品	伪一阶动力学模型			伪二阶动力学模型		
		吸附量/(mg/g)	速率常数/min^{-1}	决定系数	吸附量/(mg/g)	速率常数/[g/(mg·min)]	决定系数
CR	FH	23.9510	0.0313	0.98677	26.2881	0.0894	0.98771
	FH/CNT-0.5	25.3033	0.0281	0.97057	27.5179	0.0946	0.99547
	FH/CNT-1	28.1941	0.0247	0.98297	30.8072	0.0896	0.99587
	FH/CNT-2	30.4701	0.0286	0.97532	32.3939	0.0973	0.99402
MV	FH	13.4275	0.0233	0.94780	14.5730	0.4860	0.99932
	FH/CNT-0.5	14.2631	0.0324	0.95870	15.4300	0.3670	0.99948
	FH/CNT-1	15.4763	0.0367	0.92680	16.8950	0.2820	0.99938
	FH/CNT-2	16.0953	0.0444	0.88950	17.0910	0.3520	0.99900

　　如图 3-6(b) 和图 3-7(b) 所示,FH/CNT 复合材料对 CR 和 MV 的吸附能力高于 FH,并且 CNT 含量越高的 FH/CNT 复合材料对染料的吸附能力越强。其中,Langmuir 模型拟合结果显示,FH 对 CR 和 MV 的最大吸附量分别为 26.7237mg/g 和 13.6054mg/g,FH/CNT-2 的最大吸附量分别为 43.9947mg/g 和 20.8855mg/g(表 3-4)。此时,就复合材料 Zeta 电位而言,虽然 FH/CNT 复合材料带负电荷,但它对阴离子染料的吸附能力高于对阳离子染料的,说明静电吸引不是 FH/CNT 复合材料吸附染料的主导过程,可能是 π-π 相互作用驱动其对阴离子染料的吸附。

表 3-4　FH 和 FH/CNT 复合材料吸附 CR 和 MV 的等温模型参数值

染料	样品	Langmuir 模型			Freundlich 模型		
		q_{max}/(mg/g)	b/(L/mg)	R^2	k/($\mathrm{mg}^{1-\frac{1}{n}} \cdot \mathrm{L}^{\frac{1}{n}} \cdot \mathrm{g}^{-1}$)	n	R^2
CR	FH	26.7237	0.2859	0.99778	8.2492	2.7732	0.95134
	FH/CNT-0.5	30.4599	0.2761	0.99764	8.6930	2.5463	0.91529
	FH/CNT-1	39.5101	0.1935	0.99613	8.6514	2.1672	0.97902
	FH/CNT-2	43.9947	0.1838	0.99594	9.1827	2.1016	0.98258
MV	FH	13.6054	0.0773	0.97295	1.0839	1.3139	0.99740
	FH/CNT-0.5	14.6220	0.1518	0.97937	2.1709	1.5531	0.99874
	FH/CNT-1	19.1975	0.1979	0.99821	3.3753	1.5705	0.98715
	FH/CNT-2	20.8855	0.3033	0.98840	5.0674	1.7768	0.99189

　　水溶液的 pH 是吸附过程中一个重要的控制因素。当 pH 低于 4 时,CR 的颜色从红色变为蓝色;当 pH 高于 10 时,MV 会因为分子结构的改变而褪色,所以 CR 和 MV 的 pH 分别设为 5～12 和 3～10。如图 3-6(c) 所示,FH 和 FH/CNT 对 CR 的吸附能力最初随 pH 的增大而增强,在 pH=7.1 时达到峰值,随后随着 pH 的增大而减弱;如图 3-7(c) 所示,FH 和 FH/CNT 对 MV 的吸附能力随 pH 的增大而增强。这些结果表明,FH/CNT 对 CR

和 MV 的吸附依赖于 pH, 这可能归因于吸附剂 Zeta 电位的变化和不同的 pH 条件下染料分子不同的状态。

温度对吸附过程的影响如图 3-6(d) 和图 3-7(d) 所示。在大多数情况下, 较高的温度有利于材料对染料的吸附。对于两种染料, FH 和 FH/CNT-2 的吸附能力都随着温度的升高而增强, 说明 CR 和 MV 在 FH/CNT 上的吸附过程是吸热的。例如, CR 和 MV 在 FH/CNT-2 上的吸附量分别从 10℃时的 17.53mg/g 和 8.26mg/g 增加到 40℃时的 39.91mg/g 和 25.61mg/g [图 3-6(d)、图 3-7(d)]。

6. 解吸实验

吸附剂具有良好的循环利用性能, 这有利于其实际应用。如图 3-4(c)、图 3-6(c) 和图 3-7(c) 所示, 在 pH<2、pH>11 和 pH<3 时, FH 和 FH/CNT 对 U(Ⅵ)、CR 和 MV 的吸附能力显著降低, 说明在该 pH 范围的溶液中可以解吸被吸附的 U(Ⅵ)、CR 和 MV。因此, 可采用一定浓度的 NaOH 和 HCl 溶液进行再生研究。对 U(Ⅵ)、CR、MV 依次进行 5 个周期的吸附和解吸过程, 吸附量如图 3-8 所示。可以看出, FH/CNT 的总吸附量在 5 次循环后仍保持较高水平, 且无明显下降。结果表明, FH/CNT 复合材料具有较好的再生能力, 有利于其在污染物去除中的实际应用。

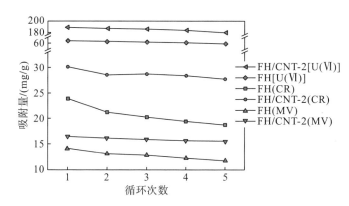

图 3-8　FH 和 FH/CNT 复合材料对 U(Ⅵ)、CR 和 MV 的吸附量随循环次数的变化情况

3.1.3　小结

本节采用自发性、环保型的菌丝组装方法固定碳纳米管, 通过 SEM、XRD、热分析法和 FTIR 证实了 CNT 的存在及 FH 与 CNT 间的相互作用, 研究了在不同条件下 FH 和 FH/CNT 复合材料对 U(Ⅵ)、CR 和 MV 的吸附性能和机理。结果表明, 该复合材料能有效地去除溶液中的 U(Ⅵ)、阳离子染料和阴离子染料; FH/CNT 复合材料对 U(Ⅵ)、CR 和 MV 的最大吸附量分别为 187.2564mg/g、43.9947mg/g 和 20.8855mg/g; 伪二阶动力学模型拟合效果较好, Langmuir 模型和 Freundlich 模型均能较好地拟合吸附等温线。此外, 该复合材料可再生利用。因此, 本节提出了 FH 介导的 CNT 组装策略, 利用 CNT 制备环保高效的多功能吸附剂复合材料, 并将其用于水污染控制。

3.2 菌丝/氧化石墨烯材料对铀的吸附性能

核工业在生产过程(如核燃料生产、核电站运行和核设施退役)中会产生大量的放射性水。铀[U(VI)]是放射性水中最危险的放射性核素之一,自然界环境中游离的铀离子会对生物和生态环境造成严重破坏。离子交换、沉淀、氧化还原和吸附等多种方法已被用于去除和回收核工业废水中的 U(VI)。在这些传统的方法中,吸附法被认为是一种高效、易于操作和可实际应用的方法。

近年来,氧化石墨烯(GO)因具有导电性、导热性、透光性、生物相容性、高机械强度等特性受到广泛关注,在能源、生物、环境等领域得到广泛应用。GO 具有高比表面积和丰富的含氧官能团,使其具有较强的表面络合能力和金属离子的阳离子交换能力,从而具有优异的吸收性能而被应用于水处理领域,但纳米级 GO 难以回收,限制了其实际应用。

真菌菌丝(FH)是一种独特的微生物,在数天内可从单细胞生长到宏观厘米尺度,直径小于 10μm。由于 FH 细胞壁上存在大量的磷酸基、羟基和氨基等功能基团,丝状真菌被认为是一种很好的纳米材料模板。因此,FH 与 GO 的结合将形成一种较好的吸附剂,可以将纳米尺度扩展到宏观尺度,从而促进吸附剂与废水的分离,有利于实际应用。

本节以炭角菌为实验菌种,通过简便的方法制备菌丝/氧化石墨烯(FH/GO)复合材料,用于含 U(VI) 废水的处理。研究目的:①利用生物培养法制备新型 FH/GO 复合材料;②检测 FH/GO 复合材料对 U(VI) 的去除性能及其稳定性和可重用性;③探索 FH/GO 复合材料吸附 U(VI) 的可能机制。本节着重介绍 FH/GO 复合材料对 U(VI) 的高吸附能力及其在铀废水处理中的易分离性。

3.2.1 实验材料与方法

1. 材料

炭角菌购自华东理工大学微生物系。石墨粉(纯度 99.85%)购自上海华谊控股集团有限公司。$UO_2(NO_3)_2 \cdot 6H_2O$(纯度 99.9%)购自北京化工厂有限责任公司。其他分析级化学品均由成都市科龙化工试剂厂提供。所有的溶液都是使用 Milli-Q 水和分析级化学品制备的。

2. GO 和 FH/GO 的合成

以天然石墨粉为原料,采用改进的 Hummers 方法制备氧化石墨烯。简单地说,首先在强力搅拌下,将 3.75g $NaNO_3$ 和 5.0g 石墨与 150mL H_2SO_4 溶液混合;然后在约 0.5h 内逐渐加入 20g $KMnO_4$,5d 后用移液枪向悬浮液中加入 30mL H_2O_2,将悬浮液在 10000r/min 条件下离心 10min,取上清液;最后用无菌水将固体分散,在 6000r/min 条件下离心收集上清液作为 GO 溶液。重复上述步骤,直到上清液完全清除。氧化石墨烯浓度控制为 0.5mg/mL,待用。

制备不同氧化石墨烯含量的 FH/GO 复合材料。简而言之,通过搅拌和超声波处理将真菌(炭角菌)均匀地分散到培养基中，在 pH=6.0 条件下制备真菌培养基，其中含有 2% 葡萄糖、0.25%酵母、0.25%蛋白胨。向每个锥形瓶(250mL)中加入 100mL 培养基；然后分别加入 0mL、10mL、20mL、30mL GO 溶液(0.5mg/L)，分别表示为 FH、FH/GO-1、FH/GO-2、FH/GO-3。这些装有不同含量氧化石墨烯溶液的烧瓶均在转速为 120r/min 的旋转振动筛(Kuhner，Switzerland ISF-1-W)上以 293K 的温度培养 3d，再用去离子水对菌体进行多次洗涤，除去剩余的培养液，用冷冻干燥法对产物进行处理得到杂交球。

3. 表征

用扫描电子显微镜对样品的表面形貌进行表征。利用傅里叶变换红外光谱和 X 射线光电子能谱对表面官能团进行估计。利用 Zeta 电位分析 FH 和 FH/GO 的表面电荷变化。

4. 间歇式吸附解吸实验

间歇式吸附实验考察了水溶液 pH、吸附剂初始浓度、吸附温度和接触时间对吸附量的影响。实验在含有 10mg 吸附剂和 20mL U(VI)溶液的塑料管中进行。室温下，先将初始浓度为 50mg/L 的 U(VI)水溶液的 pH 用 0.01~1.00mol/L 的 HCl 溶液或 NaOH 溶液由 2 调为 10，然后将悬浮液置于 100r/min 的轨道摇床中摇匀，达到吸附平衡。此外，吸附剂可以直接从悬浮液中分离出来，因为它们是球形的。为了消除塑料管壁的影响，在相同的条件下，对不含吸附剂的 U(VI)进行吸附实验。在 UV2600A 分光光度计上用偶氮胂分光光度法分析 U(VI)的浓度。U(VI)的吸附量(q_t，mg/g)和吸附率(A，%)分别由式(3-1)和式(3-2)计算。

$$q_t = (C_0 - C_t)V/m \tag{3-1}$$

$$A = (C_0 - C_t)/C_0 \tag{3-2}$$

式中，C_0 和 C_t 分别为 U(VI)在初始溶液中和吸收 t 时间后溶液中的浓度，mg/mL；V 为溶液体积，mL；m 为吸附剂用量，g。

每个实验分别重复 3 次。用 0.1mol/L 的 NaOH 溶液处理负载 U(VI)的吸附剂 2h，每种吸附剂用纯水洗涤 3 次，再进行下一循环吸附。在下一个解吸过程中，上述溶液将被新的溶液所取代。

5. 共存离子和辐射

批量实验过程中，在水溶液中加入不同浓度的氯酸盐，并分别加入不同的阳离子，用相同的数据处理方法评价 FH/GO-3 对 U(VI)的选择性。将 FH 和 FH/GO-3 置于 300kGy 辐照环境中 48h，测定其最大 U(VI)吸附能力。

6. 稳定性和循环性能评估

FH 和 FH/GO-3 对 U(VI)的吸附、解吸和洗涤实验进行 6 次循环。在振荡状态下，用过量的 HCl 溶液(1mol/L)处理负载 U(VI)的吸附剂 3h，离心分离催化剂和液体，用去离子水清洗固体 3 次，然后进行下一个循环吸收实验。在稳定性实验中，将 HCl 溶液、超声波处理和水浴处理的 FH/GO-3 在相似的条件下进行吸附实验即可。

7. 固定床柱吸附实验

所有固定床柱实验均采用直径为 1.5cm、长为 20cm 的小玻璃管作为柱。1g FH 和 1g FH/GO-3 分别被小心地放入两个玻璃管中。将 100mg/L 的 U（Ⅵ）溶液 pH 调节至 6.0（±0.1），使其从玻璃管底部流入玻璃管，通过蠕动泵从玻璃管顶部以 1.5mL/min 的速度抽出。FH 固定床高 9.4cm，FH/GO-3 固定床高 8.3cm。收集污水样本，每隔 25min 测量一次 U（Ⅵ）浓度。绘制 $C_{出}/C_{进}$ 随时间（t）变化的穿透曲线。$C_{进}$ 和 $C_{出}$ 分别表示进水和出水中 U（Ⅵ）的浓度。根据式（3-3）～式（3-5）对实验数据进行分析：

$$C_{\mathrm{B}} = \int_0^{t_b} \frac{(C_{进} - C_{出})v\mathrm{d}t}{m} \tag{3-3}$$

$$C_{\mathrm{E}} = \int_0^{t_e} \frac{(C_{进} - C_{出})v\mathrm{d}t}{m} \tag{3-4}$$

$$\eta = C_{\mathrm{B}} / C_{\mathrm{E}} \tag{3-5}$$

式中，C_{B} 和 C_{E} 分别为单位体积填充样品床的突破能力和耗尽能力，mg/g；突破时间 t_b 和耗尽时间 t_e 分别为 U（Ⅵ）浓度在流出水中达到 5% 和在进水中达到 95% 的时间；v 为流量，mL/min；η 为柱效率。

3.2.2　结果分析与讨论

1. FH/GO 复合材料的制备与表征

FH/GO 复合材料的合成过程及不同氧化石墨烯含量的 FH 和 FH/GO 复合材料的宏观形貌如图 3-9（a）～（e）所示。可以看出，随着氧化石墨烯含量的增加，真菌球的颜色变深，同时球的尺寸变小。据报道，氧化石墨烯薄片通过广泛覆盖于细胞表面并阻断细胞增殖而表现出抗菌活性。因此，氧化石墨烯掺杂量越高，FH/GO 复合材料的尺寸越小。FH 和 FH/GO 复合材料的 SEM 图如图 3-9（f）～（i）所示。可见，FH 的结构由大量微米级的丝状生物群落组成，这些丝状生物群落在空间上纵横交错，分布不均匀。在 FH/GO-3 中，较

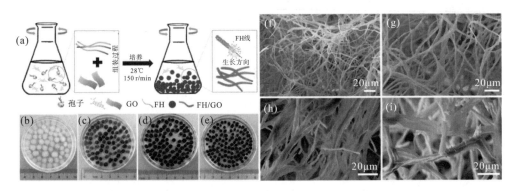

图 3-9　水凝胶球的合成过程及 FH、不同 GO 含量的 FH/GO 复合材料的数码相片和 SEM 图

(a) 水凝胶球的合成过程；(b)～(e) FH、FH/GO-1、FH/GO-2、FH/GO-3 的数码相片；(f)～(i) FH、FH/GO-1、FH/GO-2、FH/GO-3 的 SEM 图

薄的 GO 膜出现在空间中，起覆盖这些丝状生物质的作用[图 3-9(i)]。可以发现，与 FH/GO-1 和 FH/GO-2 相比，随着 GO 含量的增加，FH 表面覆盖的 GO 含量增加。在 FH 生长过程中，通过氢键和电荷吸引将氧化石墨烯涂覆在 FH 表面，可以有效降低氧化石墨烯团聚的风险。经过超声波处理和水浴处理后，FH/GO 保持了结构的稳定，证明了装配 FH 和 GO 的可行性(图 3-10、图 3-11)。根据 SEM 结果，可以推断 FH/GO-3 的比表面积和活性位点都较 FH 有所增加。

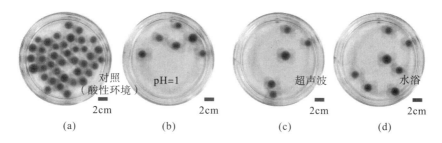

图 3-10　FH/GO-3 经不同处理(酸性环境、超声波、水浴)后在水溶液中出现的杂化球

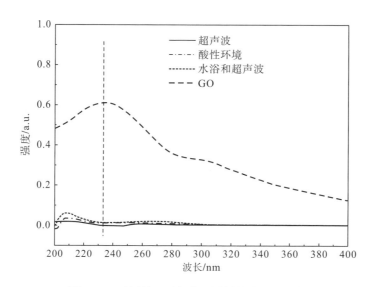

图 3-11　不同处理后氧化石墨烯的紫外吸收峰

　　FH 和 FH/GO-3 在不同 pH 下的 Zeta 电位如图 3-12(a)所示。在不同 pH 下，FH/GO-3 的 Zeta 电位远小于 FH。pH 为 6.0(±0.1)时，FH/GO-3 的 Zeta 电位约为-34mV，这说明在 FH/GO-3 表面有大量的负电荷，这可能有利于 U(Ⅵ)阳离子的静电吸附。

　　GO、FH、FH/GO 复合材料的 FTIR 图如图 3-12(b)所示。GO 的 FTIR 图中存在多种官能团，如 3400cm^{-1} 处的 C—OH，1648cm^{-1} 处的—COOH，1542cm^{-1} 处的 C=C，1400cm^{-1} 处的 C=O，1050cm^{-1} 处的 O—C。对比 GO，FH 显示出不同的官能团，如位于 2900cm^{-1} 处的—CH、—CH$_2$、—CH$_3$ 与酰胺Ⅰ(—NH$_2$)和酰胺Ⅱ(N—H 和 C—N)有关，位于 1648cm^{-1} 处的—COOH、1542cm^{-1} 处的 C=C、1050cm^{-1} 处的 O—C 等官能团与磷酸

化蛋白和醇有关。对于 FH/GO 复合材料，FH 的酰胺二峰在 1542cm^{-1} 处的峰值随着 GO 含量的增加而逐渐消失，这可能是由 FH 上的酰胺二基团与 GO 之间的化学键合所致。如图 3-12(c)、(d)所示，用 XPS 对 FH、FH/GO-3 表面的 C、O、N、U 元素进行表征。

　　FH、FH/GO-3 的 O1s 光谱在 531.2eV 和 532.8eV 处被分解为两个峰[图 3-13(a)、(d)]。531.2eV 的峰值与羧基(C=O)有关，532.8eV 的峰值代表脂肪醚(C—O—C)和羟基(C—OH)。FH、FH/GO-3 的含氧官能团比例不同。与 FH 相比，FH/GO-3 的含氧官能团中 C=O 的比例更高。FH、FH/GO-3 的 C1s 光谱上 284.8eV、286.4eV、287.9eV 和 289.1eV 对应的四个峰[图 3-13(b)、(e)]分别是 C—C、C—O/C—N、C=O 和 O—C=O 的碳化学键。FH/GO-3 上的 C—C 含量较 FH 增加了 18.0%，说明 FH 表面被 GO 覆盖并成功组装。此外，FH、FH/GO-3 的 N1s 光谱在 399.9eV 和 401.5eV 处也被分解为两个峰[图 3-13(c)、(f)]。399.9eV 处的峰值来自酰胺基[—NH$_2$，—NH—，O=C—N，N—(C)$_3$]，401.5eV 处的峰值来自质子化胺(—NH$_3^+$)。FH/GO-3 上氨基的键能低于 FH，证明了氨基与氧化石墨烯的化学相互作用。

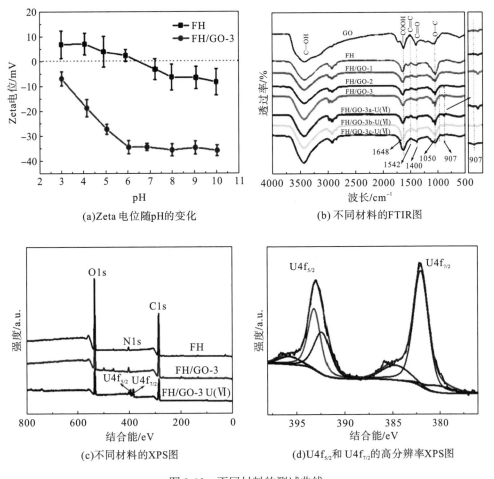

图 3-12　不同材料的测试曲线

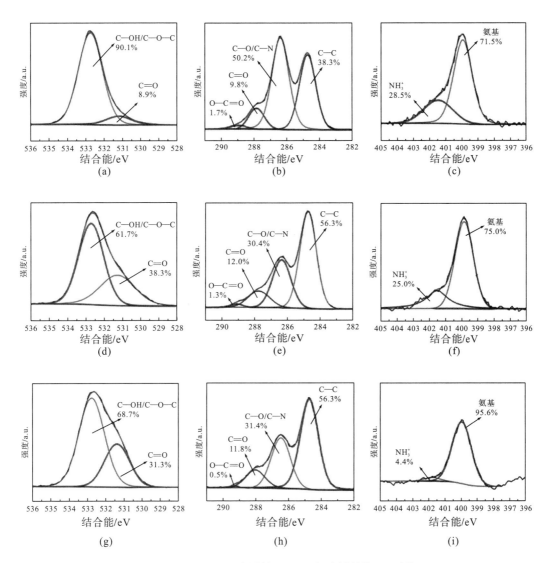

图 3-13　不同 GO 含量的 FH/GO 复合材料的 XPS 图

(a)～(c)FH 的 O1s、C1s 和 N1s 的高分辨率 XPS 图;(d)～(f)FH/GO-3 的 O1s、C1s 和 N1s 的高分辨率 XPS 图;(g)～(i)FH/GO-3 吸附 U(Ⅵ)后 O1s、C1s 和 N1s 的高分辨率 XPS 图

2. 批量吸附实验

1)吸附动力学

FH/GO 对 U(Ⅵ)的吸附量随接触时间的变化如图 3-14(a)所示,可以看出 U(Ⅵ)的吸附量在 30min 时迅速增加。反应时间约 35min 时,FH/GO 对 U(Ⅵ)的吸附达到饱和,这可能是由于 FH/GO 表面丰富的含氧官能团和 C—N 键的协同作用,为 U(Ⅵ)的固定和结合提供了足够的活性位点。在水溶液中,带负电荷的 GO 和带正电荷的 U(Ⅵ)离子之间的强静电吸引可能是引起这种快速吸附的主要原因。

采用伪一阶动力学模型［图 3-14(b)］和伪二阶动力学模型［图 3-14(c)］对 FH 和 FH/GO-3 复合材料吸附过程的机理进行研究。两个模型的线性形式可以由式(3-6)和式(3-7)描述。

$$\lg(q_e - q_t) = \lg q_e - k_1 t \tag{3-6}$$

$$t/q_t = 1/(k_2 q_e^2) + t/q_e \tag{3-7}$$

式中，q_t 和 q_e 分别为 t 时刻和平衡时的吸附量；k_1 和 k_2 分别为伪一阶动力学模型和伪二阶动力学模型的吸附速率常数。

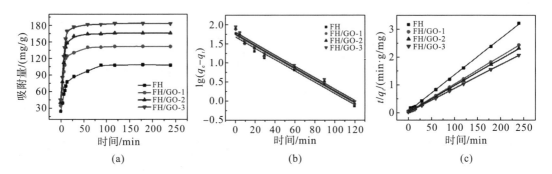

图 3-14 FH 和 FH/GO 对 U(VI) 的吸附量随时间的变化(a)及其伪一阶(b)、伪二阶(c)动力学模型

pH=6.0(±0.1)、T=293K、C_0=50mg/L、固液比(m/V)=0.375g/L

U(VI) 吸附动力学模型参数见表 3-5。伪二阶动力学模型决定系数较大(R^2>0.99)，表明伪二阶动力学模型比伪一阶动力学模型能更好地描述吸附过程，并且复合材料与 U(VI) 之间是通过离子交换及与阴离子 U(VI)-氢氧配合物共享电子进行化学吸附的。

表 3-5 伪一阶和伪二阶动力学模型的参数值

样品	伪一阶动力学模型			伪二阶动力学模型		
	$q_e/(mg/L)$	k_1/min^{-1}	R^2	$q_e/(mg/L)$	$k_2/[g/(mg \cdot h)]$	R^2
FH	75.33	0.015	0.981	76.53	0.114	0.999
FH/GO-1	91.83	0.017	0.976	95.72	0.128	0.998
FH/GO-2	103.04	0.016	0.975	106.41	0.133	0.999
FH/GO-3	116.17	0.019	0.975	121.07	0.149	0.998

2) 吸附等温线

为了确定复合材料的最大吸附量与平衡浓度之间的关系，分析不同 U(VI) 初始浓度条件下吸附平衡态的数据是非常有效的。从图 3-15(a) 可以看出，随着初始浓度的增加，最大吸附量逐渐增大，这可能是由于较高的 U(VI) 浓度导致的吸附剂与 U(VI) 之间的驱动力较大。

通过 Langmuir 模型［图 3-15(b)］和 Freundlich 模型［图 3-15(c)］描述 U(VI) 的吸附等温线，并将这些模型分别由式(3-8)和式(3-9)表示。

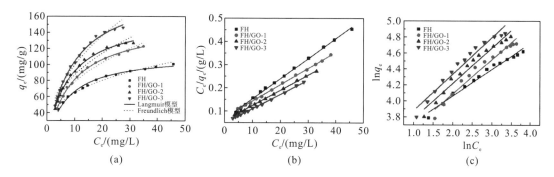

图 3-15　FH 和 FH/GO 的吸附等温线(a)、Langmuir 模型(b)和 Freundlich 模型(c)

pH $= 6.0(\pm 0.1)$、$T = 293\mathrm{K}$、固液比(m/V)$= 0.375\mathrm{g/L}$

$$q_e = (bq_{max}C_e)/(1+bC_e) \tag{3-8}$$

$$q_e = kC_e^{\frac{1}{n}} \tag{3-9}$$

式中，q_e 为样品的吸附量，mg/g；C_e 为溶液的浓度，mg/L；q_{max} 为最大吸附量，mg/g；b 为一个与吸附剂的能量和亲和力有关的常数，L/mg；k 和 n 分别为与吸附量和 Freundlich 等温线非线性相关的经验常数。

Langmuir 模型和 Freundlich 模型的参数见表 3-6。很容易发现 Langmuir 模型对 U(Ⅵ) 吸附的拟合较好($R^2 > 0.99$)，表明 U(Ⅵ) 在 FH 和 FH/GO 上的吸附均发生在均匀的单层表面。Langmuir 模型拟合结果表明，FH 对 U(Ⅵ) 的最大吸附量为 113.78mg/g，而 FH/GO-3 的最大吸附量为 199.37mg/g[图 3-15(a)、表 3-6]。在相同条件下，FH/GO-3 对 U(Ⅵ) 的最大吸附量也大于 GO(图 3-16、表 3-6)，说明生物组装 FH 和 GO 是制备高性能 U(Ⅵ) 吸附剂的有效策略。FH/GO 复合材料的高吸附能力可能是由于其 Zeta 电位较 FH 低 [图 3-12(a)]，且 GO 具有较大的比表面积，有利于污染物在 FH/GO 上的吸附。研究认为 FH/GO-3 的吸附能力受 FH 结构的影响较大。

表 3-6　吸附等温线的 Langmuir 模型和 Freundlich 模型参数

样品	T/K	Langmuir 模型			Freundlich 模型		
		q_{max}/(mg/g)	b/(L/mg)	R^2	k/($\mathrm{mg}^{1-\frac{1}{n}} \cdot \mathrm{L}^{\frac{1}{n}} \cdot \mathrm{g}^{-1}$)	n	R^2
FH	293	113.78	0.139	0.988	24.79	2.74	0.981
FH/GO-1	293	153.58	0.098	0.997	27.18	2.56	0.968
FH/GO-2	293	163.21	0.133	0.997	29.39	2.41	0.967
FH/GO-3	293	199.37	0.076	0.999	31.44	2.25	0.956
FH/GO-3	313	211.43	0.088	0.995	32.39	2.14	0.974
FH/GO-3	333	243.79	0.105	0.997	33.35	2.09	0.975
GO	293	141.43	0.081	0.994	30.18	2.36	0.987

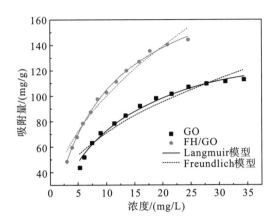

图 3-16 　FH/GO 和 GO 的吸附等温线

pH＝5.0（±0.1）、T＝293K、固液比（m/V）＝0.375g/L

3）热力学

温度对吸附的影响如图 3-17（a）所示。由图可知，随着温度从 293K 增加到 313K，吸附量显著增加。这是因为升温可能会导致 FH 和 FH/GO 的内部结构产生溶胀作用，进一步穿透 U（Ⅵ）及其配合物。自由能变化（ΔG^0）、焓变化（ΔH^0）和熵变化（ΔS^0）可以反映 FH、FH/GO 和 U（Ⅵ）表面相互作用的信息。这些热力学参数可由式（3-10）～式（3-12）和图 3-17（b）、（c）计算。

$$K_d = q_e / C_e \tag{3-10}$$

$$\Delta G^0 = -RT\ln K^0 = \Delta H^0 - T\Delta S^0 \tag{3-11}$$

$$\ln K^0 = -\Delta H^0 / (RT) + \Delta S^0 / R \tag{3-12}$$

式中，T 和 R 分别为热力学温度和理想气体常数，R 取 8.314J/(mol·K)。不同温度下的吸附平衡常数 K^0 可以通过图 3-17（b）中 $\ln K_d$ 与 C_e 的截距计算出来。根据 $\ln K^0$ 与 $1/T$ 的关系[图 3-17（c）]，从斜率和截距可以计算出焓变化（ΔH^0）和熵变化（ΔS^0）的值。通过式（3-11）可计算不同温度下的自由能变化（ΔG^0）。

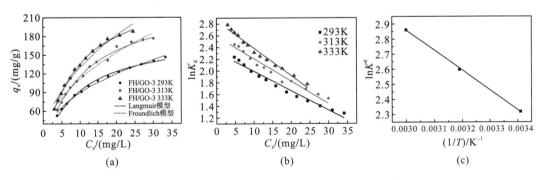

图 3-17 　不同温度下 FH/GO-3 的吸附等温线（a）及 $\ln K_d$ 与 C_e（b）、$\ln K^0$ 与 $1/T$（c）的线性曲线

pH＝5.0（±0.1），T＝293K，固液比（m/V）＝0.375g/L

相关的参数取值见表 3-7，ΔG^0 为负值表明吸附是一个自发过程，并得益于较高的温度。ΔH^0 和 ΔS^0 为正值，表明 FH 和 FH/GO 对 U(VI) 的吸附是吸热过程。总的来说，吸附 U(VI) 是吸热的自发过程。

表 3-7 U(VI) 在 FH/GO-3 上吸附的热力学参数

T/K	$\Delta G^0/(kJ/mol)$	$\Delta S^0/[J/(mol\cdot K)]$	$\Delta H^0/(kJ/mol)$
293	-5.64		
313	-6.77	56.57	10.94
333	-7.90		

4) pH 和共存离子的影响

pH 对 FH 和 FH/GO 吸附 U(VI) 的影响如图 3-18(a) 所示。随着 pH 从 2.2 左右增加到 6，FH/GO 对 U(VI) 的吸附量增加，在 pH 为 7.2 左右时 FH/GO-3 达到峰值 (116mg/g)，然后保持在较高水平，直到 pH＞9。这可能是 H^+ 或 H_3O^+ 与 $UO_2(OH)_n^{(2-n)+}$ 竞争性结合的结果。FH 和 FH/GO 对 U(VI) 的吸附规律与 Zeta 电位密切相关，负电位促进了 U(VI) 的吸附，而阴离子 U(VI)-羟基复合物，即 $(UO_2)_3(OH)_7^-$ 和 $UO_2(OH)_4^{2-}$ 的形成则会增强静电斥力过程，抑制了在 pH＞8 时吸附剂对 U(VI) 的吸附能力。此外，FH 和 FH/GO 的官能团的脱质子作用随着 pH 的增加而增强，这有助于对 U(VI) 的吸附。

离子浓度对 FH/GO 吸附 U(VI) 的影响如图 3-18(b) 所示。结果表明，阴离子对 FH/GO 吸附 U(VI) 无明显干扰，说明在 FH/GO 对 U(VI) 的吸附过程中起主导作用的是球内表面络合，而非离子交换。当在水溶液中加入一些阳离子，如 Cu^{2+}、Co^{2+}、Cs^+、Mn^{2+} 和 Sr^{2+} 时，阳离子与铀酰离子 (UO_2^{2+}) 浓度之比为 1:2、1:1、1:0.5，在没有额外离子的条件下，吸附能力从 121mg/g 下降到 106mg/g。可以发现，FH/GO 对 U(VI) 具有优先的高选择性结合 [图 3-18(c)]。U(VI) 的捕获主要是通过与 FH/GO 表面活性位点的螯合作用实现。结果表明，具有丰富活性位点的 FH/GO 对 U(VI) 具有良好的吸附选择性。

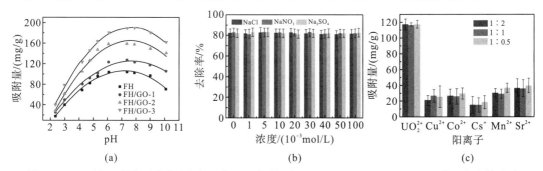

(a) (b) (c)

图 3-18 pH(a)、阴离子浓度(b) 和阳离子强度(c) 对 FH、FH/GO 和 FH/GO-3 吸附 U(VI) 的影响

pH=6.0(±0.1)、T=293K、C_0=50mg/L、固液比 (m/V)=0.375g/L

3. 吸附机理

利用 FTIR 和 XPS 进一步研究 FH/GO-3 对 U(VI) 的吸附机理。图 3-12(b) 为 FH/GO-3a、

FH/GO-3b、FH/GO-3c 分别在 U(Ⅵ)初始浓度为 20mg/L、50mg/L、80mg/L 时吸附后的 FTIR 图。通过对比吸附 U(Ⅵ)前后 FH/GO-3 的 FTIR 图可以看出，1050cm^{-1} 处的振动信号 C—O 随 U(Ⅵ)的增加而逐渐减弱。这可以解释 U(Ⅵ)与氧化石墨烯中的环氧基或烷氧基中的 C—O 基团及磷酸化蛋白和醇中的 C—OH 的化学相互作用。在 FH/GO-3a、FH/GO-3b 和 FH/GO-3c 的 FTIR 图中可以看到 907cm^{-1} 处的峰，而 FH/GO 复合材料的光谱中并没有出现这种峰，这可能是 UO$_2^{2+}$ 水溶液络合物在 963cm^{-1} 处发生红移所致。如图 3-12(d)所示，在 393.0eV 处的 U4f$_{5/2}$ 和在 382.1eV 处的 U4f$_{7/2}$ 的峰被分解为三个组分，这些结合能可以被识别，表明有大量的 U(Ⅵ)被结合到 FH/GO 上。FH/GO 的主要元素组成为 C、N 和 O[图 3-12(c)]。在 O1s 光谱中，与 FH/GO 相比，FH/GO-3-U(Ⅵ)[图 3-13(g)]发生了显著的变化[图 3-13(d)]。根据吸附等温线结果(表 3-6)，所有的羟基、乙酸氧酯和肟基都参与了 U(Ⅵ)的结合。C—O/C—N、C=O 和 O—C=O 的键能在 C1s 上向较低位置移动[图 3-13(e)、(h)]，这是 FH/GO-3 表面的官能团与 U(Ⅵ)-羟基化合物之间的化学相互作用导致的。结合含氮官能团的结合能，吸附前后变化不明显。图 3-13(i)中，吸附 U(Ⅵ)后 NH$_3^+$ 的百分比下降，这说明在 XPS 测试前的预处理过程中，NH$_3^+$ 被 H$^+$ 取代。综上所述，U(Ⅵ)在 FH/GO-3 上的吸附依赖于含氧基团和含氮基团，而 FH/GO-3 上的含氮官能团对 U(Ⅵ)的吸附影响较小，与相关研究结果一致。

4. 稳定性和可重用性的评估

图 3-19 显示了辐照处理后 FH/GO-3 的变化。可以看出，辐照对 FH/GO-3 表面的网络结构和官能团几乎没有造成影响，且辐照对 FH/GO 和 FH 对 U(Ⅵ)的最大吸附量也没有影响[图 3-20(a)]。因此，FH/GO 复合材料在各种条件下都是稳定的，这有利于实际应用。

吸附剂的再生和再利用有利于降低实际应用中的经济成本。本书通过循环实验评估 FH 和 FH/GO-3 的重复使用情况。从图 3-20(b)可以看出，在初始浓度为 80mg/L 时，FH 和 FH/GO-3 对 U(Ⅵ)的吸附在 6 个循环后略有下降(约为 6mg/g)。这表明 FH/GO-3 具有高重复使用性的特点，在处理成本和其他环境问题处理(如废弃吸附剂的处理)方面优于许多其他吸附剂。

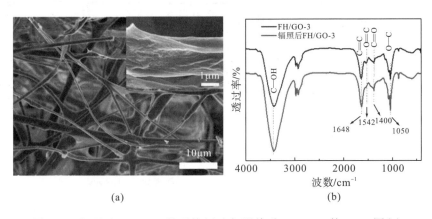

(a)　　　　　　　　　　(b)

图 3-19　辐照后 FH/GO-3 的形貌(a)和辐照前后 FH/GO-3 的 FTIR 图(b)

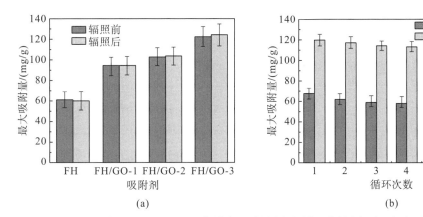

(a) 　　　　　　　　　　　(b)

图 3-20　辐照前后 FH 和 FH/GO 的最大吸附量 (a) 和循环次数 (b) 对 U(VI) 吸附的影响

pH=6.0(±0.1)、T=293K、C_0=80mg/L、固液比 (m/V)=0.375g/L

5. 固定床柱实验

固定床柱实验 [图 3-21(a)] 利用出水浓度和穿透时间的函数来表征流动相 [U(VI) 水溶液] 与固定相 (吸收剂) 之间的吸附平衡关系。图 3-21(b) 为利用 FH 和 FH/GO-3 去除 U(VI) 的穿透曲线,主要参数见表 3-8。可以看出,当 t <875min 时,FH/GO-3 的 $C_{出}/C_{进}$ 值低于 5%,而当 t =500min 时,FH 的 $C_{出}/C_{进}$ 值达到 5%。这可以解释为,为了达到吸附平衡,FH/GO-3 比 FH 需要更多的 U(VI) 水溶液通过吸附柱,这意味着 FH/GO-3 比 FH 具有更优异的吸附性能,因为 FH/GO-3 的突破点 ($C_{出}/C_{进}$≤5%) 显著高于 FH。在相同的反应条件下,FH/GO-3 固定床对 U(VI) 的去除率 (η,81%) 高于间歇吸附,进一步证明了 FH/GO 是一种很有潜力的去除和回收 U(VI) 的吸附剂。

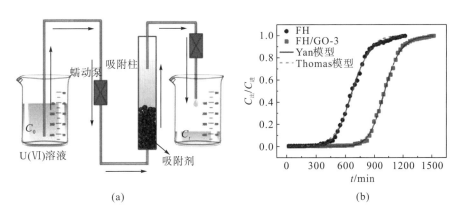

(a) 　　　　　　　　　　　(b)

图 3-21　固定床柱实验过程 (a) 及 FH 和 FH/GO-3 的 U(VI) 吸附曲线 (b)

pH=6.0(±0.1)、T=293K、C_0=100mg/L、v=1.5mL/min

表 3-8　FH 和 FH/GO-3 的穿透曲线参数

样品	t_b/min	t_e/min	C_B/(mg/g)	C_E/(mg/g)	η
FH	500	1100	79.94	115.41	0.69
FH/GO-3	875	1375	130.89	161.12	0.81

在实际应用中，准确预测固定床体系中目标金属离子的穿透曲线对设备的设计和运行至关重要。通常采用Yan模型和Thomas模型来分析动态系统中的吸附过程。如图 3-21（b）所示，通过 $C_出/C_进$ 与 t 的关系图，将固定床柱数据拟合为Yan模型和Thomas模型 [式（3-13）和式（3-14）]：

$$C_出 / C_进 = 1 - 1 / \{1 + [(C_进 / q_Y m) \times vt]^a\} \tag{3-13}$$

$$C_出 / C_进 = 1 / \{1 + \exp[K_{Th} q_{Th} m / v] - K_{Th} C_进 t\} \tag{3-14}$$

式中，q_Y 和 q_{Th} 分别为 Yan 模型和 Thomas 模型的最大吸附量，mg/g；m 为吸附剂质量，g；K_{Th} 为 Thomas 模型中的吸附速率常数，mL/(mg·min)；a 为 Yan 模型拟合后得到的常数。从表 3-9 可以看出，Yan 模型常数和 Thomas 模型常数与实验结果都有很好的一致性，决定系数（R^2）均不低于 0.998。由 Yan 模型和 Thomas 模型计算的最大吸附量也与实验值接近。

表 3-9　Yan 模型和 Thomas 模型在 FH 和 FH/GO-3 上的参数

样品	Yan 模型			Thomas 模型		
	q_e/(mg/g)	a	R^2	q_e/(mg/g)	K_{Th}/[10^{-4}mL/(mg·min)]	R^2
FH	117.16	7.48	0.998	118.31	1.106	0.998
FH/GO-3	157.82	12.03	0.999	158.49	1.188	0.999

3.2.3　小结

本节采用生物组装法合成了 FH/GO 复合材料，研究了在不同条件下 FH 和 FH/GO 对 U(VI) 的吸附性能及其机理。结果表明，吸附剂对 U(VI) 的吸附是一个快速、吸热、自发的化学过程，FH/GO 对 U(VI) 的吸附能力优于 FH，在酸性溶液中，在辐照、水浴和超声波条件下，均表现出良好的稳定性。FH/GO 作为 U(VI) 吸附剂在固定床柱系统中具有良好的重复使用性和优异的性能。由于 FH/GO 复合材料的合成方法简单、成本低、环境友好、稳定性好，其是去除和回收核废料中 U(VI) 的潜在吸附剂。

3.3　菌丝/杨梅单宁材料对锶的吸附性能

人类排放的放射性污水具有高毒性和高迁移性，会对自然环境产生极大污染。在核素的污染种类中，放射性核素 ^{90}Sr 作为纯放射体，被广泛应用于电子、冶金、化工、轻工、军工、光学和医药等领域。废水中的锶经饮食等途径进入人体，能破坏人体正常的生理机能，诱发病变。因此，必须采取经济而高效的方法治理受核素锶污染的水体。

对含锶废水的处理技术有沉淀法、溶剂萃取法和离子交换法等方法，这些方法成本高、能耗高，且耗时长。吸附法由于操作简单、普适性广而引起了研究者们的关注。现已将黏土、羟基磷灰石和纳米材料等用于锶离子的吸附去除，尽管这些材料对锶离子的吸附过程已被深入研究，但仍存在着成本高、吸附量低和难以进行重复使用的缺点。

目前，农林废弃物吸附处理含重金属和放射性核素的废水已成为研究热点，多种类的生物质材料已经应用于吸附研究。单宁是一种大分子的植物多酚类物质，其具有丰富的羟基，可大量络合金属离子。在吸附应用中，为了克服其易溶于水的缺点，可将单宁固化在多种基体上，如介孔硅、水热碳、胶原纤维、蛋壳膜等。

为了更广泛地应用单宁的吸附能力，本节采用真菌菌丝生长的方法固定杨梅单宁（bayberry tannin，BT），旨在制备菌丝/杨梅单宁吸附材料。该方法具有高效、通用、低成本、环境友好、易规模化等特点。拟用稳定的 ^{87}Sr 来代替放射性的 ^{90}Sr，分析具有不同含量的菌丝/杨梅单宁杂化材料（FBT1、FBT2、FBT3）对 Sr（Ⅱ）在单一离子体系下的吸附性能，探讨其吸附动力学和等温吸附模型，为 FBT 吸附处理放射性核素锶的相关研究提供参考。

3.3.1　实验材料与方法

1. 实验试剂与仪器

炭角菌菌种由中国科学技术大学仿生与纳米化学实验室提供，是野外槐树树干采集的样本经分离纯化后获得，现保存在西南科技大学东九实验室。杨梅单宁购自广西壮族自治区百色林化总厂。葡萄糖、蛋白胨、酵母粉、盐酸、氢氧化钠、氯化钠、氯化锶购自成都市科隆化学品有限公司，均为分析纯。

实验所需仪器与设备见表 3-10。

表 3-10　实验所需仪器与设备

仪器名称	型号	生产商
优普超纯水制备仪	UPC-Ⅲ型	成都超纯科技有限公司
电子天平	AL104 型	梅特勒-托利多仪器(上海)有限公司
恒温振荡培养箱	ZHF-160 型	上海鸿都电子科技有限公司
冷冻干燥器	Scientz-10N	宁波新芝生物科技股份有限公司
立式压力蒸汽灭菌器	LDZX-50KBS	上海申安医疗器械厂
扫描电子显微镜	Ultra 55 型	德国 Zeiss 仪器公司
紫外-可见分光光度计	UV-3150	Shimadzu
超净工作台	SJ-CJ-1D	苏州苏洁净化设备有限公司
原子吸收光谱仪	AA700	美国珀金埃尔默公司
傅里叶变换红外吸收光谱仪	Nicolet-6700 型	美国 Thermo Fisher 科技有限公司
X 射线光电子能谱仪	XPS D/Max 2550	日本理学株式会社理学公司

2. 菌丝的制备

配制液体培养基(质量体积比，w/v)：2%葡萄糖，0.25%蛋白胨，0.25%酵母粉。向每个 250mL 锥形瓶中加入 110mL 液体培养基，121℃高温灭菌 20min。将液体真菌接入培养基中，将接种后的锥形瓶放入回旋振荡摇床中，以 180r/min 的转速在 28℃条件下培养 4d。将得到的真菌菌丝小球用三层纱布过滤后再用 0.01mol/L 的盐酸浸泡 48d，再用超纯水清洗 3 次，经冷冻干燥得到菌丝球(本章用 F 表示)。

3. 菌丝/杨梅单宁的制备

向每个 250mL 锥形瓶中加入 110mL 液体培养基，121℃高温灭菌 20min。将液体真菌接入培养基中，将接种后的锥形瓶放入回旋振荡摇床中，以 180r/min 的转速在 28℃条件下培养 1d，再分别加入 1%(w/v，FBT1)、2%(w/v，FBT2)和 4%(w/v，FBT3)的杨梅单宁溶液 10mL。继续培养 3d，将得到的真菌菌丝小球用三层纱布过滤后再用 0.01mol/L 的盐酸浸泡 48d，然后用超纯水清洗 3 次，经冷冻干燥得到菌丝/杨梅单宁(FBT)复合材料。

4. SEM 分析

为了更为直观地表现本节研究中所涉及的两种吸附材料的微观形貌，利用扫描电子显微镜对比观察 F 和 FBT 的表观形貌。取小部分样品用导电胶固定，进行真空喷金后用于测试。

5. FTIR 测定

采用溴化钾粉末压片法进行测试。取适量吸附前后的 F 和 FBT 磨成粉末，并与溴化钾粉末充分研磨，在气压式压片机上制备成直径为 1.0cm 左右的透明薄片，而后利用傅里叶变换红外光谱仪在 400～4000cm^{-1} 内进行扫描分析。

6. XPS 测定

将材料研磨成粉末，粘在双面胶带上进行测试，X 射线源工程率 14kV@15mA，外来污染碳的 C1s 谱线(结合能 284.8eV)用作电荷校正，分谱扫描步长为 0.2eV，针对要分析的元素进行分谱扫描。

7. 杨梅单宁标准曲线的绘制

称取 25mg 杨梅单宁，加入装有 200mL 超纯水的烧杯中，溶解后于 500.0mL 容量瓶中定容，配制浓度为 50mg/L 的溶液。吸取 15mL 浓度为 50mg/L 的溶液于 25.0mL 的容量瓶中加水定容，配制浓度为 30mg/L 的溶液。以超纯水为参比，在紫外-可见分光光度计上进行 200～450nm 波段的扫描，对测得的紫外可见吸收光谱进行分析并找出最大吸收波长。

分别取 2mL、3mL、4mL、5mL 和 6mL 浓度为 50mg/L 的单宁溶液于 25.0mL 的容量瓶中，用超纯水定容，配制成浓度为 4mg/L、6mg/L、8mg/L、10mg/L 和 12mg/L 的杨梅单宁标准溶液，将其分别加入厚度为 1.0cm 的石英比色皿中，用紫外-可见分光光度计在波长 275nm 处测定各溶液的吸光度，以标准溶液浓度为横坐标、吸光度值为纵坐标绘制杨梅单宁的标准曲线。

取 1%(w/v,FBT1)、2%(w/v,FBT2)和 4%(w/v,FBT3)的杨梅单宁溶液 10mL 加入 100mL 培养基后，在 275nm 处测定各溶液的吸光度，再对培养 4d 后的培养基测定吸光度，计算浓度差，然后根据干燥后的菌丝球质量，测定 FBT 中 BT 的含量，计算公式如式(3-15)所示：

$$Q = (C_0 - C_t)V / m \tag{3-15}$$

式中，C_0 为没接入菌种培养基中的杨梅单宁浓度，mg/L；C_t 为培养后的杨梅单宁浓度，mg/L；m 为菌丝球的质量，mg；V 为培养基体积，L；Q 为杨梅单宁所占质量分数，%。

8. 菌丝/杨梅单宁杂化材料的稳定性

为了研究菌丝/杨梅单宁杂化材料在水溶液中的稳定性，本章测试了不同 pH 中杨梅单宁的洗脱率。将制备的 FBT1、FBT2 和 FBT3 分别称取 10mg 于 150mL 的锥形瓶中，再分别加入 50mL 的 pH 为 2、4、6 和 8 的超纯水溶液(0.1mol/L HCl 溶液和 0.1mol/L NaOH 溶液)，最后将锥形瓶放入恒温振荡器中以 120r/min 转速在 30℃的环境中振荡 24h，取锥形瓶中的溶液，用紫外-可见分光光度计测量溶液中杨梅单宁的含量，计算公式如式(3-16)所示：

$$q = 0.05C / (10Q) \tag{3-16}$$

式中，C 为振荡 24h 后溶液中杨梅单宁的浓度，mg/L；Q 为杨梅单宁所占质量分数，%；q 为杨梅单宁的洗脱率，%。

9. 锶离子的吸附实验

在室温条件下，配制一定浓度的氯化锶溶液，并以 0.1mol/L 的 NaOH 溶液和 0.1mol/L 的 HCl 溶液调节溶液 pH 至适当值。称取定量的吸附剂于 150mL 锥形瓶中，加入 50mL 上述固定浓度、固定 pH 的锶离子溶液，密封并放置于恒温振荡培养箱中控温，以 120r/min 振荡吸附一定时间，然后过滤，再利用原子吸收光谱仪测定吸附前后溶液中锶离子的浓度，并通过式(3-17)计算吸附量：

$$q_e = (C_0 - C_e)V / m \tag{3-17}$$

式中，C_0 为初始溶液的离子浓度，mg/L；C_e 为吸附平衡后溶液的离子浓度，mg/L；V 为溶液体积，L；m 为吸附剂的质量，g；q_e 为平衡时吸附剂对锶离子的吸附量，mg/g。

为减少实验误差，每组做 3 组平行实验，最终结果以平均值表示。以吸附量为指标，分别从以下六个方面考察 F 和 FBT 对锶离子的吸附特性。

1) pH 对去除率的影响

溶液的酸度对金属离子的吸附有重要影响。锶在废水中主要以 Sr^{2+} 形式存在，可溶性好。根据上述杨梅单宁在不同 pH 溶液中的稳定性测试，这里主要讨论 pH<8 的溶液中 Sr^{2+} 的去除，相应的 pH 取值梯度见表 3-11。

表 3-11　溶液 pH 对吸附效果的影响

吸附剂种类	初始浓度/(mg/L)	pH 取值梯度	相同条件
F	50	2.0，3.1，4.2，5.1，6.2，7.0，8.2	30℃，振荡 24h，10mg 吸附剂
FBT	50	2.0，3.1，4.2，5.1，6.2，7.0，8.2	

2) 温度的影响

在实际的废水处理中，如果材料适合的最佳温度与实际温度有较大差距，会导致核素的处理达不到预期效果。本环节改变体系所处的温度，固定其他实验条件，考察温度对锶离子吸附能力的影响。具体实验条件见表 3-12。

表 3-12　温度对吸附效果的影响

吸附剂种类	初始浓度/(mg/L)	温度取值梯度/℃	相同条件
F	50	10，20，30，40	
FBT	50	10，20，30，40	pH 为 5.9，振荡 24h，10mg 吸附剂

3）Na$^+$对吸附能力的影响

为了研究吸附过程中共存离子对吸附的干扰，选择 Na$^+$作为干扰离子。本环节改变 Na$^+$的加入浓度，固定其他实验条件，考察不同 Na$^+$浓度对 FBT 及 F 吸附锶离子的干扰。具体实验条件见表 3-13。

表 3-13　Na$^+$浓度对吸附效果的影响

吸附剂种类	初始浓度/(mg/L)	Na$^+$浓度取值梯度/(mol/L)	相同条件
F	50	1，2，3，4，5	
FBT	50	1，2，3，4，5	pH 为 5.9，振荡 24h，30℃，10mg 吸附剂

4）吸附时间的影响及其动力学模型探讨

在本环节中，改变吸附材料的接触时间，固定其他实验条件，研究吸附时间对锶离子吸附能力的影响。具体实验条件见表 3-14。

表 3-14　吸附时间对吸附效果的影响

吸附剂种类	初始浓度/(mg/L)	时间取值梯度/min	相同条件
F	50	10，20，30，60，90，148，300，480	
FBT	50	10，20，30，60，90，148，300，480	pH 为 5.9，30℃，10mg 吸附剂

主要采用伪一阶动力学模型［式(3-6)］、伪二阶动力学模型［式(3-7)］对实验数据进行拟合，为探究吸附机理提供依据。

5）浓度的影响及其吸附模型的拟合

研究吸附材料的吸附量对于材料的实际应用是十分必要的。在本环节中，改变锶离子溶液的初始浓度，固定其他实验条件，研究浓度对锶离子吸附量的影响。具体实验条件见表 3-15。

表 3-15　浓度对吸附效果的影响

吸附剂种类	浓度取值梯度/(mg/L)	相同条件
F	10，20，50，100，200	
FBT	10，20，50，100，200	10mg 吸附剂，振荡 24h，pH 为 5.9，30℃

为了更好地分析核素离子的吸附行为，采用 Langmuir 模型[式(3-8)]、Freundlich 模型[式(3-9)]进行拟合。

6) 吸附剂的重复使用性能

吸附材料的可再生性在环境水处理应用上是一个非常关键的因素，为了考察 F 和 FBT3 的可再生性，将 1mol/L 的盐酸在 70℃的环境中浸泡 2h，然后将浸泡后的吸附材料用超纯水清洗至 pH 为中性，再对锶离子吸附 24h。重复上述操作过程 5 次。具体重复吸附实验条件见表 3-16。

表 3-16　F 和 FBT3 的重复吸附实验条件

吸附剂种类	初始浓度/(mg/L)	相同条件
F	50	10mg 吸附剂，振荡 24h，pH 为 7.2，30℃
FBT3	50	

3.3.2　结果分析与讨论

1. SEM 分析

制成的小球外观可通过数码相片查看，从图 3-22(a)可以看到加入杨梅单宁后，生成的菌丝球为橙色，且随着单宁加入量的增加，小球橙色加深。为了更为直观地表现本节研究中所涉及的 F、FBT1 的微观形貌，利用扫描电子显微镜对比观察，结果如图 3-22(b)、(c)所示。通过扫描电子显微镜对比其微观结构发现，菌丝基的小球整体呈现纤维状菌丝的堆积结构，该结构不受杨梅单宁加入的影响。加入杨梅单宁后，菌丝表面的粗糙程度增加。

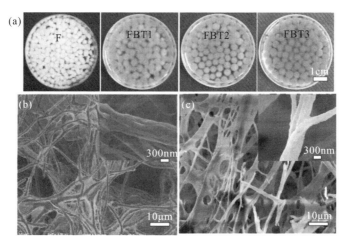

图 3-22　不同复合材料的数码相片和 SEM 图

(a)F、FBT1、FBT2 和 FBT3 的数码相片；(b)、(c)F 和 FBT1 的 SEM 图

2. FTIR 分析

吸附材料表面官能团的种类和数量决定了其表面化学性质,而化学性质决定了材料的化学吸附特性。吸附前后 F 和 FBT 的红外光谱图如图 3-23 所示。由图可知, F 的红外光谱特征峰归属如下: 3415cm^{-1} 处的强宽峰为缔合的 O—H 伸缩振动峰, 2924cm^{-1} 附近的吸收峰为—CH$_2$ 和—CH$_3$ 中的 C—H 反对称伸缩振动, 1637cm^{-1} 处的峰为 COO$^-$ 反对称伸缩振动和酰胺 I 带的 C=O 伸缩振动, 1546cm^{-1} 处的峰为酰胺 I 带的 N—H 弯曲振动, 1450cm^{-1} 处的峰为苯环的伸缩振动峰, 1243cm^{-1} 处的峰为 C—OH 的伸缩振动, 1045cm^{-1} 处的峰为醇羟基中 C—O 的伸缩振动峰。FBT 的红外光谱图有一定的改变,已有研究发现单宁的酚羟基会与蛋白质发生多氢键的结合,因此可推测红移产生的原因为真菌菌丝与杨梅单宁间产生了氢键相互作用。在 FBT 的红外光谱图中, 1450cm^{-1} 处对应的苯环伸缩振动峰强度的增加证明杂化材料中含有带苯环的杨梅单宁,且强度随 BT 含量的增加而增加。在吸附 Sr^{2+} 后,红外光谱峰的形状大体不变,但吸收峰的位置有一定偏移,且吸收峰强度也发生变化。其中, 1037cm^{-1} 处的 C—O 吸收峰移至 1047cm^{-1} 处,且强度减弱、峰形增宽,表明羟基参与了 Sr^{2+} 的吸附使部分氢被取代; 1646cm^{-1} 处的吸收峰在吸附后移至 1636cm^{-1} 处, 1538cm^{-1} 处的峰在吸附后移至 1546cm^{-1} 处, 1232cm^{-1} 处的吸收峰在吸附后移至 1238cm^{-1} 处,且吸收峰强度减弱,表明酰胺基、羧基、酚羟基与 Sr^{2+} 发生了配位络合作用。羟基、酰胺基和羧基可作为吸附过程的主要活性位点, FBT 对 Sr^{2+} 的吸附以化学吸附作用为主。

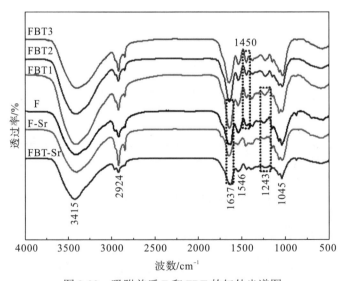

图 3-23　吸附前后 F 和 FBT 的红外光谱图

3. XPS 分析

1)吸附前后样品成分分析

物质受激发时,光电子的能量仅与元素的种类和电离激发的原子轨道有关。因此, XPS 不仅能探测材料表面的化学组成,而且可以确定元素的化学状态。根据谱图中元素的峰位、峰形和峰强度可以定性、定量分析 F 和 FBT 吸附 Sr^{2+} 前后表面的化学成分，了解其表面所存在的元素及官能团种类情况。对 F、FBT 和吸附 Sr^{2+} 后的 FBT（FBT-Sr）进行 XPS 分析，结果如图 3-24 所示，三种样品主要含有 C、N 和 O 三种元素，FBT-Sr 中出现 Sr3d 的峰。

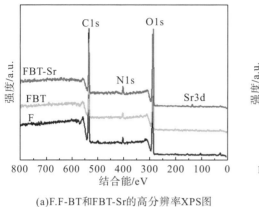
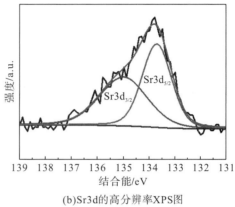

(a)F.F-BT和FBT-Sr的高分辨率XPS图　　　(b)Sr3d的高分辨率XPS图

图 3-24　XPS 分析

2）C1s 和 O1s 的 XPS 高分辨扫描图谱

使用 XPSpeak 软件中的高斯（Gauss）分峰法对 F［图 3-25（a）、（d）］、FBT［图 3-25（b）、（e）］和 FBT-Sr［图 3-25（c）、（f）］样品中经 XPS 分析得到的高分辨的 O1s 和 C1s 峰进行分峰拟合，结果如图 3-25 所示。O1s 分为 3 个峰，对应 3 种成分，分别为 O—C=O（533.4eV）、C—O（532.7eV）和 C=O/O—H（531.5eV），其所占比例分别为 36.5%、56.2% 和 7.3%，当结合杨梅单宁后，C=O/O—H 的含量增加到 23.4%，由杨梅单宁成分可推测增加原因为含有丰富的酚羟基。C1s 分峰对应 4 种组分，分别为 O—C=O（289.3eV）、O=C（287.9eV）、C—O（286.5eV）和 C—C（284.8eV）。菌丝结合杨梅单宁后，丰富的苯环结构增加了 C—C 成分的含量，使其由 32.6% 增加到 55.1%。对比吸附 Sr^{2+} 前后精细扫描的 C1s 图谱［图 3-25（e）、（f）］可知，C—O 的相对含量由 36.5% 下降到 34.0%，这可能是因为 Sr^{2+} 可与酚羟基中的氧原子螯合形成外层络合物，使氧原子的电荷密度下降，也使得 C—O 中碳原子周围的电荷密度降低。这与上一小节中红外光谱分析所得出的 Sr^{2+} 主要与含氧基团发生络合反应的结论一致。

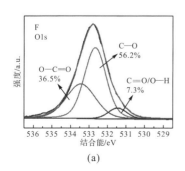
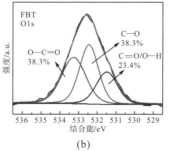
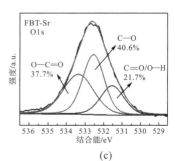

(a)　　　　　　　　　　(b)　　　　　　　　　　(c)

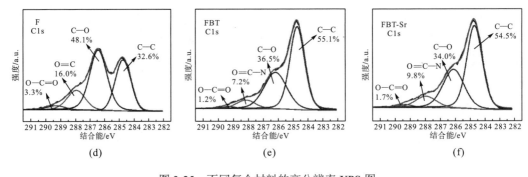

图 3-25　不同复合材料的高分辨率 XPS 图

(a)~(c)O1s 的高分辨率 XPS 图；(d)~(f)C1s 的高分辨率 XPS 图

4. 杨梅单宁的定量分析方法

图 3-26(a)为杨梅单宁在水溶液中的紫外可见吸收光谱图，因此可选择 275nm 作为测定波长。图 3-26(b)是依据杨梅单宁的吸光度值与浓度的关系绘制出的标准曲线，由图可知，标准曲线拟合方程为 $y=0.00915x-0.0214$。其中，y 为吸光度，x 为相应的质量浓度。线性决定系数 $R^2=0.999$，表明 y 与 x 具有较好的线性关系。采用式(3-15)计算 FBT1、FBT2 和 FBT3 中的杨梅单宁含量，具体结果见表 3-17。

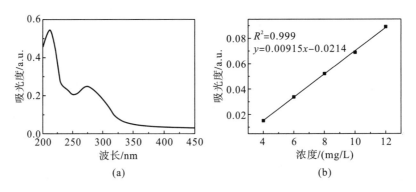

图 3-26　杨梅单宁的紫外可见吸收光谱图(a)以及标准曲线(b)

表 3-17　不同 FBT 中单宁的含量

吸附剂种类	FBT1	FBT2	FBT3
杨梅单宁含量/%	25.7	42.9	51.7

5. 菌丝/杨梅单宁杂化材料在水溶液中的稳定性分析

不同杨梅单宁含量的菌丝球——FBT1、FBT2 和 FBT3 在不同 pH 溶液中对杨梅单宁的洗脱率如图 3-27 所示，不同样品的杨梅单宁洗脱率有所不同，其洗脱率随杂化材料中杨梅单宁含量的增加而增加。在 pH 为酸性时，杨梅单宁的洗脱率低于 2%，而当液体环境为碱性时，杂化材料中的杨梅单宁开始大量洗出，pH 越高，洗脱率越大。在实际应用中，含金属离子的废水为酸性环境，因此该材料用于处理金属离子废水时较为稳定。

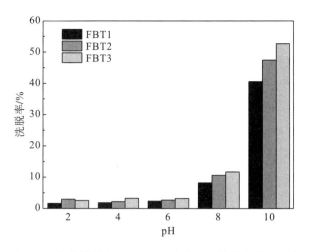

图 3-27　杂化材料在不同 pH 溶液中对杨梅单宁的洗脱率

6. 吸附实验影响因素分析

1）pH 的影响

在吸附过程中，pH 是一个重要的影响因素。图 3-28 显示了 pH 对 F 和 FBT 吸附 Sr^{2+} 的影响。FBT 对 Sr^{2+} 的吸附量呈现先增大后减小的趋势，pH 为 6.2 时，FBT1、FBT2 和 FBT3 的最大吸附量分别为 7.91mg/g、9.76mg/g 和 10.59mg/g，而 F 对 Sr^{2+} 的吸附随 pH 的增加呈现先增加后趋于稳定的趋势，pH 为 6.2 时，吸附量为 3.25mg/g。由图 3-28 可知，FBT 中所含有的杨梅单宁在 pH 大于 6 时易于被洗出，杨梅单宁的减少降低了材料的吸附能力。

2）温度的影响

如图 3-29 所示，F 和 FBT 对 Sr^{2+} 的吸附量随温度的升高而增加，说明升温有利于材料对 Sr^{2+} 的吸附。FBT 的样品在高温段对 Sr^{2+} 的吸附量的增长幅度减小，且杨梅单宁含量越高，增加幅度越小。在 313K 时，F、FBT1、FBT2 和 FBT3 达到的最大吸附量分别为 8.262mg/g、8.702mg/g、9.808mg/g 和 11.230mg/g。随着温度的升高，Sr^{2+} 更容易进入 F 和 FBT 的微小结构中，同时，吸附基团和表面基团在高温下解离，产生更多的活性位点。

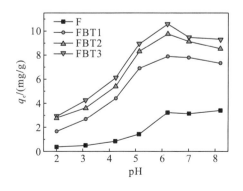

图 3-28　pH 对 F 和 FBT 吸附 Sr^{2+} 的影响

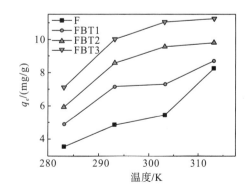

图 3-29　温度对 F 和 FBT 吸附 Sr^{2+} 的影响

3）Na⁺对吸附能力的影响

如图 3-30 所示，F 对 Sr^{2+} 的吸附量随 Na^+ 浓度的增加而减小。FBT 受影响的趋势与 F 的差别较大，当 Na^+ 浓度小于 3mol/L 时，FBT2、FBT3 对 Sr^{2+} 的吸附量随 Na^+ 浓度的增加有微小的增加，而当 Na^+ 浓度大于 3mol/L 后，FBT2、FBT3 对 Sr^{2+} 的吸附量随 Na^+ 浓度的增加而减小。该过程可从两方面来解释：金属离子的存在可适当解离吸附剂上存在的基团，增加了吸附 Sr^{2+} 的活性位点，而浓度过高的带正电荷的金属离子会削弱 Sr^{2+} 和吸附剂表面的静电作用，减小吸附量。

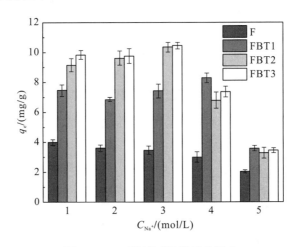

图 3-30　Na^+ 浓度对吸附量的影响

4）吸附时间的影响及其动力学模型的探讨

吸附时间是影响吸附效果和确定决速步的重要参考因素。如图 3-31(a) 所示，随着吸附时间的推移，材料对 Sr^{2+} 的吸附量 (q_t) 逐渐增加，在前 30min 内，吸附量的增长较快。F 和 FBT 达到吸附平衡的时间有差异，F 和 FBT1 在 150min 时吸附量接近平衡值，FBT2 和 FBT3 在 300min 时达到平衡，通过斜率的对比发现 FBT 的吸附速率快于 F。平衡时 F、FBT1、FBT2、FBT3 的吸附量分别为 3.854mg/g、6.308mg/g、10.560mg/g、11.030mg/g。杨梅单宁对金属离子的螯合作用增加了 Sr^{2+} 的吸附速度和吸附量。

分别采用式(3-18)、式(3-19)两种动力学模型对实验数据进行拟合，以此来分析 F 和 FBT 对 Sr^{2+} 的吸附行为，结果如图 3-31(b)、(c) 和表 3-18 所示。对比表中的 R^2 值可知，伪二阶动力学模型的 R^2 值更接近 1，且计算的理论平衡吸附量和实际平衡吸附量很接近，表明伪二阶动力学模型可以很好地描述 F 和 FBT 吸附 Sr^{2+} 的动力学行为，即化学吸附为决速步。

表 3-18　F 和 FBT 吸附 Sr^{2+} 的伪一阶和伪二阶动力学拟合参数

吸附剂种类	伪一阶动力学模型			伪二阶动力学模型		
	k_1/min⁻¹	q_e/(mg/g)	R^2	q_e/(mg/g)	k_2/[g/(mg·min)]	R^2
F	0.018	3.51	0.927	4.26	0.2570	0.994
FBT1	0.011	6.55	0.949	8.44	0.0687	0.968
FBT2	0.013	10.39	0.953	12.89	0.0514	0.968
FBT3	0.014	10.98	0.939	12.96	0.0721	0.993

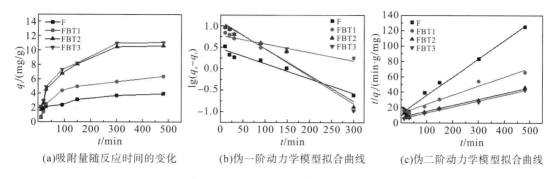

图 3-31 F 和 FBT 对 Sr^{2+}的吸附分析

5）浓度的影响及其吸附模型的拟合

F 和 FBT 对 Sr^{2+}的吸附量随离子浓度的变化如图 3-32（a）所示。由图可知，随着 Sr^{2+}浓度的升高，四种吸附剂对 Sr^{2+}的吸附量呈明显上升趋势，这可能是因为浓度的增加提高了吸附反应的推动力，促使更多的 Sr^{2+}被吸附到吸附剂上，而后吸附量趋向平衡，当 Sr^{2+}浓度达到一定值后，即使增大浓度（提高反应推动力），活性位点的限制也会使吸附量趋于定值而不再变化。

参考式（3-20）、式（3-21）中的两种等温吸附模型对等温吸附实验结果进行拟合，如图 3-32（b）、（c）所示，相应的拟合参数见表 3-19。对比两种模型的 R^2 值可知，F 和 FBT 对 Sr^{2+}的吸附等温线用 Freundlich 模型拟合得更好（$R^2 > 0.970$），说明 F 和 FBT 对 Sr^{2+}的吸附可能主要是多层的吸附方式。拟合的 Freundlich 模型常数 n 均大于 1，说明吸附剂对 Sr^{2+}的吸附易于进行。拟合得出 F 和 FBT1、FBT2、FBT3 对 Sr^{2+}的最大吸附量分别为 16.67mg/g、28.24mg/g、34.08 mg/g、36.26 mg/g。FBT 吸附能力的提升较为显著。

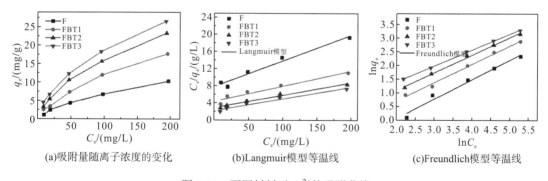

图 3-32 不同材料对 Sr^{2+}的吸附曲线

表 3-19 F 和 FBT 对 Sr^{2+}吸附的 Langmuir 模型和 Freundlich 模型的拟合参数

样品	Langmuir 模型			Freundlich 模型		
	$q_{max}/$(mg/g)	$b/$(L/mg)	R^2	$k/$(mg/g)	n	R^2
F	16.67	0.0076	0.958	0.256	1.404	0.972
FBT1	28.24	0.0081	0.927	0.532	1.494	0.990
FBT2	34.08	0.0100	0.972	0.823	1.556	0.995
FBT3	36.26	0.0130	0.959	1.261	1.715	0.998

6) 吸附剂的重复使用性能

由图 3-33 可知，经 1mol/L HCl 溶液、70℃处理后的样品可较好地用于下一个循环的实验。已有研究发现，羟基和 Sr^{2+} 之间可形成外层络合物，形成的配位键稳定性较差，可在强酸、高温条件下除去 Sr^{2+}。对比 F 和 FBT 重复 5 次后所保留的吸附能力，发现 FBT 具有初始吸附能力的 80.8%，F 具有初始吸附能力的 88.7%，尽管 F 具有更好的可重复性能，但在 5 次重复过程中，FBT 的吸附量始终高于 F，因此，在对 Sr^{2+} 的吸附应用中，FBT 具有较好的应用前景。

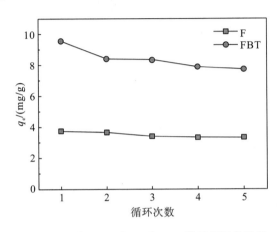

图 3-33 F 和 FBT 对 CR 和 MV 的重复吸收性能

7. 机理分析

(1) 材料的形成。真菌细胞壁的表面结构中含有多种胞外蛋白，具有特殊的空间结构并含有丰富的氨基。当培养基中加入杨梅单宁后，其结构中的多种酚羟基可与细胞壁表面的蛋白质进行配对，并通过多个由羟基和氨基产生的氢键结合，使杨梅单宁固定在菌丝表面，随着菌丝的生长，经过延长、卷曲和缠绕，最终形成菌丝/杨梅单宁杂化材料。

(2) Sr^{2+} 的吸附。杨梅单宁苯环结构中所含有的邻羟基具有螯合金属离子的作用，FTIR 中羟基所对应的峰强减弱、XPS 中 C＝O/O—H 成分的减少，都说明 Sr^{2+} 通过螯合作用同杂化材料结合。对吸附过程进行分析，发现 FBT 对 Sr^{2+} 主要产生化学吸附，吸附耗时长，吸附量随温度增加而增大，且需经较浓的酸和较高的温度处理 Sr^{2+} 才能被洗脱，结合软硬酸碱理论，进一步说明该过程为外层螯合作用，杂化材料与 Sr^{2+} 之间产生了较强的相互作用。

3.3.3 小结

首先利用真菌细胞的表面性质，采取简便和环境友好的方法固定杨梅单宁，制备菌丝/杨梅单宁的复合材料，对材料的微观形貌、表面官能团种类和组成成分等理化性质进行表征分析；然后以该杂化材料为吸附剂，以单纯的真菌菌丝做对照，考察 pH、温度、Na^+ 浓度、吸附时间和 Sr^{2+} 初始浓度对四种吸附剂吸附能力的影响，进而考察吸附过程的动力学模型和等温吸附模型。结论如下。

（1）杨梅单宁加入后，通过菌丝表面和酚羟基的氢键结合在菌丝细胞壁表面，形成网络状的 FBT 杂化材料。F 和 FBT 都含有大量的羟基、羧基、酰胺等活性基团。通过紫外-可见分光光度计对杨梅单宁含量的测定，发现杨梅单宁的结合含量随培养基中杨梅单宁含量的增加而增加。X 射线光电子能谱进一步确定了 F 和 FBT 的表面成分和组分的含量，形成 FBT 后，C＝O/O—H 的含量由 7.3%增加到 23.4%，C—C 成分的含量由 32.6%增加到 55.1%。在处理金属离子废水时，材料具有一定稳定性。

（2）将杂化材料用于 Sr^{2+} 的吸附，pH 为中性时，杂化材料对 Sr^{2+} 的吸附量最大。吸附量随温度的增加呈现一直增加的趋势。在较低浓度时，Na^+ 对 Sr^{2+} 的吸附影响较小，但浓度大于 3mol/L 后，Na^+ 可抑制吸附过程。F 和 FBT 的吸附性能均能用伪二阶动力学模型进行描述。用 Freundlich 模型描述等温吸附过程，实验条件下 F 和 FBT1、FBT2、FBT3 对 Sr^{2+} 的最大吸附量分别为 16.67mg/g、28.24mg/g、34.08mg/g、36.26mg/g。

3.4　菌丝/四氧化三铁/氧化石墨烯对铀和染料的吸附性能

废水中含有各种有毒染料、重金属离子，甚至放射性核素，已成为一个全球性的环境问题。例如，甲基紫（MV）通常用于棉、丝、纸的染色，也用于油漆和印刷油墨的制造，有毒的 MV 在排放之前必须去除。放射性核素污染，如铀[U(Ⅵ)]主要来自矿石开采和核废料处理过程。U(Ⅵ)一旦进入人体，由于其毒性和放射性，会对人体造成持续的危害，可采用离子交换法、吸附法、反渗透法、沉淀法、电解法等多种方法对其进行去除。吸附法因成本低、性能高而被广泛应用于去除这些污染物。

纳米材料的可回收性较低，限制了其实际应用。因此，有许多方法(如逐层沉积、真空冷冻干燥)已被开发用于组装纳米材料，以适应实际应用。尽管取得了重大的成就，但如何在多个长度尺度上控制纳米颗粒的组织，并产生具有有序层次结构的新型功能材料仍然是一个挑战。现有的装配方法大多只适用于特定的纳米单元，其功能相对受限。近年来，研究人员利用纳米微生物技术合成了多种纳米复合材料，证明微生物是理想的纳米材料组装平台。如 Kuo 等(2008)以细菌为模板制备了生物相容性的细菌/金颗粒复合材料用于光热治疗。真菌菌丝是一种独特的微生物，由于其细胞壁上含有丰富的磷酸根、羟基、氨基等官能团，可以作为纳米材料生物组装的模板。近年来，利用 FH 合成纳米结构材料的研究引起了广泛的关注。菌丝基纳米复合材料已广泛应用于抗菌材料、传感器、电子材料和分离材料等领域。在培养时加入各种纳米构建块，使纳米颗粒有序地排列在菌丝上，可在菌丝球载体中形成高度分层的层次结构。

本节通过 FH 诱导的纳米功能单元层状组装，进一步构建一种 FH/Fe$_3$O$_4$/GO 层状核壳结构的复合材料(表示为 FFGS)。合成的 FFGS 可作为一种有效的 MV 和 U(Ⅵ)去除/回收吸附剂。通过批量吸附实验，分析 FFGS 对 MV 和 U(Ⅵ)的吸附能力随温度、pH、共存离子等环境因素的变化，探讨 FFGS 对 MV 和 U(Ⅵ)可能的吸附机制。

3.4.1　实验材料与方法

1. 材料

炭角菌是野外采集的树干标本经分离纯化得到的纯化菌株,保存于西南科技大学仿生与纳米化学实验室。葡萄糖、酵母粉、蛋白胨、氢氧化钠、浓硫酸、石墨粉、氯化铁等试剂均购自国药集团化学试剂有限公司,均为分析纯。MV 购自天津市化学试剂研究所有限公司。硝酸铀酰[$UO_2(NO_3)_2 \cdot 6H_2O$]购自湖北楚盛威化工有限公司。

2. 液体菌株合成

根据培养基配方(2.5g/L 蛋白胨,20.0g/L 葡萄糖,2.5g/L 酵母提取物,pH=5.5),将成分材料溶解于 100mL 去离子水中。将 100mL 的培养基添加到 250mL 三角瓶中,然后置于高压灭菌锅中在 121℃、1.5MPa 的条件灭菌 20min。冷却后向培养基中接种 5mL 炭角菌孢子悬浮液(1.5×10^{9}cfu/mL),在恒温培养箱中振荡培养(28℃,145r/min)48h,然后储存在冰箱(4℃)中备用。

3. 微纳单元和 FFGS 的合成

采用水热法制备分散在水中的 Fe_3O_4。以片状石墨为原料,采用改性 Hummers 法氧化制备氧化石墨烯(图 3-34)。在 100mL 培养基中接种炭角菌后培养过夜,加入 5mL 1g/L 的 Fe_3O_4 溶液并搅拌均匀,继续培养 60h。在水剪切力的作用下,菌丝生长形成 FH/Fe_3O_4 的球体。在相同的培养条件下,将菌丝复合球置于含 0.05g/L 氧化石墨烯的培养基中培养 24h,形成 FFGS,再在质量分数为 0.5%的 NaOH 溶液中浸泡 12h 后用去离子水冲洗至中性。

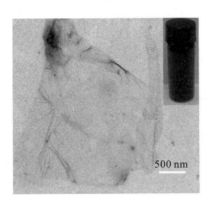

图 3-34　氧化石墨烯的 TEM 图

4. 批量吸附实验

在含有 10mg 吸附剂、30mL(60mg/L)U(Ⅵ)溶液和 25mL MV 溶液的塑料管中进行批量吸附实验。本节研究采用标准溶液控制 U(Ⅵ)和染料溶液的初始浓度,定量稀释得到目标浓度,研究 pH、接触时间、温度、离子强度等因素对吸附的影响。通过加入 0.01～1.00mol/L 的 HCl 或 NaOH 溶液,将上述悬浮液的 pH 调整为 2.0～10.0,然后将悬浮液在 100r/min

的轨道摇床中摇匀，达到吸附平衡。为了消除 U(Ⅵ)吸附对塑料管壁的影响，在相同的实验条件下，进行不含吸附剂的 U(Ⅵ)吸附以去除管壁的影响。在 UV2600A 紫外-可见分光光度计上用分光光度法对 U(Ⅵ)浓度进行分析。悬浮液的吸光度在 651.8nm 处测定。对 U(Ⅵ)的吸附量(q_t，mg/g)和吸附率(A，%)分别按式(3-1)、式(3-2)计算。

　　FFGS 的循环实验进行 10 个周期的 U(Ⅵ)吸附、解吸和洗涤。负载 U(Ⅵ)的吸附剂在静置状态下，用 0.1mol/L 的过量 HCl 溶液处理 3h；分离吸附剂与溶液；在下一个循环吸收实验之前，用去离子水洗涤固体 3 次。负载的吸附剂 MV 经 0.1mol/L 的 HCl 溶液和乙醇混合物(体积比为 1∶1)处理 2h，再用去离子水洗涤 3 次后进行下一周期的吸附实验。在接下来的解吸过程中，上述溶液被新的溶液所替代。

5. 材料表征

　　利用 Zeiss Supra 40 观察材料的 SEM 图，利用 H-7650 型(Hitachi，日本)TEM 对样品进行形貌分析，X 射线衍射仪用来表征材料结构。使用热重分析仪进行热重分析(thermogravimetric analysis，TGA)，升温速率为 10℃/min。X 射线光电子能谱(XPS)分析是利用光电子能谱仪进行的。傅里叶变换红外光谱(FTIR)由 FTIR 光谱仪在 400～4000cm^{-1} 波数范围内测试得到。采用振动样品磁强计(vibrating sample magnetometer，VSM)进行磁性研究。拉曼光谱采用 Invia 微拉曼光谱仪测定。

3.4.2　结果分析与讨论

1. FFGS 的制备与表征

　　在旋转振荡培养条件下，将丝状真菌孢子接种于合适的液体培养基中。水剪切力会导致菌丝不断生长，从而形成稳定性良好的菌丝球。通过在菌丝培养过程中程序化添加特定单元的微纳颗粒，制备具有核壳结构的菌丝功能材料。该方法可以同时组装多种功能的纳米粒子，具有成本低、环保、易于规模化的优点。在菌丝培养初期，将纳米颗粒加入液体培养基中培养 60h，形成较小的 FH/Fe$_3$O$_4$ 复合球，再将 FH/Fe$_3$O$_4$ 加入含有 GO 的培养基中培养 60h，可以宏量制备具有核壳结构的 FFGS(图 3-35)。

图 3-35　有序结构的多功能菌丝纳米复合球的宏量制备

FFGS 的合成过程如图 3-36(a) 所示，同时进行 5L FFGS 扩增实验[图 3-35(b)]。用包埋剂将菌丝纳米复合球固定在样品固定器上，冷冻切片观察。FFGS 的截面如图 3-36(c) 所示。中心区域为黑色，外部区域为棕色，根据颜色观察，证明形成了层状核壳结构。真空冷冻干燥，通过 SEM 观察其截面[图 3-36(d)~(g)]。中心黑色部分由菌丝和 Fe_3O_4 组成，外部棕色部分主要由菌丝和 GO 组成。超声波处理后样品仍保持良好的形状(图 3-37)，说明复合材料具有良好的稳定性。

图 3-36(h)、(i) 为 FFGS 与对照样品(即 FH、FH/GO、FH/Fe_3O_4)的相关曲线。由于结晶度低，FH 的 XRD 图谱没有明显的衍射峰。FFGS 四个峰出现在 2θ 为 29.7°、35.5°、56.6° 和 62.4°处，对应于 Fe_3O_4(220)、Fe_3O_4(311)、Fe_3O_4(511) 和 Fe_3O_4(440) 的特征峰(JCPDS：19-0629)。与对照组相比，FFGS 在不同 pH 下的 Zeta 电位较低。其中 pH>5 时 FFGS 的 Zeta 电位在-20eV 以下，有利于正电荷污染物的静电吸附。

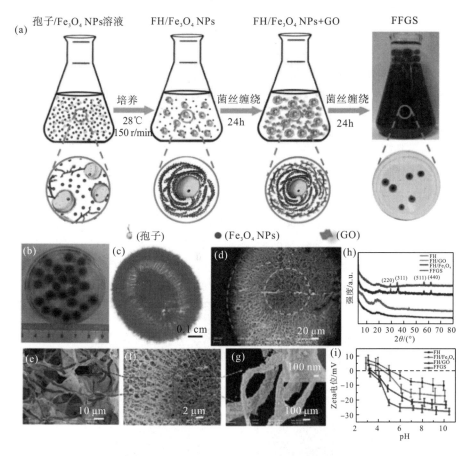

图 3-36　FFGS 合成过程及相关图像和曲线

(a)FFGS 合成过程；(b)FFGS 的照片；(c)低温切片后 FFGS 的光学显微镜图像；(d)FFGS 的 SEM 图；(e)放大的 FFGS 的 SEM 图；(f)复合球的壳层；(g)复合球的核；(h)XRD 图谱；(i)Zeta 电位随 pH 的变化

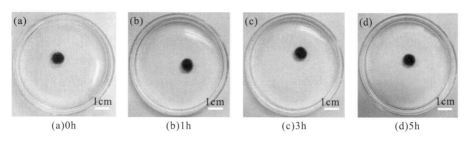

(a)0h　　　　　(b)1h　　　　　(c)3h　　　　　(d)5h

图 3-37　超声波处理不同时间后 FFGS 的照片

图 3-38 为 FH 和 FFGS 的 TGA 数据。FH 热分解过程可分为两个阶段：第一阶段为 $23.91\sim118.02℃$，对应于 8.57% 的失重，这部分重量的减轻是水分丢失造成的；第二阶段为 $118.02\sim605.46℃$，是由含氧官能团的分解导致的，重量损失 69.06%。FH 的残留含量约为 22.37%。FFGS 第一阶段的分解温度为 $114.96℃$，虽然失重的速率增加，但是重量没有显著的变化。在第二阶段，失重增加 9.3%。最后剩余 33.56%。此外，FFGS 具有优异的磁性，可以通过磁铁驱动，克服水溶液中的水阻力和方向引力。如图 3-39 所示，常温下 FFGS 饱和磁化强度为 $11.71emu/g$，磁滞回线表现出与 Fe_3O_4 纳米粒子一致的超顺磁行为，这可能有利于其在去除污染物后从溶液中分离。

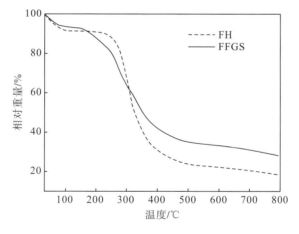

图 3-38　FH 和 FFGS 的 TGA 数据

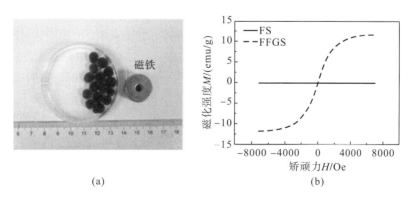

(a)　　　　　　　　　　　　　(b)

图 3-39　FFGS 在水溶液中的磁反应照片(a)及 FH、FFGS 的磁化曲线(b)

2. U(Ⅵ)吸附实验

1)吸附动力学

在 pH=5.0(±0.1)、293K 的 60mg/L 的 U(Ⅵ)溶液中,研究 FH、FH/Fe$_3$O$_4$、FH/GO 和 FFGS 对 U(Ⅵ)的吸附随接触时间的变化[图 3-40(a)]。可以看出,FH 在 120min 后出现吸附平衡,FH/Fe$_3$O$_4$、FH/GO、FFGS 在 180min 左右出现吸附平衡。FFGS 表现出最好的吸附性能。U(Ⅵ)的吸附动力学遵循伪二阶动力学模型[图 3-40(b),表 3-20]。因此,对 U(Ⅵ)的吸附动态拟合表明该吸附为化学吸附过程,涉及具有大量U(Ⅵ)螯合位点的FFGS独特结构,导致 U(Ⅵ)在 FFGS 表面的快速吸附。

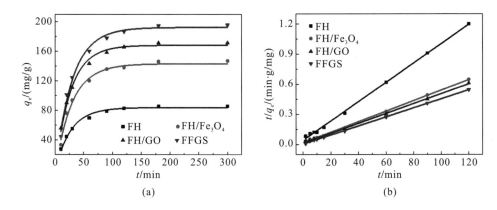

图 3-40 pH=5.0(±0.1)时不同材料对 U(Ⅵ)的吸附情况(a)及伪二阶动力学拟合曲线(b)

表 3-20 U(Ⅵ)的伪一阶和伪二阶动力学拟合参数

样品	伪一阶动力学模型			伪二阶动力学模型		
	k_1/min^{-1}	q_e/(mg/g)	R^2	q_e/(mg/g)	k_2/[g/(mg·h)]	R^2
FH	0.035	84.53	0.986	89.28	0.0112	0.998
FFGS	0.036	132.05	0.969	138.88	0.0077	0.999

2)吸附等温线

平衡等温线用于研究不同初始浓度的 U(Ⅵ)(30~240mg/L)在 30℃、pH=5 条件下的吸附规律。图 3-41 为典型的 FH、FH/Fe$_3$O$_4$、FH/GO 和 FFGS 的吸附等温线,可以看出,随着平衡浓度的增加,FFGS 对 U(Ⅵ)的吸附能力比其他类型材料的更强。吸附数据与 Langmuir 模型[式(3-8)]和 Freundlich 模型[式(3-9)]均吻合较好。对应的最大吸附量 q_{max}、R^2 系数和完整单层覆盖度值见表 3-21。可以推断,Langmuir 模型更符合吸附体的等温线(R^2>0.99)。FH/Fe$_3$O$_4$(181.98mg/g)和 FH/GO(196.24mg/g)对 U(Ⅵ)的吸附能力均低于 FFGS,说明 FFGS 的吸附能力优于 FH/Fe$_3$O$_4$ 和 FH/GO。

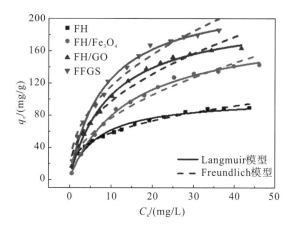

图 3-41　pH=5.0(±0.1)、T=293K 时，不同材料对 U(Ⅵ) 的吸附等温线

表 3-21　U(Ⅵ) 吸附等温线的 Langmuir 模型和 Freundlich 模型参数

样品	Langmuir 模型			Freundlich 模型		
	q_{max}/(mg/g)	b/(L/mg)	R^2	k/$\left(mg^{1-\frac{1}{n}}\cdot L^{\frac{1}{n}}\cdot g^{-1}\right)$	n	R^2
FH-293K	126.03	0.1063	0.994	3.730	23.01	0.984
FFGS-293K	213.71	0.0544	0.995	3.054	18.74	0.994
FFGS-313K	239.49	0.0587	0.998	5.597	22.48	0.992
FFGS-333K	250.95	0.0497	0.998	11.996	22.66	0.990

3) 吸附热力学

利用不同温度下 FFGS 的热力学数据分析温度对吸附的影响 [式(3-10)~式(3-12)]。在 293K、313K 和 333K 条件下，对 FH 和 FFGS 对 U(Ⅵ) 的吸附进行了研究。具体参考值见表 3-22。FFGS 在 293K 时的最大吸附量为 213.71mg/g，在 313K 和 333K 时分别增加到 239.49mg/g 和 250.95mg/g。这种现象可能归因于这样一个事实：温度的增加会增加 U(Ⅵ) 的流动性，菌丝的内部结构产生胀大效应，从而进一步使铀离子渗透，并可能增强 U(Ⅵ) 物种之间的吸附力和扩大吸附剂表面活性中心范围。综上所述，FFGS 对 U(Ⅵ) 的吸附是一个吸热自发的过程。

表 3-22　FFGS 对 U(Ⅵ) 吸附的热力学参数

T/K	ΔG^0/(kJ/mol)	ΔS^0/[J/(mol·K)]	ΔH^0/(kJ/mol)
293	−5.64		
313	−6.77	56.57	10.94
333	−7.90		

4) pH、离子强度和循环次数的影响

从图 3-42(a) 可以看出，U(Ⅵ) 溶液的 pH 对其吸附能力有影响。随着 pH 从 2.5 增加到 5.2，U(Ⅵ) 的吸附量迅速增加，这是因为 Zeta 电位较低，更适合阳离子吸附，且 H⁺

或 H_3O^+ 与 $UO_2(OH)_n^{(2-n)+}$ 竞争性结合。结果表明，在 pH 为 3.3～5.2 时，FFGS 与 Zeta 电位有密切的相关性。随着 pH 从 2.5 增加到 5.2，吸附在 FFGS 上的 U(VI) 迅速增多，而 FFGS 的 Zeta 电位迅速降低。当 pH>5.2 时，曲线开始下降，这可能是 U(VI) 与羟基形成配位复合物所致。

如图 3-42(b) 所示，pH=5.0(±0.1) 时吸附的 U(VI) 几乎不受钠盐的影响，且在有竞争性阳离子的情况下对 U(VI) 具有良好的选择性[图 3-42(c)]。这一结果表明，吸附在 FFGS 上的 U(VI) 依赖于强表面络合物而不是离子交换，此外，吸附 U(VI) 也不依赖于不同的负离子。在循环实验中对 FH、FH/Fe₃O₄、FH/GO、FFGS 的重复使用情况进行评价，从图 3-42(d) 可以看出，经过 10 次循环后，FFGS 对 U(VI) 的吸附量只降低了约 10%。

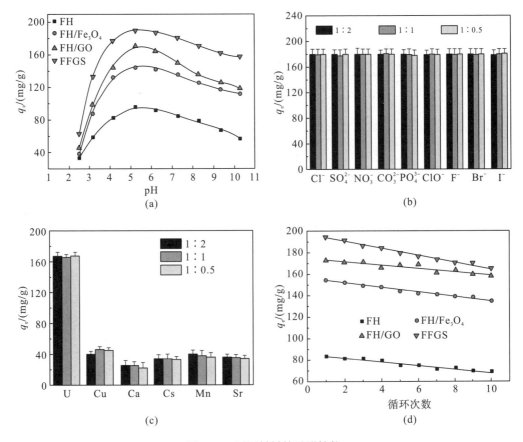

图 3-42　不同材料的吸附性能

(a) pH 对材料吸附 U(VI) 的影响；(b)、(c) pH=5.0(±0.1)、T=293K 时离子强度对 FFGS 吸附 U(VI) 的影响；(d) 循环次数对材料吸附 U(VI) 的影响

3. MV 吸附实验

1) 吸附动力学、等温线和热力学

MV 吸附的动力学参数见表 3-23。显然，对于 FH、FH/Fe₃O₄、FH/GO 和 FFGS，伪一阶动力学模型[图 3-43(a)]的拟合效果优于伪二阶动力学模型[图 3-43(b)、表 3-23]。这一结果

表明，吸附剂的吸附速率可能取决于活性表面位点的数量，而 FFGS 等对 MV 的吸附可能是吸附剂与阴离子 MV 复合物之间通过电子共享和离子交换进行化学吸附的过程。

表 3-23　MV 的伪一阶和伪二阶动力学模型参数值

样品	伪一阶动力学模型			伪二阶动力学模型		
	k_1/min^{-1}	q_e/(mg/g)	R^2	q_e/(mg/g)	k_2/[g/(mg·min)]	R^2
FH	0.022	40.97	0.997	45.45	0.022	0.995
FFGS	0.024	64.99	0.994	71.43	0.014	0.992

图 3-43(c) 和 3-43(d) 分别为 MV 在 FH、FH/Fe$_3$O$_4$、FH/GO 和 FFGS 上的典型吸附等温曲线和热力学曲线，分别用 Langmuir 模型和 Freundlich 模型拟合，对应的最大吸附量 q_{max} 见表 3-24，可以看出 FFGS 对 MV 的吸附随着温度的升高而增加。FFGS 在 293K、303K 和 313K 时的最大吸附量分别为 78.86mg/g、103.22mg/g、123.49mg/g。随着平衡浓度的增加，MV 更容易进入 FFGS 的微观结构。Langmuir 模型更适合于对 MV 在 FH 和 FFGS 上的吸附进行拟合，即 FH 和 FFGS 对 MV 的吸附发生在均相单层表面[图 3-43(c)]。Langmuir 模型计算的 FH 在 pH=7.0(±0.1) 和 303K 条件下对 MV 的最大吸附量为 55.69mg/g，相同条件下 FFGS 的吸附量增加到 103.22mg/g。

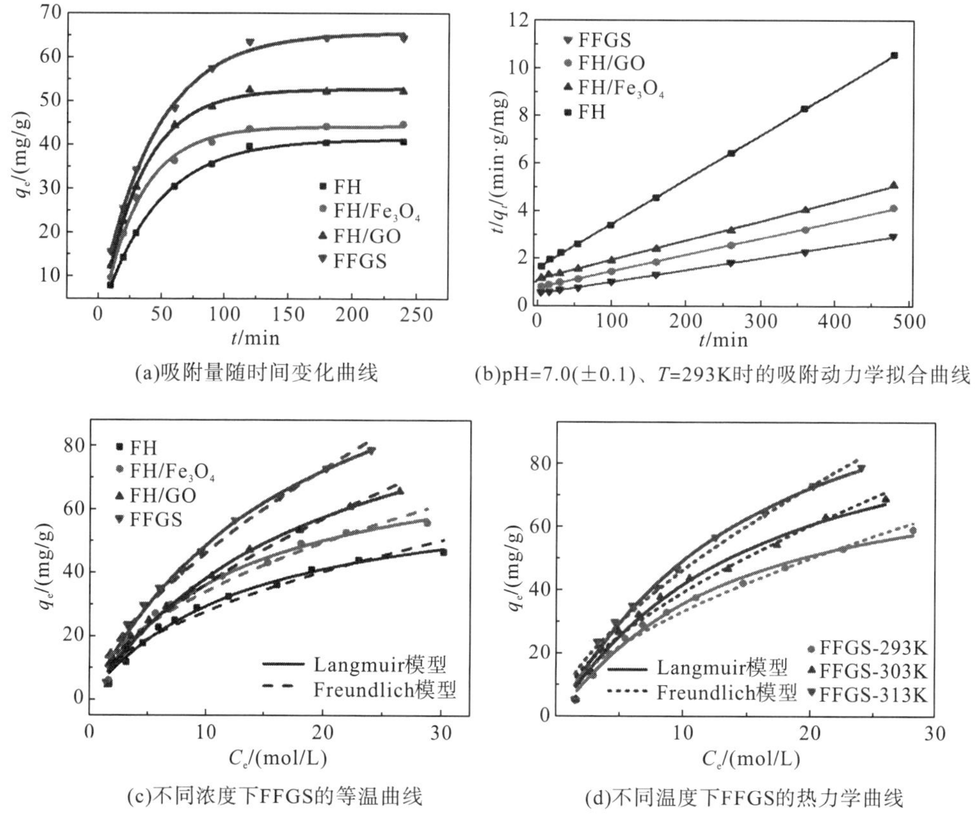

(a)吸附量随时间变化曲线

(b)pH=7.0(±0.1)、T=293K时的吸附动力学拟合曲线

(c)不同浓度下FFGS的等温曲线

(d)不同温度下FFGS的热力学曲线

图 3-43　吸附量影响曲线

表 3-24　MV 吸附等温线的 Langmuir 模型参数和 Freundlich 模型参数

样品	Langmuir 模型			Freundlich 模型		
	q_{max}/(mg/g)	b/(L/mg)	R^2	k/($mg^{1-\frac{1}{n}} \cdot L^{\frac{1}{n}} \cdot g^{-1}$)	n	R^2
FH-303K	55.69	0.0619	0.992	7.662	8.553	0.952
FFGS-293K	78.86	0.0596	0.989	8.233	8.532	0.969
FFGS-303K	103.22	0.0569	0.985	9.044	11.207	0.978
FFGS-313K	123.49	0.0531	0.991	10.026	12.323	0.973

2）pH 和循环次数的影响

不同 pH 下，FH、FH/Fe$_3$O$_4$、FH/GO、FFGS 对 MV 的吸附能力如图 3-44（a）所示。当 MV 水溶液的 pH 大于 10 时，由于 MV 的分子结构发生了变化，颜色会变淡。pH 的增加（从 3.6 增加到 10.1）对 MV 吸附于 FFGS 等材料上均有正向影响，而 FFGS 在不同 pH 条件下的吸附能力均高于 FH、FH/Fe$_3$O$_4$ 和 FH/GO，这可能是负电荷材料对 MV 的静电引力所致。在较低的 pH 时，FH 和 FFGS 的含氧官能团主要被竞争性的 H$^+$ 占据，随着 pH 增加，高浓度的 OH$^-$ 可以中和真菌表面的正电荷，并在负电荷表面与阳离子染料之间产生静电引力。

通过循环实验评价 FH、FH/Fe$_3$O$_4$、FH/GO、FFGS 的重复使用情况。从图 3-44（b）中不难看出，FH 对 MV 的吸附率在经过 10 个循环后显著降低，而 FFGS 由于被活性纳米颗粒包围，保持了较高的循环稳定性。从处理成本和环境考虑，FFGS 的可重复利用性更优。

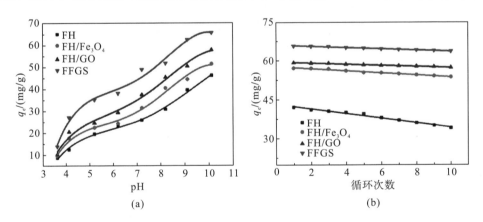

图 3-44　pH（a）和循环次数（b）对不同材料吸附 MV 的影响

4. 吸附机理

FH、FFGS、复合材料吸附后的红外光谱图如图 3-45（a）所示。从 FFGS 的 FTIR 图中可以发现多种官能团，如 3415cm^{-1} 处的 C—OH、1384cm^{-1} 处的 C＝O、1045cm^{-1} 处的 C—O。FFGS 在 1546cm^{-1} 处的峰（FH 的酰胺Ⅱ峰）消失，这可能是 FH 上酰胺Ⅱ基团与 Fe$_3$O$_4$/GO 之间的化学键相互作用造成的，而吸附后总峰的位置相对于吸附前的样品变化不大。

如图 3-45(b)所示，采用 XPS 对吸附后 FH、FFGS 及复合材料表面的 C、O、N、U 元素进行表征。393.1eV 和 382.2eV 处的两个峰值分别为 U4f$_{5/2}$ 和 U4f$_{7/2}$[图 3-45(c)]。Fe2p$_{1/2}$ 和 Fe2p$_{3/2}$ 的峰值分别出现在 725eV 和 712eV 左右(图 3-46)。

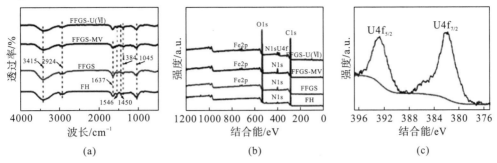

图 3-45　不同材料吸附 U(Ⅵ)或 MV 后的红外光谱图(a)、XPS 图(b)、U4f$_{5/2}$ 和 U4f$_{7/2}$ 的高分辨率 XPS 图(c)

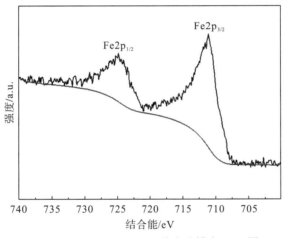

图 3-46　Fe2p$_{1/2}$ 和 Fe2p$_{3/2}$ 的高分辨率 XPS 图

利用 FTIR 进一步研究 FFGS 对 U(Ⅵ)的吸附机理。吸附 U(Ⅵ)后，FFGS 振动信号在 1045cm^{-1} 处降低，这可能是 U(Ⅵ)与 GO 环氧基或烷氧基中的 C—O 和醇中的 C—OH 之间的化学相互作用所致。利用 XPS 进一步研究 FFGS 对 U(Ⅵ)的吸附机理。吸附后放射性核素 U(Ⅵ)在 382.2eV 处特征峰的存在表明 FFGS 具有较高的吸附能力。

3.4.3　小结

本节通过程序化生长制备了一个具有核壳结构的 FFGS 吸附剂，通过控制微/纳米单元添加次序，将不同种类的纳米颗粒逐步集成到纳米复合菌丝球中，从而实现了多功能性。FFGS 对 MV 和 U(Ⅵ)的吸附效果优于其他材料。吸附过程中，FFGS 上的羧基和羟基是吸附 U(Ⅵ)的主要活性位点。此外，FFGS 具有易磁选、合成工艺简单、再生性能好等特点。本研究为设计绿色、可回收的纳米复合材料提供了一种既环保又经济的方法。同时 FFGS 复合材料也是一种理想的水污染控制材料。

第4章 菌丝基气凝胶材料制备及性能分析

4.1 菌丝/碳纳米管气凝胶油水分离性能

石油在全球工业快速发展中被大量使用的同时，也带来了环境污染的风险。溢油对水体环境和公众健康构成巨大的威胁。因此，膜分离、电化学技术、沉淀和吸附等策略已被用于从水中除油。其中，吸附法是一种高效、经济的污染控制方法。近年来，各种吸附剂如碳基气凝胶已被开发并用于从水溶液中分离油。

碳基气凝胶是由相互关联的三维网络组成的，作为疏水性和亲油性吸附剂，它受到了广泛的关注。各种碳基气凝胶，如碳纳米纤维、碳纳米管(CNT)海绵、石墨烯等被组装成宏观三维结构用来分离石油，然而，合成材料涉及的高成本及多种设备操作、维护等的复杂性使碳基气凝胶在工业中的大规模生产受到了阻碍。近年来，生物质材料由于价格低廉、易于制造、对人体无毒，已成为生产碳基材料的一种趋势。Bonderer 等(2008)使用血小板增强聚合物薄膜，设计并组装了坚固的亚微米厚陶瓷垫片材料。Sugunan 等(2007)成功地将金纳米粒子组装成菌类，再组装成微丝。真菌菌丝(FH)可以与具有特定功能(如吸附能力、磁性、光催化)的微/纳米单元进行生物组装。当菌丝从顶端生长时，纳米颗粒通过细胞代谢产生的蛋白质沉积在细胞壁上。纳米材料的生物组装路线具有许多优点，如成本低、性能优异及具有独特的微观结构。

在之前的工作中，通过生物组装的方式组装了氧化石墨烯(GO)和碳纳米管，并将其应用于水处理，然而，关于油水分离的研究仍然缺乏。对此，本节提出一种将氧化碳纳米管添加到 FH 生长的培养基中形成 FH/CNT 杂化球，从而使 CNT 在活的丝状真菌表面自组装以制造大块材料的通用策略。随着真菌的生长，细胞壁上基团与含氧基团的相互作用导致修饰后的 CNT 沉积在 FH 表面。为了有效地分离油水，对复合材料进行热解，得到具有疏水性的多孔三维碳纳米管结构。

4.1.1 实验材料与方法

1. 材料

所有试剂(分析纯)均购自成都市科龙化工试剂厂，无须进一步纯化即可使用。碳纳米管(CNT)购自江苏先丰纳米材料科技有限公司。从刺槐树干中分离纯化得到炭角菌，储存于西南科技大学环境友好能源材料国家重点实验室。

2. FH/CNT 和 FH/CNT 气凝胶的制备

在菌丝培养过程中，真菌菌株炭角菌在 100mL 的锥形瓶中孵化，在 28℃下，置于振荡培养箱中以 180r/min 振荡培养 4d。使用尼龙布料将菌丝过滤，用大量的去离子水清洗，依次浸没在浓度为 1%的 NaOH 和 HCl 水溶液中灭活 3h，并去除有机残留物。用蒸馏水洗净直到 pH 为中性。

FH/CNT 复合材料的制备是先用 HNO₃ 处理 CNT，使纳米管侧壁氧化，得到分散性良好的氧化 CNT 水溶液（5mg/mL）。再将 0.5mL、1mL、2mL 的氧化 CNT 水溶液加入含有真菌的锥形瓶中以 180r/min 在恒温培养箱中培养 4d，得到不同 CNT 含量的 FH/CNT 复合材料（命名为 FH/CNT-0.5、FH/CNT-1、FH/CNT-2）。FH 和 FH/CNT 均被冷冻干燥成最终的复合球供下一步实验使用。

将得到的 FH/CNT 复合材料粉碎并冷冻干燥。然后将 FH/CNT 在不同温度（400℃、600℃和 800℃，5℃/min）下热解，在 Ar 气氛中保存 120min（10mL/min），然后制备 FH/CNT 气凝胶。为了便于识别，将 FH/CNT 气凝胶定义为 FH/CNT-*x*，其中 *x* 代表不同的热解温度。

4.1.2　结果分析与讨论

1. 材料表征

FH/CNT-*x* 的制备过程如图 4-1 所示。以有机营养物和无机盐为培养基，完成从孢子到菌丝的生长。在叶尖生长模型中，叶尖呈梯度扩张。经硝酸处理的碳纳米管的外层存在羧基基团，对细胞壁外的蛋白有很强的亲和力。由于剪切力的作用，CNT 包绕的 FH 相互缠绕组装成 FH/CNT 复合材料。TGA 曲线显示，FH/CNT 复合材料含有约 2.7%的 CNT。经静态培养，断裂的 FH/CNT 生长具有特定形状的三维材料。高温热解可以有效地去除材料中部分含氧成分（如羟基和羧基），有利于提高疏水性。

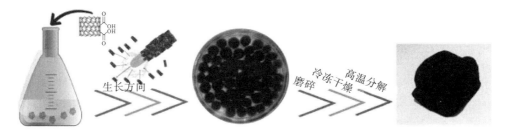

图 4-1　FH/CNT-*x* 的制备过程

图 4-2 为 FH-800 和 FH/CNT-*x* 表面的 SEM 图。热解后，FH-800 和 FH/CNT-*x* 的多孔三维结构得以维持。相对于 FH-800 的管状填料结构，FH/CNT-*x* 这种复合材料在微观上具有更好的结构分布，纤维、网孔直径均匀。热解成 FH/CNT-*x* 后，CNT 固定在菌丝体表面。此外，不同温度下获得的 FH/CNT 气凝胶的形貌没有明显差异。

热解后材料的疏水性得到了明显的改善 [图 4-3（a）]。如图 4-3（b）所示，FH-800 和 FH/CNT-*x* 表现出不同的接触角。其中，FH/CNT-*x* 样品的接触角高于 FH-800（114°），FH/CNT-400 的接触角为 125°，随着热解温度从 400℃增加到 800℃，接触角增加到 143°。FH/CNT-*x* 的接触角随温度的升高而增加，可能是由于 FH 在较高的温度下脱氧，形成的含氮基团(如胺)的相对含量增加,而含氮基团是影响疏水性的关键因素。

图 4-3(c)为不同碳化温度下 FH-800 和 FH/CNT-x 的 N_2 吸附-解吸等温线,等温线被分为Ⅳ型。在相对压力(P/P_0)为 0.4～1.0 时具有滞回环,表现出介孔特征。由等温线计算得到的 FH-800 的比表面积为 644.7m²/g,FH/CNT-400 的比表面积为 810.5m²/g,FH/CNT-600 的比表面积为 883.6m²/g,FH/CNT-800 的比表面积为 1041.2m²/g。图 4-3(d)中显示了材料的孔径分布,FH-800 的孔径分布集中在 4nm 左右,而 FH/CNT-x 则降至约3nm。FH 中有机物的热解会产生更多的孔隙,而 CNT 的覆盖会减小孔隙大小,增加材料的比表面积。这些结果表明,较高的热解温度有利于产物中孔隙的形成。

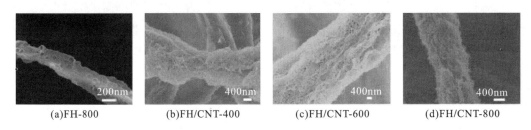

(a)FH-800   (b)FH/CNT-400   (c)FH/CNT-600   (d)FH/CNT-800

图 4-2 不同材料的 SEM 图

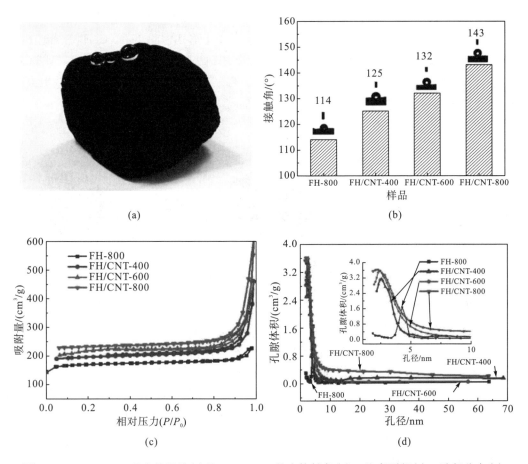

(a)

(b)

(c)

(d)

图 4-3 FH/CNT-800 吸水的照片(a)及 FH/CNT-x 的水接触角(b)、比表面积(c)、孔径分布(d)

采用 FTIR、XRD 和拉曼光谱法对 FH-800 与 FH/CNT-x 的化学键合进行研究。图 4-4(a) 中 2934cm^{-1} 左右的宽吸附峰为 C—H 的拉伸振动特性所致，1602cm^{-1} 左右的吸附峰是由碳纳米管中石墨 sp^2 键产生的。很容易发现 O—H 峰值在 1388cm^{-1} 左右。C—O(环氧树脂) 在 1249cm^{-1} 左右的伸缩振动峰和 C—O(烷氧基) 在 1041cm^{-1} 左右的伸缩振动峰减小甚至消失。这些结果证实了 FH/CNT-800 的大部分含氧官能团在热解过程中被去除。

图 4-4(b) 为 FH-800 和 FH/CNT-x 的 XRD 图谱。FH-800 在 23.8° 有一个较宽的峰，对应于石墨的 (002) 晶面。负载 CNT 后，衍射峰与 CNT 六角形石墨的 (002) 晶面反射有关，表明 FH/CNT 材料中存在 CNT。FH/CNT-x 在 42.7° 处观察到石墨晶面，表明较高的热解温度使其具有较高的石墨化程度。

采用拉曼光谱法研究 FH/CNT-x 的形成。如图 4-4(c) 所示，所有材料在 1350cm^{-1} 处均表现出 D 带，表示有一个无序的带晶格缺陷的碳原子；在 1590cm^{-1} 左右形成一个 G 带，表示有 sp^2 杂化的平面拉伸振动形成的石墨碳原子位置。与 FH-800 相比，FH/CNT-x 的 G 带更清晰、更高，说明碳气凝胶中存在高石墨化碳纳米管，然而，与在 400~800℃ 下制备的 FH/CNT 气凝胶相比，FH/CNT-X 碳含量增加了两峰的强度比 (I_D/I_G)。

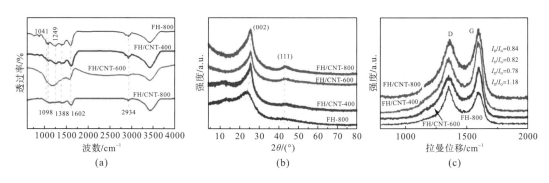

图 4-4　FH-800 和 FH/CNT-x 的红外光谱图(a)、XRD 图(b) 和拉曼光谱图(c)

采用 XPS 对样品的元素分布进行定量分析。如图 4-5 所示，FH/CNT-800 的 C1s、N1s 和 O1s 峰分别出现在 285.5eV、400.2eV 和 542.3eV［图 4-5(a)］。C、N、O 的原子分数见表 4-1。将 C1s 峰分解为 4 个峰［图 4-5(b)］，其中，FH/CNT-800 中 C=C 和 C—C 的含量较高，说明 FH/CNT-800 碳化程度较高。随着温度的升高，N1s 的含量从 3.4%(FH/CNT-400) 增加到 5.7%(FH/CNT-800)。N1s 反褶积后分解为吡啶氮 (398.7±0.2eV)、吡咯氮(399.3±0.2eV)、石墨化氮(401.4±0.3eV) 和氧化氮(404.4±0.2eV)。吡啶氮和吡咯氮在全氮比例中占主导地位(81.09%)［图 4-5(c)］。O1s 峰主要为物理吸附的氧(70.79%，532.9±0.2eV)［(图 4-5(d)］。疏水基团含量高有利于 FH/CNT-800 进行油水分离。这一观察结果与红外光谱和拉曼光谱表征的结果一致。结果表明，高温有利于提高油水的芳香性和石墨化程度，有利于提高油水的分离能力。

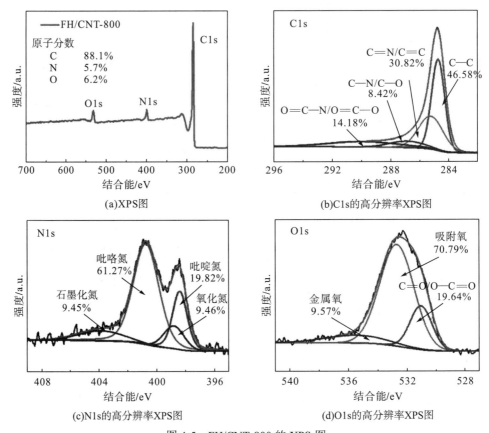

图 4-5　FH/CNT-800 的 XPS 图

表 4-1　通过 XPS 测量的样品原子分数

样品	C/%	N/%	O/%
FH-800	80.8	1.6	17.6
FH/CNT -400	83.9	3.4	12.7
FH/CNT-600	87.3	3.9	8.8
FH/CNT-800	88.1	5.7	6.2

2. 性能研究

在一个典型的油吸附实验中，FH-800 和 FH/CNT-x 仅浸泡在油中几秒钟，如图 4-6 所示。FH/CNT-800 仅需要 3s 就完全吸收了红色甲苯层[图 4-6(a)]。在水-油体系中，油致使 FH/CNT-800 漂浮在水-油表面[图 4-6(b)]；FH-800 和 FH/CNT-x 能吸收不同种类的油脂和有机溶剂，吸收率高达自身重量的 30～138 倍；FH-800 和 FH/CNT-x 虽然对水有竞争吸附作用，但其吸油能力几乎没有下降。具体而言，与其他样品相比，800℃下制备的 FH/CNT-x 在吸油方面表现出更好的性能，这得益于 FH/CNT-800 的石墨化和芳构化程度更高。如图 4-6(c)所示，油的吸附能力与水接触角结果保持一致。此外，在不使用任何有害且昂贵前驱体的情况下，通过 FH 的生长诱导制备了以碳纳米管组装为基础的吸油剂。

　　分离效率是材料实现油水分离的一个关键参数。直接挤压气凝胶中的油，可以有效地去除吸附的油，实现吸附再生。FH/CNT-800 吸油效果经过 10 次循环后[图 4-6(d)]仍能保持在 83.33%，其他气凝胶也表现出良好的可重用性，这说明 FH-800 和 FH/CNT-x 气凝胶是实用的高效吸油剂。

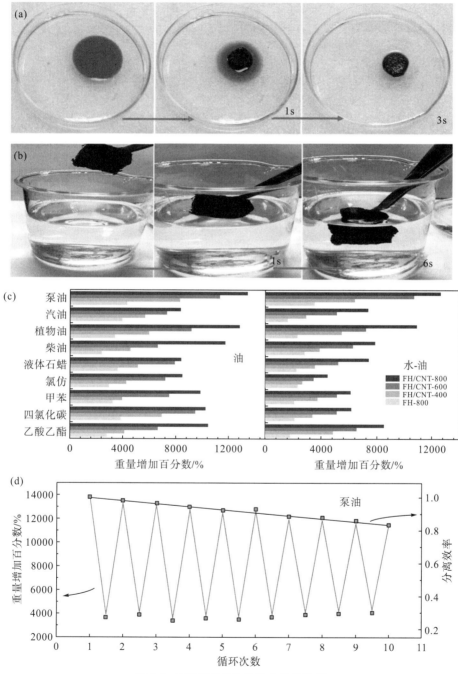

图 4-6　FH/CNT-800 的油水分离性能

(a)水-油分离的过程；(b)对油的吸附；(c.左)在油体系中的吸附性能；(c.右)在水-油体系中的吸附性能；(d)FH/CNT-800 的可回收性和分离效率

为了评价气凝胶在极端条件下的环境稳定性，将 FH/CNT-800 分别浸在 pH = 1、pH = 12、C_{NaCl} = 0.5mol/L 的溶液中和在温度为 60℃的水浴中加热 10min［图 4-7(a)］。实验表明，即使在极端条件下，FH/CNT-800 也能保持其初始结构，这有利于生物质结构的稳定。经过极端测试后的材料与没有经过极端测试的材料对泵油和汽油的去除效果对比，FH/CNT-800 对泵油和汽油的分离效率略有下降［图 4-7(b)］。稳定性实验表明生物组装得到的 FH/CNT-800 具有良好的实际应用价值。

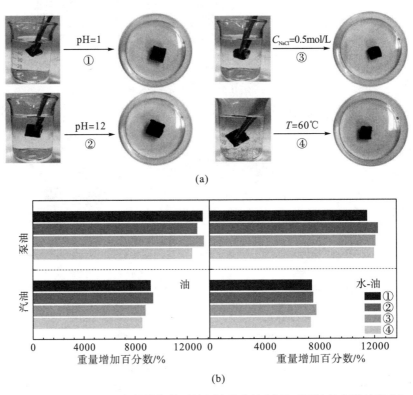

图 4-7   FH/CNT-800 在极端条件下的环境稳定性(a)及对泵油的分离效率(b)

4.1.3   小结

本节采用自发性、环保型的菌丝组装方法固定碳纳米管。通过 SEM、XRD、TGA 和 FTIR 证实了菌丝中 CNT 的存在及 FH 与 CNT 的相互作用。因此，本节提出了菌丝介导的碳纳米管组装策略，将其作为一种环保且高效的碳纳米管复合材料制备成一种多功能吸附剂，并用于水污染控制。

本节提出了一种简单的 FH 介导的生物组装路线，合成的以 CNT 为基材的气凝胶疏水性材料可进行油分离。在该合成体系中，因含氧官能团的减少而增加的疏水性会导致三维随机叠加，从而形成自组装块结构。FH/CNT-800 具有较大的比表面积(1041.2m^2/g)，对各种油类和有机溶剂的去除效果良好。此外，通过燃烧回收，载油气凝胶具有较高的可重用性。这些结果表明，FH 在 CNT 基气凝胶的组装中是有效的，制备的气凝胶可作为疏水、可重复使用的油分离材料。

4.2　菌丝/氧化石墨烯气凝胶对铀的吸附去除性能

作为一种正在发展的能源,核能具有效率高、能耗低、环境污染小的特点。铀[U(Ⅵ)]是一种放射性核素和重金属,它可以发生链式裂变反应,是核能生产的关键元素。在核工业生产过程中会产生大量含有 U(Ⅵ)的放射性水,它会对生物和生态环境造成严重的破坏。因此,制定有效地去除各种水环境中 U(Ⅵ)的策略,对人类健康和环境保护具有重要的现实意义。

目前,已经有多种方法被应用于水中重金属离子的去除和回收,如离子交换、沉淀、氧化还原、吸附等。Duan 等(2017)开发了一种导电碳纳米管/聚合物复合超滤膜来去除六价铬。Feng 等(2016)利用层状有机-无机杂化硫锡酸盐对铀进行了有效的去除回收。Brookshaw 等(2015)通过 Tc(Ⅶ)、U(Ⅵ)、Np(Ⅴ)与黑云母和绿泥石的氧化还原作用,将游离的离子转化为不溶性无机盐。在这些传统方法中,吸附法是一种效率高、操作简便的方法。如 Wang 等(2017)利用聚亚胺改性层状氮化碳来吸附 U(Ⅵ)和 Am(Ⅲ)。近年来,氧化石墨烯(GO)由于其优异的吸附能力被应用于水处理,高比表面积和丰富的含氧官能团赋予了氧化石墨烯较强的表面络合能力和金属离子交换能力。Sun 等(2012)合成了PANI@GO 复合材料,该材料可从水溶液中去除镧系元素和锕系元素,但由于 GO 纳米级的尺寸而难以回收,其实际应用受到了限制。

真菌菌丝是一种独特的微生物,可以在数天内从单细胞生长到宏观尺寸的微生物。菌丝球由几厘米长和直径小于 10μm 的菌丝纤维缠绕而成。由于真菌菌丝细胞壁上存在大量的磷酸基团、羟基、氨基等官能团,丝状真菌被认为是纳米材料的优良模板。因此,FH与 GO 的结合可形成一种较好的吸附剂,可以将纳米尺度扩展到宏观尺度。

本节以炭角菌为试用菌,以其 FH 为骨架,在表面涂覆一层二维 GO 薄片,合成 FH/GO复合材料,再将其热解制备成 FH/GO 气凝胶(FH/GOA)。本节的研究目的是通过生物培养法制备 FH/GOA,测试 FH/GOA 对 U(Ⅵ)的去除性能及其稳定性和可重复利用性,探讨 FH/GOA 对 U(Ⅵ)可能的吸附机制。

4.2.1　实验材料与方法

1. 材料

炭角菌是从刺槐树干中分离纯化得到的,储存于西南科技大学环境友好能源材料国家重点实验室。

2. GO 和 FH/GOA 的合成

以天然石墨粉为原料,采用改性 Hummers 法制备氧化石墨烯。将 120mL 真菌培养基置于 250mL 烧杯中,在 pH 为 6.0 的环境下加入 2%葡萄糖、0.25%酵母菌、0.25%蛋白胨,并在 121℃、1.5MPa 条件下灭菌 20min。炭角菌均匀地分散到锥形瓶培养基中培养 1d,然后添加 2mL 的 GO 溶液(100mg/L),在 28℃恒温振荡培养箱中以 150r/min 连续培养 4d,菌丝生长并在水剪切力的作用下形成菌丝氧化石墨烯杂化球(FH/GO)。使用尼龙布料过滤

FH/GO，并用大量的去离子水清洗，然后依次浸泡在质量分数为 1% 的 NaOH 和 HCl 水溶液中 5h，灭活真菌并去除残留物，最后用蒸馏水洗净至中性。冷冻干燥后，将 FH/GO 放置在石英管中以 400℃、600℃和 800℃的温度在氮气气氛(10mL/min，3℃/min)下热解，得到的产物标记为 FH/GOA-400、FH/GOA-600 和 FH/GOA-800。热解后的材料 FH/GOA 尺寸收缩明显，制备 FH/GOA 的过程如图 4-8 所示。

3. 材料表征

利用 SEM 和 TEM 对 FH/GOA 的表面形貌进行表征。用 FTIR 对常温下 400～4000cm^{-1} 的官能团进行估测。拉曼光谱是以 Ar^{+}激光线为激发源，在 N$_2$ 气氛和室温下进行测定的。采用差示扫描量热法(differential scanning calorimetry，DSC)分析复合材料质量与温度变化的关系。利用 X 射线光电子能谱(XPS)分析材料化学键。利用 Zeta 电位分析 FH/GO 与 FH/GOA 表面电荷的变化。离子浓度采用紫外-可见分光光度计和原子吸收光谱仪测定。采用 N$_2$ 等温吸附-解吸方法，在康塔(Quantachrome)仪器上进行比表面积和孔结构的研究。

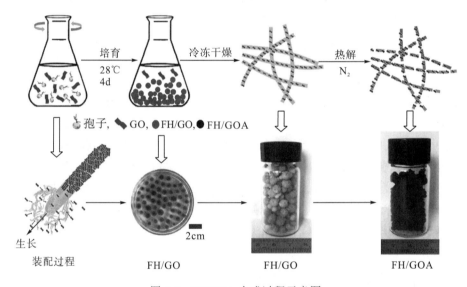

图 4-8　FH/GOA 合成过程示意图

4. 批量吸附实验

将 10mg 吸附剂和 30mL U(Ⅵ)溶液装入塑料管中进行批量吸附实验。通过调节不同 pH、接触时间、离子强度和温度研究其对最大吸附量的影响；通过滴加 0.01～1.00mol/L 的 HCl 溶液或 NaOH 溶液，将上述悬浮液的 pH 调至 2～9；在浓度为 120mg/L 的 U(Ⅵ)溶液中达到吸附平衡时，得到不同 pH 下的吸附量，通过控制接触时间、初始浓度和反应温度可以分别得到吸附动力学、等温线和热力学数据。由于 FH/GOA 具有宏观尺寸，吸附剂很容易与 U(Ⅵ)溶液分离。在相同条件下进行无吸收剂的实验以消除塑料管壁的影响；通过紫外-可见分光光度计在 651.8nm 下测量 U(Ⅵ)浓度；对 U(Ⅵ)的吸附量(q_t, mg/g)和吸附率(A，%)按式(3-1)和式(3-2)计算。

5. 共存离子和辐照影响

在同一根塑料管中加入不同量的阴离子或阳离子进行共存离子实验,取吸附平衡时的悬浮液进行浓度测定;将 FH/GO 和 FH/GOA-800 分别置于 300kGy 辐射环境中暴露 48h,再进行吸附实验,考察不同 pH 和温度下的辐射效果。

6. 循环稳定性测试

FH/GOA 的循环实验进行了 6 个周期的 U(Ⅵ)吸附、解吸和洗涤。负载 U(Ⅵ)的吸附剂在摇晃状态下,用 1mol/L 的过量 HCl 溶液处理 3h,再将吸附剂分离,在下一个循环吸附实验之前,用去离子水洗涤固体 3 次。在稳定性实验中,采用 HCl 溶液、NaOH 溶液和超声波处理 FH/GO 和 FH/GOA-800。

4.2.2　结果分析与讨论

1. 材料制备和表征

FH/GO 和 FH/GOA 的形态特征如图 4-9 所示。可以看出,FH/GO 呈疏松多孔排列,空间形态紊乱,GO 膜出现并覆盖在菌丝表面;不同温度下 FH/GOA 的热解形态无明显变化,但与 FH/GO 相比,FH/GOA 的直径较小,这是由于 FH/GOA 中有大量菌丝和有机物被热解碳化,使得其更轻,比表面积更大。由此可以推断,热解是提高 FH/GOA 对 U(Ⅵ)吸附能力的有效措施。

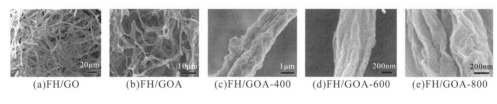

(a)FH/GO　　(b)FH/GOA　　(c)FH/GOA-400　　(d)FH/GOA-600　　(e)FH/GOA-800

图 4-9　不同材料的 SEM 图

利用 FTIR 在 500~4000cm^{-1} 范围研究 FH/GO 和 FH/GOA 的化学结构,如图 4-10(a)所示。在 3423cm^{-1} 附近出现了一个强而宽的特征波段,这可以归因于 O—H 和 N—H 振动。2925cm^{-1} 左右的吸收带对应于—CH$_2$ 和—CH$_3$ 中 C—H 的反对称伸缩振动。1638cm^{-1} 处是羧基的反对称振动拉伸和 C=O 的伸展振动高峰(酰胺)。1384cm^{-1} 处的峰是酰胺的 N—H 键自由弯曲振动,同时可以发现,强酰胺带出现在 FH/GOA 表面后热解。1048cm^{-1} 和 880cm^{-1} 处的峰值为醇羟基中 C—O 的拉伸振动和 C—H 的平面外弯曲振动。热解 FH/GOA 的 FTIR 图发生了一些变化,热解处理后 2925cm^{-1} 和 1638cm^{-1} 处 C—H 波数减少,880cm^{-1} 处 C—H 波带消失。由此可见,FH/GOA 中含有大量的活性基团,如羟基、羧基、酰胺基等,这些基团会促进对 U(Ⅵ)的吸附。

将拉曼光谱应用于 FH/GO 和 FH/GOA,如图 4-10(b)所示。G 带和 D 带分别出现在 1591cm^{-1} 和 1351cm^{-1} 左右的位置。G 带表明 FH/GOA 中存在 sp^2 杂化的碳原子。两个峰(D

和 G) 的强度随着热解温度的升高而增大, 说明 FH/GOA 中温度升高, sp² 杂化的碳原子增多。sp² 杂化碳层具有较高的平均展弦比, 有助于提高吸附性能。2D 峰是石墨烯存在的标志, 出现在热解 FH/GOA 的 2700cm⁻¹ 处, 说明热解后 FH/GOA 中的氧化石墨烯还原为石墨烯。

图 4-10(c) 为 FH/GO 和 FH/GOA 复合材料的失重曲线。FH/GO 的失重过程可以分为两个阶段: 100℃之前的第一次失重(质量分数约 8%)被认为是释放物理吸附水的结果; 第二阶段失重(质量分数约 45%)在 200~350℃, 主要分解有机物。FH/GOA 的失重趋势不同于第二阶段的 FH/GO。200℃后重量略有下降, 说明有机物含量降低, 还原氧化石墨烯形成。石墨烯、FH/GOA 的含量约比单位重量 FH 高 50%, 为 FH/GOA 吸附性能提供了依据。

不同 pH 下 FH/GO 和 FH/GOA 的 Zeta 电位如图 4-10(d) 所示。在不同 pH 下, FH/GOA 的值远小于 FH/GO, 在 pH=5 时, FH/GOA-800 的值减小到−33mV。负电位值可能有利于正 U(Ⅵ) 离子的吸附。图 4-10(e) 为 FH/GO 和 FH/GOA 的 N₂ 吸附-解吸等温线。在相对压力(P/P_0)为 0.4~1.0 时, 等温线的变化趋势与滞回环相一致, 说明存在多孔结构。根据等温线计算得到的 FH/GO 比表面积为 280m²/g, 相较而言, FH/GOA-400 的比表面积是 671m²/g, 随着热解温度的增高, FH/GOA-600 的比表面积上升到 746m²/g, FH/GOA-800 的比表面积达到了 894m²/g。2~10nm 内孔径分布的曲线如图 4-10(f) 所示。热解前材料孔径约为 4nm, 热解后孔径约为 2nm。据推测, 有机 FH 燃烧后留下的孔隙结构减小了孔隙的平均尺寸, 增大了材料的比表面积, 证实了大比表面积对吸附能力有促进作用。

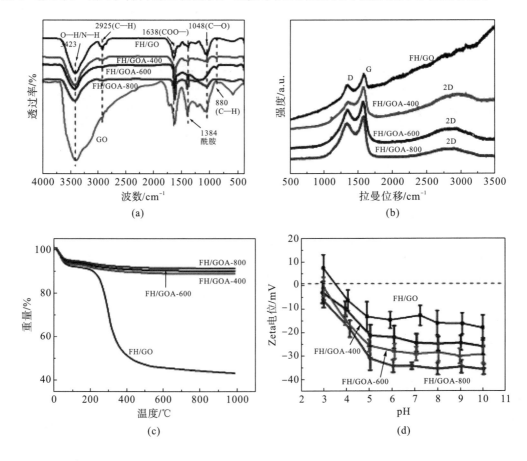

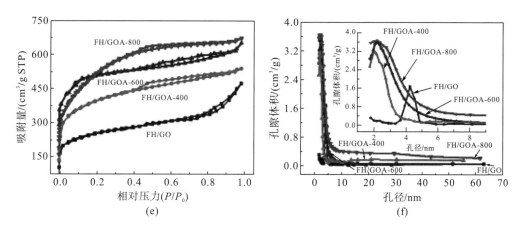

图 4-10　FH/GO 和 FH/GOA 的 FTIR 图(a)、拉曼光谱图(b)、TGA 曲线(c)、Zeta 电位曲线(d)、N_2 吸附/解吸等温线(e)及孔径分布曲线(f)

插图是 2～10nm 区域放大情况

2. 批量吸附实验

1)吸附动力学

在 pH=5(±0.1)、$T = 293K$、C_0 为 120mg/L 的 U(Ⅵ)溶液中，研究接触时间对吸附效率的影响，如图 4-11(a)所示。可以发现，U(Ⅵ)在前 10min 吸附速度较快，30min 后无明显变化，FH/GOA 复合材料的吸附性能优于 FH/GO。这可以解释为 FH/GOA 表面负电荷较多，有利于 U(Ⅵ)的吸附。FH/GOA 独特的结构也可为 U(Ⅵ)提供更多的螯合位点，导致 U(Ⅵ)被快速吸附。

为研究吸附过程的控制机理，采用伪一阶和伪二阶动力学模型对实验数据进行检验[图 4-11(b)、(c)]。从拟合曲线的斜率和截距得到式(3-6)、式(3-7)中的常数值，见表 4-2。不难发现，伪二阶动力学模型具有更高的决定系数($R^2>0.99$)，能更好地描述吸附过程。分析表明，FH/GO 和 FH/GOA 与 U(Ⅵ)-羟基络合物由于电子的共享或交换而发生化学吸附。

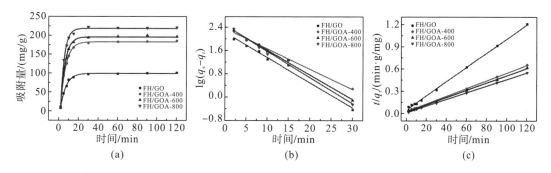

图 4-11　FH/GO 和 FH/GOA 对 U(Ⅵ)的吸附情况(a)、伪一阶动力学拟合曲线(b)和伪二阶动力学拟合曲线(c)

pH = 5.0(±0.1)、$T = 293$ K、$C_0= 120$ mg/L

表 4-2　伪一阶和伪二阶动力学模型的参数值

样品	伪一阶动力学模型			伪二阶动力学模型		
	$q_e/(mg/g)$	k_1/min^{-1}	R^2	$q_e/(mg/g)$	$k_2/[g/(mg \cdot min)]$	R^2
FH/GO	100.30	0.156	0.9857	101.33	0.581	0.9982
FH/GOA-400	185.48	0.166	0.9963	187.69	0.380	0.9996
FH/GOA-600	199.47	0.162	0.9948	209.44	0.387	0.9994
FH/GOA-800	217.01	0.158	0.9878	226.11	0.403	0.9998

2)吸附等温线

材料对铀的吸附能力与 U(Ⅵ)浓度的关系对于研究吸附过程具有重要意义。在 pH=5 (±0.1)、T=293K 下进行不同浓度的吸附实验,如图 4-12(a)所示。可以看出,随着 U(Ⅵ) 浓度的增加,FH/GOA 的吸附能力迅速提高。这可以解释为高浓度增加了吸附剂的质量驱动力,从而增强了吸附剂与 U(Ⅵ)的相互作用。

吸附等温线可以描述材料铀吸附能力与平衡浓度之间的关系。采用 Langmuir 模型和 Freundlich 模型对吸附数据进行拟合,其表达式为式(3-8)[图 4-12(b)]和式(3-9) [图 4-13(c)]。线性回归分析及相关参数见表 4-3。

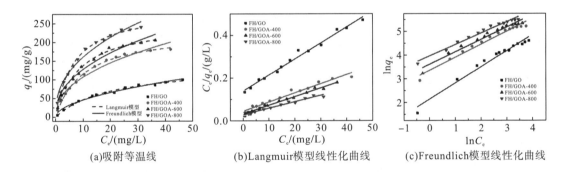

(a)吸附等温线　　　　　　(b)Langmuir模型线性化曲线　　　　　(c)Freundlich模型线性化曲线

图 4-12　FH/GO 和 FH/GOA 的吸附等温线及线性化曲线

pH=5.0(±0.1)、T=293K

表 4-3　吸附等温线的 Langmuir 模型参数和 Freundlich 模型参数

样品	T/K	Langmuir 模型			Freundlich 模型		
		$q_{max}/(mg/g)$	$b/(L/mg)$	R^2	$k/(mg^{1-\frac{1}{n}} \cdot L^{\frac{1}{n}} \cdot g^{-1})$	n	R^2
FH/GO	293	176.11	0.052	0.9932	13.764	0.521	0.9701
FH/GOA-400	293	228.55	0.102	0.9911	38.963	0.437	0.9686
FH/GOA-600	293	253.99	0.118	0.9964	47.925	0.425	0.9637
FH/GOA-800	293	288.42	0.152	0.9918	62.541	0.408	0.9831

通过 $R^2(R^2 > 0.99)$ 可以看出,Langmuir 模型对实验数据的拟合效果更好,其模拟得到 FH/GO 的最大吸附量为 176.11mg/g,FH/GOA-800 的最大吸附量为 288.42mg/g。结果表明, 吸附剂吸附铀的反应发生在均匀表面上。FH/GOA-800 的吸附性能优于 FH/GOA-400

(228.55mg/g) 和 FH/GOA-600 (253.99mg/g)。FH/GOA 对 U(Ⅵ) 的最大吸附量大于 FH (114.27mg/g) 和 GO (143.36mg/g) (图 4-13)。FH/GOA 的最大吸附能力超过了许多吸附剂材料，这种简单、绿色、通用的合成方法在废水处理中具有潜在的应用价值。

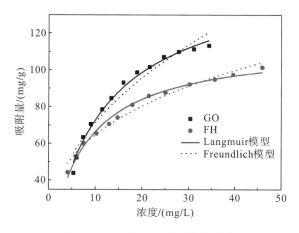

图 4-13　FH 和 GO 的吸附等温线

3) 吸附热力学

U(Ⅵ) 的热力学吸附在 FH/GOA-800 上可以被描述为三个参数 (ΔG^0、ΔS^0 和 ΔH^0)。根据 FH/GOA-800 在不同温度下的吸附等温线数据 [图 4-14(a)]，利用式(3-10)~式(3-12)计算热力学参数，详见表 4-4。如表 4-4 所示，ΔG^0 值(温度为 283K、293K、303K 和 313K 时分别为 -4.76kJ/mol、-5.79kJ/mol、-6.83kJ/mol 和 -7.86kJ/mol)的绝对值随着温度增加而增大，表明该吸附反应是一个自发的过程且在高温时有利于反应的进行。正的 ΔH^0 值(9.31kJ/mol)也说明 FH/GOA-800 对 U(Ⅵ) 的吸附是一个吸热过程，推测是因为 U(Ⅵ) 脱水的能量大于附着在 FH/GOA-800 上的热量。ΔS^0 的值为正值 [51.55J/(mol·K)] 反映了 FH/GOA-800 对 U(Ⅵ) 在水溶液中的亲和力及一些结构性变化。综上所述，U(Ⅵ) 对 FH/GOA-800 的吸附是一个吸热自发过程。首先，根据 $\ln K_d$ 与 C_e 的截距可以计算出不同温度下的吸附平衡常数 K^0 [图 4-14(b)]；然后，通过 $\ln K^0$ 与 $1/T$ 的关系 [图 4-14(c)]，由斜率和截距计算 ΔH^0 和 ΔS^0 的值；最后利用式(3-11)计算不同温度下的自由能变化 (ΔG^0) 值。

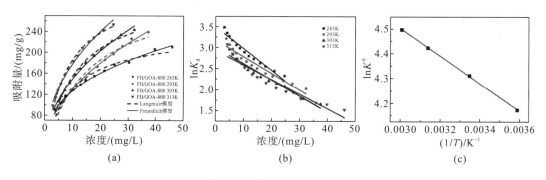

图 4-14　热力学参数曲线

表 4-4　　FH/GOA-800 对 U(Ⅵ) 吸附的热力学参数

T/K	$\Delta G^0/(kJ/mol)$	$\Delta S^0/[J/(mol \cdot K)]$	$\Delta H^0/(kJ/mol)$
283	-4.76		
293	-5.79	51.55	9.31
303	-6.83		
313	-7.86		

4) pH 对吸附的影响

pH 对吸附能力的影响如图 4-15 所示。在 pH 较低时，以 UO_2^{2+} 为主，在 FH/GO 或 FH/GOA 上的吸附由于络合位点数量有限及质子化活性位点的静电排斥作用而减少。pH 为 2～5 时，吸附在 FH/GOA 上的 U(Ⅵ) 量逐渐增加到最大。在弱酸性溶液中，由 UO_2^{2+} 水解形成的 $UO_2(OH)^+$、$(UO_2)_2(OH)_2^{2+}$ 二聚体和 $(UO_2)_3(OH)_5^+$ 三聚体占据主导地位。在较高的 pH 下，Zeta 电位值相对稳定。正 U(Ⅵ) 离子与带负电荷的吸附剂之间的静电相互作用对吸附 U(Ⅵ) 起着重要作用。铀离子与碳酸盐和羟基阴离子络合，呈现出阴离子形式 [即 $(UO_2)_3(OH)_7^-$ 和 $UO_2(OH)_4^{2-}$]，增强了静电斥力过程。这一效应导致吸附量降低，使得曲线略有下降。pH 对吸附能力的影响表明，U(Ⅵ) 对 FH/GO 和 FH/GOA 的吸附主要通过表面络合进行。

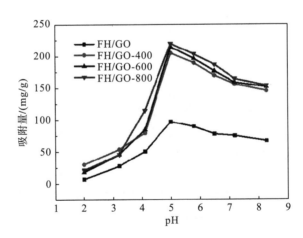

图 4-15　pH 对吸附能力的影响（$T = 293K$、$C_0 = 120mg/L$）

5) 共存离子和辐照的影响

在 FH/GOA 去除 U(Ⅵ) 的实际应用中，有必要考察不同阴离子和阳离子在水溶液中的竞争情况。如图 4-16(a) 所示，将普通阴离子 Cl^-、NO_3^-、SO_4^{2-}、CO_3^{2-} 等加入水溶液中，U(Ⅵ) 去除率仍然很高，说明阴离子的加入对 U(Ⅵ) 吸附能力的影响可以忽略不计。此外，当加入阳离子 Cu^{2+}、Ca^{2+}、Cs^+、Mn^{2+}、Sr^{2+} 时，各离子之间相互竞争导致对 U(Ⅵ) 去除的影响较小，说明 FH/GOA-800 对 U(Ⅵ) 具有较好的选择性 [图 4-16(b)]。辐照后 FH/GOA-800 在不同 pH [图 4-16(c)] 和温度 [图 4-16(d)] 下对 U(Ⅵ) 的吸附能力几乎不受影响，说明该材料可以脱离实验室模拟条件，进入实际放射性环境，这得益于 FH/GOA-800 在辐照下的稳定性。分析 XRD 图、FTIR 图和 SEM 图(图 4-17)可知，FH/GOA-800 与 FH/GOA-800-
300kGy(FH/GOA-800 在 300kGy 辐照)类似。

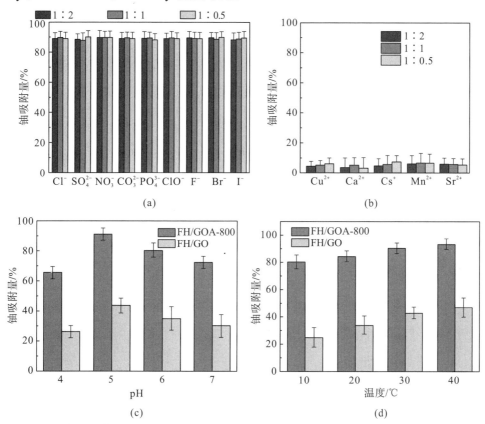

图 4-16　阴离子强度(a)和阳离子强度(b)及 pH(c)和温度(d)对 FH/GOA-800 吸附性能的影响

(a)和(b)的实验条件是 pH=5.0(±0.1)、T=293K、C_0=120mg/L，(c)和(d)的实验条件是辐射强度为 300kGy

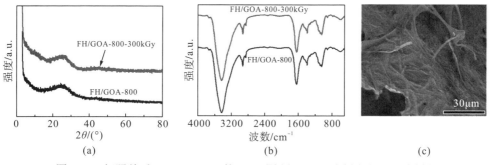

图 4-17　辐照前后 FH/GOA-800 的 XRD 图(a)、FTIR 图(b)和 SEM 图(c)

6)可重用性和稳定性实验

材料的经济性和可回收性是污染控制材料在实际应用中的重要指标。重复实验 6 次。
从图 4-18 可以看出，FH/GOA-800 在保持高吸附能力的情况下，具有良好的可重复利用
性能。在稳定性实验中，HCl 溶液、NaOH 溶液和超声波处理后，吸附剂的结构完整性得
以保持(图 4-19)。这说明 FH/GOA-800 在去除 U(Ⅵ)方面具有实际应用价值和良好前景。

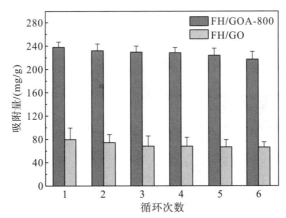

图 4-18　多次循环对材料吸附 U(Ⅵ)的影响

pH = 5.0(±0.1)、T=293 K、C_0=120mg/L

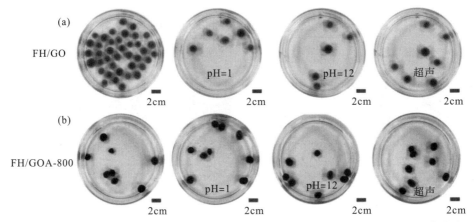

图 4-19　FH/GO(a)和 FH/GOA-800(b)在酸性、碱性和超声波条件下处理 48h 后的状态

3. 吸附机理研究

采用 FTIR 研究 FH/GOA-800 对 U(Ⅵ)的吸附机理。如图 4-20(a)所示,FH/GOA-800-1°、FH/GOA-800-2°、FH/GOA-800-3°分别表示吸附 60mg/L、120mg/L、180mg/L 的 U(Ⅵ)溶液后的 FH/GOA-800。通过对比吸附 U(Ⅵ)前后 FH/GOA-800 的 FTIR 图,可以看出 1047cm^{-1} 附近的振动信号(C—O)随着 U(Ⅵ)吸附量的增加而逐渐减弱,这解释了 GO 的环氧基或烷氧基中 U(Ⅵ)与 C—O 基团及磷酸化蛋白和醇的 C—OH 的化学相互作用。在 FH/GOA-800-1°、FH/GOA-800-2°和 FH/GOA-800-3°的红外光谱中可以看到 908cm^{-1} 处的峰,但是该峰没有出现在 FH/GOA-800 上,这可能是 UO$_2^{2+}$ 水溶液的红移现象(963cm^{-1})。

通过 XPS 进一步研究 FH/GOA-800 对 U(Ⅵ)的吸附机理,如图 4-20(b)所示。FH/GO 和 FH/GOA-800 的主要成分是 C、O 和 N。C1s、O1s 和 N1s 峰值位置分别位于 286eV、532eV 和 400eV 附近。热解后,FH/GO 上的 O1s 峰降低,这与氧化反应有关。为了更好地解释这一现象,将 C1s 的峰分解,C—O(40.1%)和 O=C—N(12.8%)热解后分别减少到 35.1% 和 11.1%[图 4-21(a)、(b)]。289eV 处的 C=O—C 消失,说明热解过程中羟基、醛基、醚基和羧基的 C—O/C=O 键断裂减少。图 4-20(b)中 FH/GOA-800 与铀酰离子溶液接触后出现明显的 U 峰。U4f$_{5/2}$ 和 U4f$_{7/2}$ 的峰值也被分解成三个分峰（图中存在卫星峰），结合能与 U(Ⅵ) 的结合能一致［图 4-20(c)］。如 C1s 的 XPS 图所示，C—O、C=O 等峰吸附后向键能较低的方向移动［图 4-21(c)］。U(Ⅵ)-羟基化合物与 FH/GOA 表面官能团的化学相互作用降低了键能。FH/GO、FH/GOA-800 的 N1s 光谱也被分解成两个峰，分别位于 399.6eV、400.9eV 和 399.5eV、401.3eV［图 4-21(d)、(e)］。位于 399.6eV 和 399.5eV 的峰来源于酰胺组［—NH$_2$，—NH—，O=C—N，N—(C)$_3$］，在 400.9eV 和 401.3eV 的峰归因于质子化了的胺（—NH$_3^+$）［图 4-21(f)］。XPS 实验结果与本章研究一致，表明羧基和羟基参与了 U(Ⅵ) 配位。

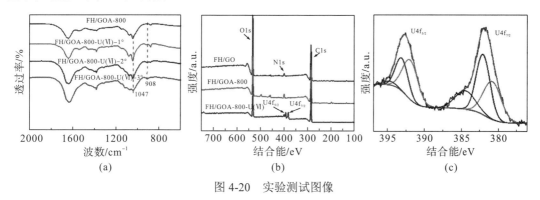

图 4-20　实验测试图像

(a)吸附不同初始浓度的 U(Ⅵ)水溶液(1°：60mg/L，2°：120mg/L，3°：180mg/L)后 FH/GOA-800 的 FTIR 图；

(b)XPS 图；(c)U4f 的高分辨率 XPS 图

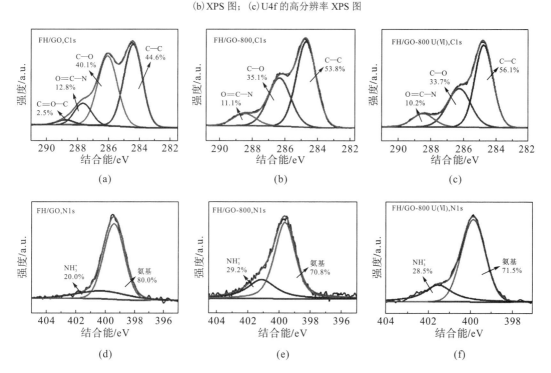

图 4-21　FH/GO 和 FH/GOA-800 的 C1s(a，b)、N1s(d，e)精细 XPS 图和铀负载的 FH/GOA-800 的 C1s、

N1s(c，f)精细 XPS 图

4.2.3 小结

本节将 FH/GOA 作为一种具有高去除放射性核素铀能力的环境吸附剂，采用生物培养法制备的 FH/GOA 具有宏观形貌、多孔、比表面积大的特点，采用 SEM、FTIR、XPS 等对其进行表征，并应用于铀离子去除的批量实验。FH/GOA 与 U(Ⅵ)的吸附结果及机理表明，FH/GOA 对铀的吸附过程是自发的、快速的、吸热的和选择性的。超声波处理、酸处理、碱处理后的材料具有稳定性，重复性实验表明 FH/GOA 在实际条件下满足多种应用要求。由于这些优异的性能，FH/GOA 可以作为一种优良的吸附剂，用于去除和回收核废料中的 U(Ⅵ)。

第5章 菌丝基光催化材料制备及性能分析

5.1 菌丝/石墨烯/二硫化钼生物组装材料对含有机物铀废水的吸附-光氧化性能

核工业的发展会产生大量含铀的放射性废水。U(VI)是一种生物毒性很强的放射性核素，它通过食物链和人类活动进入生态系统中，因为极长的半衰期使得 U(VI) 很难通过衰变消失，所以研究必须从经济和环境要求出发，寻找与放射性废水处理相关的对策。目前，从核废水中去除和回收放射性核素的方法有很多，如离子交换法、沉淀法、氧化还原法和吸附法等。吸附法作为一种在温和条件下易于实现的提取铀的方法，可以实现铀的高效去除且不需要额外能量输入。因此，许多研究小组已经开发出各种比表面积较大的材料作为吸附剂去除水中的放射性离子。

近年来，氧化石墨烯(GO)因具有丰富的官能团和较大的比表面积，在水处理中受到了广泛的关注。氧化石墨烯表面有孤对电子，使氧化石墨烯可通过电子对与金属离子配合，达到吸附水中金属离子的目的，然而，GO 的易团聚性和难回收性限制了它的应用。真菌菌丝(FH)具有特殊的空心管状结构，其生长可通过改变生长温度和投料比实现可控，具有较大的比表面积和易获取的优势。真菌是一种独特的微生物，它可以通过直径小于 $10\mu m$ 的菌丝缠结迅速生长成球状。丝状 FH 表面含有大量的磷酸基团、羟基、氨基等官能团，提供了大量的吸附活性位点，但核工业放射性废水中的放射性离子一般与有机分子共存，有机分子会附着在 FH 表面，导致吸附剂表面的活性位点被占据，从而导致其吸附能力下降。

光降解是一种很有前景的处理有机分子的方法。MoS_2 纳米片作为一种稳定的层状过渡金属硫化物，在有机污染物的光降解中得到了广泛应用。MoS_2 纳米片具有窄带隙、高催化活性位点和低成本等优点，因此，将 MoS_2 纳米片与 FH 上负载了吸附剂的材料复合，有望实现废水中有机分子催化增强放射性离子的吸附-催化还原。

FH 负载的石墨烯作为吸附位点，FH-石墨烯-MoS_2 杂化纳米片中的 MoS_2 提供光降解功能。此外，MoS_2 中的光电子能够被转移到吸附位点，进一步提高吸附能力。FH-石墨烯-MoS_2 杂化纳米片在辐照下对 U(VI) 的吸附能力明显高于 FH-石墨烯纳米片，这主要是单宁酸(tannic acid，TA)所占据的吸附位点的释放和 UO_2^{2+} 的光诱导还原所致。

5.1.1 实验材料与方法

1. 实验材料

以天然鳞片石墨为原料，采用改性 Hummers 法制备氧化石墨烯。从刺槐树干中分离纯化得到炭角菌，储存于西南科技大学环境友好能源材料国家重点实验室。

2. FH-石墨烯和 FH-石墨烯-MoS$_2$ 杂化纳米片的合成

在 FH-石墨烯纳米片合成过程中，将炭角菌接种到包含 100mL 培养基的锥形瓶中（蛋白胨 2.5g/L、葡萄糖 20.0g/L、酵母粉 2.5g/L，pH=5.5），并将锥形瓶置于振荡培养箱中以 180r/min 在 28℃恒温条件下培养 1d，再在锥形瓶中加入 2mL 无菌氧化石墨烯溶液（100mg/L）；连续培养 3d 后，用去离子水、HCl 水溶液（0.01mol/L）和 NaOH 水溶液（0.01mol/L）间次浸泡清洗真菌菌丝 5 次，去除剩余培养液；将清洗后的菌丝冷冻干燥处理，得到 FH-GO 复合材料，之后，将 FH-GO 杂化物置于石英管中，通过氮气气氛（10mL/min，5℃/min）在 800℃下热解，形成 FH-石墨烯纳米片；将制备好的 FH-石墨烯纳米片在 10%的 HCl 溶液中搅拌 2h，用去离子水洗涤后，在 60℃下干燥过夜。

FH-石墨烯-MoS$_2$ 杂化纳米片是通过一步水热法制备的。首先将 100 mg 制备好的 FH-石墨烯纳米片在超声处理下分散于 60 mL 去离子水中。其次，将 0.5 mmol 的 Na$_2$MoO$_4\cdot$2H$_2$O 和 2.5mmol 的硫脲溶解在 FH-石墨烯的水溶液中并磁力搅拌。随后将混合物转移到 100mL 的聚四氟乙烯内衬不锈钢高压釜中，并在 210℃下加热 22h。自然冷却后，通过离心收集黑色沉淀物并依次用无水乙醇和去离子水洗涤 3 次，最后将产物在 80℃下干燥 6h 以备进一步使用，此时产物即为 FH-石墨烯-MoS$_2$-0.5。通过调控 Na$_2$MoO$_4\cdot$2H$_2$O 和硫脲的用量（1 mmol 的 Na$_2$MoO$_4\cdot$2H$_2$O 和 5 mmol 的硫脲）可得 FH-石墨烯-MoS$_2$-1 纳米片。

FH 是由孢子在营养丰富的培养基中产生的。FH 表面的脂质和糖蛋白通过静电相互作用和氢键与氧化石墨烯的羧基和羟基结合。在水剪切力作用下，氧化石墨烯涂层 FH 被缠结形成球形混杂材料。FH 的框架结构增强了氧化石墨烯的分散性、增大了比表面积。经过标准的冷冻干燥处理，最终得到 FH-GO 杂化产物。之后，将 FH-GO 杂化产物在氮气气氛中热解，形成 FH-石墨烯纳米片。考虑到 FH-石墨烯为 MoS$_2$ 纳米晶体的形成提供了成核位点，通过水热法合成 MoS$_2$，同时加入 FH-石墨烯纳米片，最终制备出 FH-石墨烯-MoS$_2$。根据 MoS$_2$ 的含量，将 FH-石墨烯-MoS$_2$ 杂化纳米片分别标记为 FH-石墨烯-MoS$_2$-0.5 和 FH-石墨烯-MoS$_2$-1，另外，还制备了纯 MoS$_2$ 和原始 FH-石墨烯进行比较。FH-石墨烯-MoS$_2$ 杂化纳米片中的 MoS$_2$ 能够对废水中的有机分子进行光降解，增强了杂化材料对放射性离子的吸附（图 5-1）。

5.1.2　结果分析与讨论

1. 催化-吸附测量

通过分析室温下不同材料对 TA 和 U(Ⅵ)的去除能力，评估 FH-石墨烯、FH-石墨烯-MoS$_2$ 和纯 MoS$_2$ 纳米片的光降解-吸附性能。将 5mg 制备好的纳米片加入 50mL 石英光反应器中，加入 30mL 含 TA 和 U(Ⅵ)的混合溶液[25mg/L 的 TA 溶液和 90mg/L 的 U(Ⅵ)溶液]。在超声波中分散 5min 后，在黑暗条件下磁搅拌 300min，达到吸附-解吸平衡，然后在模拟太阳辐照的 300W 氙灯和 AM 1.5G 滤光片的作用下，通过磁搅拌法在光反应器（BL-GHX-V，中国）中达到光降解-吸附反应平衡。在光降解-吸附反应过程中，利用流动水维持环境温度恒定。在特殊时间点，取出 10mL 混合物，12000r/min 离心 6min。用紫

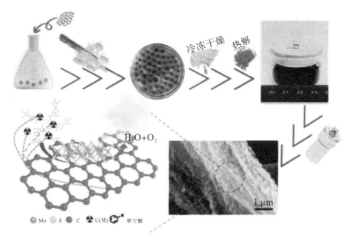

图 5-1　FH-石墨烯-MoS$_2$ 的合成过程及集吸附与光降解于一体的方案

外-可见分光光度计(UNICO，2000，中国)分别对上清液在 273nm 和 651.8nm 波长下对 TA 和 U(Ⅵ)的吸收峰进行分析。材料对 U(Ⅵ)的吸附能力(q_t，mg/g)和吸附率(A，%)按式(3-1)和式(3-2)计算。

2. 材料表征

SEM 图采用 Zeiss Supra 40 扫描电子显微镜拍摄。元素图采用 Libra 200 透射电子显微镜拍摄。XRD 图由 X'Pert PRO X 射线衍射仪记录。采用傅里叶变换红外光谱仪记录常温下 400～4000cm^{-1} 的红外光谱。以 Ar$^+$激光线为激发源，在 N$_2$ 气氛和室温下记录拉曼光谱。XPS 由 Kratos Axis Ultra 型 X 射线光电子能谱仪测量得到。

首先研究 FH-石墨烯-MoS$_2$ 杂化纳米片的形貌。图 5-2(a)、(b)为 FH-石墨烯- MoS$_2$-0.5 的 SEM 图。在 FH 生长过程中，氧化石墨烯被均匀包裹在 FH 表面，褶皱形貌大大增加了氧化石墨烯的比表面积。如图 5-2(c)(放大的 SEM 图)所示，FH-石墨烯表面的 MoS$_2$ 呈现纳米片形态。图 5-2(d)～(h)为 FH-石墨烯- MoS$_2$-0.5 进行的能量色散 X 射线分析(energy-dispersion X-ray analysis，EDX)的元素映射图。C、N、O、Mo、S 等元素叠加在整个纳米片框架上，说明 MoS$_2$ 纳米片均匀分布在 FH-石墨烯上。图 5-3(a)、(b)分别为 FH-石墨烯和 FH-石墨烯- MoS$_2$-1 的 SEM 图，说明 FH-石墨烯表面的 MoS$_2$ 含量可控。

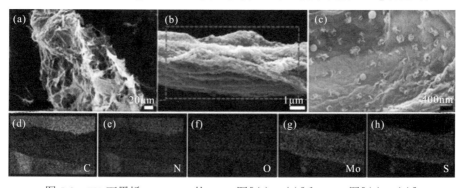

图 5-2　FH-石墨烯-MoS$_2$-0.5 的 SEM 图［(a)～(c)］和 EDX 图［(d)～(h)］

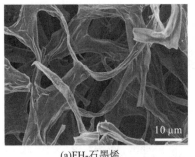

(a)FH-石墨烯　　　　　　　　　　　　　　(b)FH-石墨烯-MoS₂-1

图 5-3　不同材料的 SEM 图

为了进一步研究 FH-石墨烯-MoS$_2$ 杂化纳米片的结构，进行 XRD 和拉曼光谱分析。图 5-4(a) 为 MoS$_2$、FH-石墨烯、FH-石墨烯-MoS$_2$ 杂化纳米片的 XRD 图谱。由拉曼光谱图可知，在含有 MoS$_2$ 的样品中，均在 406cm^{-1} 和 383cm^{-1} 处观察到两个特征峰，分别对应于 MoS$_2$ 的 A$_{1g}$ 峰和 E$_{2g}^1$ 峰[图 5-4(b)]。对于含石墨烯的样品，D 峰和 G 峰分别位于 1351cm^{-1} 和 1591cm^{-1} 处。FH-石墨烯-MoS$_2$-1 两峰的强度比(I_D/I_G)为 0.85，低于 FH-石墨烯-MoS$_2$-0.5(0.88) 和 FH-石墨烯(1.12)。这一结果表明，MoS$_2$ 很可能沉积在缺陷部位，从而降低了石墨烯的缺陷。在含有石墨烯的纳米片的 FTIR 图中可以清晰地观察到羟基、C—H 和羧基对应的峰[图 5-4(c)]。丰富的含氧官能团能有效吸附铀。

为了进一步揭示 FH-石墨烯-MoS$_2$ 杂化纳米片的化学状态，进行 XPS 分析。FH-石墨烯-MoS$_2$-0.5 和 FH-石墨烯-MoS$_2$-1 的 XPS 图清晰显示了 Mo 和 S 信号[图 5-4(d)]。以 FH-石墨烯-MoS$_2$-0.5 为例，分析 C1s、O1s、S2p 和 Mo3d 的 XPS 图(图 5-5)。其中 C1s 的四个特征峰分别出现在 284.4±0.1eV、285.1±0.2eV、286.2±0.2eV 和 288.5±0.2eV，这归因于 C—C、C—O/C—N、C=O 和 O—C=O[图 5-5(a)]，这个结果进一步证明了羧基的存在。O1s XPS 图的峰值为 533.6±0.2eV，这归因于材料自身吸收氧气，其相对应的峰值为 532.1±0.2eV，羟基氧是由氧化石墨烯产生的[图 5-5(b)]，Mo3d$_{5/2}$、Mo3d$_{3/2}$、S2p$_{3/2}$ 和 S2p$_{1/2}$ 峰分别位于 229.5±0.1eV、232.7±0.1eV、162±0.2eV 和 163.4±0.2eV 处[图 5-5(c)、(d)]。Mo 和 S 的结合能与之前报道的 2H-MoS$_2$ 的值一致。

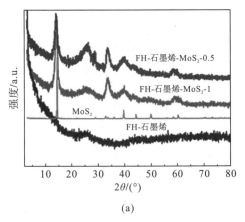
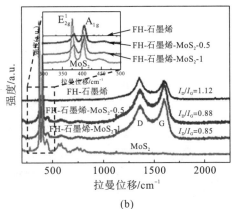

(a)　　　　　　　　　　　　　　　　　　　(b)

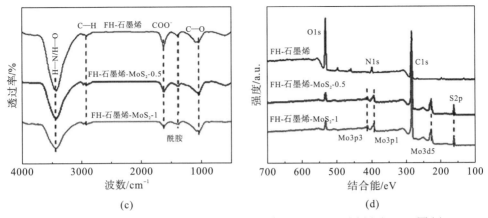

(c) (d)

图 5-4 不同材料的 XRD 图谱(a)、拉曼光谱图(b)、FTIR 图(c)和 XPS 图(d)

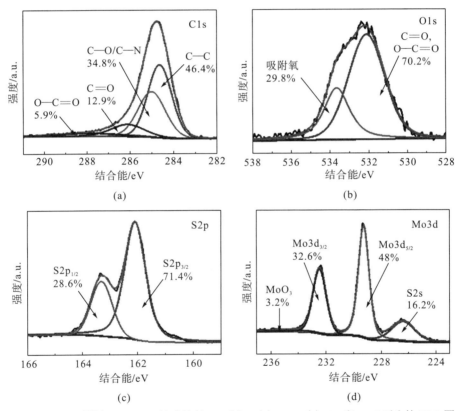

(a) (b)

(c) (d)

图 5-5 FH-石墨烯-MoS$_2$-0.5 纳米片的 C1s(a)、(b)O1s、(c)S2p 和 Mo3d(d)的 XPS 图

3. FH-石墨烯-MoS$_2$ 光催化性能测试

图 5-6 为库贝尔卡-蒙克(Kubelka-Munk)函数与 MoS$_2$ 光子能量的关系曲线。MoS$_2$ 的间接带隙测定为 1.12eV，该值对应的波长为 1100nm，位于近红外区域。因此，MoS$_2$ 具有窄带隙。在太阳辐照下，紫外-可见光和部分近红外区域的光都能激发 MoS$_2$。在 90mg/L 的 U(VI) 和 25mg/L 的 TA 水溶液中进行光降解和吸附实验，TA 分子在 275nm 处表现出特征吸收峰，根据朗伯-比尔(Lambert-Beer)定律，275nm 处的吸光度与水溶液中 TA 的浓

度成正比。因此，本书用初始浓度(C_0)减去某一时间点的浓度(C_t)与初始浓度(C_0)之比$[(C_0-C_t)/C_0]$作为 TA 浓度的指标[式(5-1)]。图 5-7(a) 为 TA 浓度随时间的变化曲线。混合纳米片对 TA 的自降解有轻微的催化作用。在模拟太阳辐照 75min 时，FH-石墨烯残余 TA 保持在 90%的高水平，而 MoS_2 保留了 30%的 TA，另外，FH-石墨烯-MoS_2-0.5 在 TA 残留 8%的情况下，光降解效果更好，这一结果归因于 MoS_2 和石墨烯的电子相互作用增强了光催化性能。随着 FH-石墨烯-MoS_2-1 中 MoS_2 含量的增加，残余 TA 进一步降低到 5%。进一步用一阶动力学模型拟合 TA 的降解过程[图 5-7(b)，式(5-2)]，拟合斜率表示表观速率常数(k)。FH-石墨烯-MoS_2-0.5 和 FH-石墨烯-MoS_2-1 杂化纳米片的 k 分别达到 $0.021min^{-1}$ 和 $0.026min^{-1}$，分别比 FH-石墨烯大 13 倍和 16 倍。这些结果证明了 FH-石墨烯-MoS_2 杂化纳米片中 MoS_2 组分的高效光降解效果。

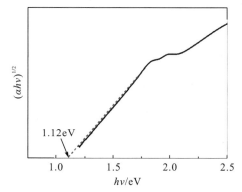

图 5-6 Kubelka-Munk 函数与 FH-石墨烯-MoS_2-0.5 的光子能量关系图

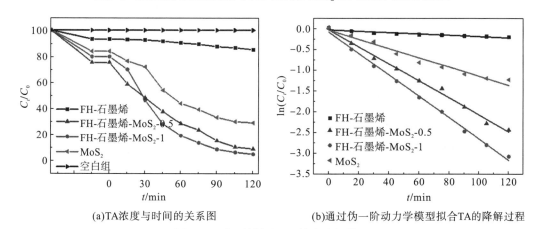

(a)TA浓度与时间的关系图　　　　　(b)通过伪一阶动力学模型拟合TA的降解过程

图 5-7 不同材料对 TA 的光降解效果

pH=6.0(±0.1)、T=293K，U(VI) 和 TA 的初始浓度分别为 90mg/L 和 25mg/L。在 t=0 时引入光照，0 时刻左侧表示暗反应，暗反应时间为 360min

$$(C_0 - C_t)/C_0 = (A_0 - A_t)/A_0 \tag{5-1}$$
$$\ln(C_t/C_0) = kt \tag{5-2}$$

式中，C_t 和 A_t 分别为 TA 溶液的实时浓度和吸光度；C_0 和 A_0 分别为 TA 溶液的初始浓度和吸光度；k 为表观速率常数。

4. FH-石墨烯-MoS₂吸附性能测试

受 FH-石墨烯-MoS$_2$ 杂化纳米片去除 TA 的高效光降解效应的启发，本节评价 FH-石墨烯-MoS$_2$ 吸附处理同时含有 U(Ⅵ)和 TA 的放射性废水。图 5-8(a)为不同反应时间点 FH-石墨烯-MoS$_2$-0.5 对 U(Ⅵ)的吸附量(q_t)。由于 TA 占据了石墨烯的吸附位点，在黑暗条件下，TA 的加入使石墨烯在反应 2h 时的 q_t 明显下降。在光照射下，光电子提供了新的吸附位点来捕获 UO$_2^{2+}$，而 UO$_2^{2+}$ 是 U(Ⅵ)的主要形式。因此，在光照条件下，FH-石墨烯-MoS$_2$-0.5 在反应 2h 时对 U(Ⅵ)的吸附量增加到 275mg/g。如图 5-9 所示，原生废水中的 U(Ⅵ)浓度降低了64.4%。经过 4 个周期的吸附处理，U(Ⅵ)浓度降至 0.6mg/L。将 TA 引入体系后，光降解过程推迟了到达平衡态的时间点，而 FH-石墨烯-MoS$_2$-0.5 在反应 2h 时的 q_t 与不含 TA 时接近。

进一步比较 MoS$_2$、FH-石墨烯和 FH-石墨烯-MoS$_2$ 杂化纳米片在 TA 存在下对 U(Ⅵ)的去除率。图 5-8(b)为样品在不同反应时间点的吸附量。MoS$_2$ 纳米片表现出较差的吸附能力，说明 MoS$_2$ 纳米片更有可能提供光降解位点，而不是吸附位点。在 TA 存在下，FH-石墨烯-MoS$_2$-0.5 杂化纳米片在反应 2h 时的 q_t 高于 FH-石墨烯纳米片。对于 FH-石墨烯-MoS$_2$-1 样品，过量的 MoS$_2$ 覆盖了石墨烯的吸附位点，导致在反应 2h 时 q_t 低于 FH-石墨烯-MoS$_2$-0.5 纳米片，而在黑暗条件下，无论 TA 存在与否，FH-石墨烯在反应 2h 时的 q_t 最高。结果表明，利用光与 MoS$_2$ 相互作用降解有机废物及与 FH-石墨烯复合处理含有机物的放射性废水是一种有效的方法。

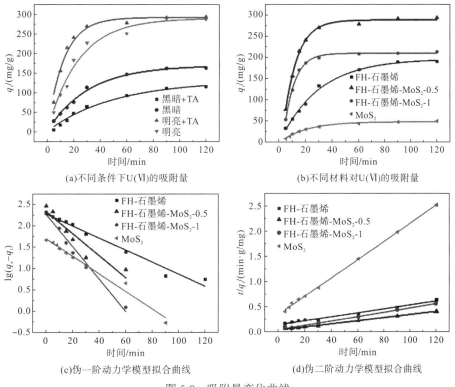

(a)不同条件下U(Ⅵ)的吸附量　　　　　(b)不同材料对U(Ⅵ)的吸附量

(c)伪一阶动力学模型拟合曲线　　　　　(d)伪二阶动力学模型拟合曲线

图 5-8　吸附量变化曲线

pH 为 6.0(±0.1)，温度为 293K，U(Ⅵ)的初始浓度为 90mg/L。在含 TA 的实验组中，TA 的初始浓度为 25mg/L

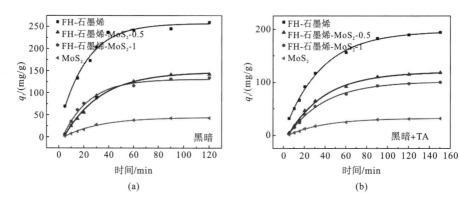

图 5-9 U(Ⅵ) 的吸附量变化曲线

U(Ⅵ)吸附量测试在 pH 为 6.0(±0.1) 和温度为 293K 条件下进行。U(Ⅵ) 的初始浓度为 90mg/L，在含 TA 的实验组中，TA 的初始浓度为 25mg/L

为了更加深入地分析吸附剂对 U(Ⅵ) 的吸附亲和力，采用伪一阶和伪二阶动力学模型来模拟在太阳光照下处理含有 TA 的 U(Ⅵ) 废水过程[图5-8(c)、(d)]。相关动力学参数见表 5-1。伪二阶动力学模型准确地描述了吸附过程($R^2 > 0.99$)，表明 U(Ⅵ) 的化学吸附过程通过电子传递伴随化学反应，在这种情况下，光电子由 MoS_2 产生并转移到石墨烯中，MoS_2 中积累的光电子将 U(Ⅵ) 还原为 U(Ⅳ)。因此，U(Ⅵ) 与纳米片有很强的键合作用。吸附 U(Ⅵ) 后 FH-石墨烯-MoS_2-0.5 的红外光谱图和 XPS 图证实了这一结果(图 5-10)。

表 5-1 U(Ⅵ) 吸附动力学参数汇总

样品	伪一阶动力学模型			伪二阶动力学模型		
	q_e/(mg/g)	k_1/min^{-1}	R^2	q_e/(mg/g)	k_2/[g/(mg·min)]	R^2
FH-石墨烯	194.75	0.014	0.974	203.16	0.138	0.985
FH-石墨烯-MoS_2-0.5	297.44	0.026	0.877	320.51	0.030	0.992
FH-石墨烯-MoS_2-1	208.30	0.037	0.976	229.88	0.037	0.988
MoS_2	46.04	0.021	0.979	55.28	0.349	0.999

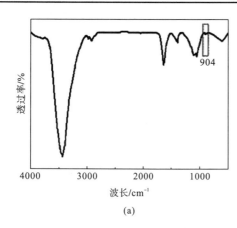
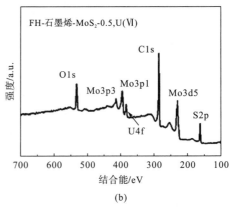

图 5-10 吸附 U(Ⅵ) 后 FH-石墨烯-MoS_2-0.5 的红外光谱图(a) 和 XPS 图(b)

　　尽管 MoS_2 分量降低了伪二阶速率常数 (k_2)，但 FH-石墨烯-MoS_2-0.5 纳米片平衡态下的吸附能力 (q_e) 是 FH-石墨烯吸附能力的 1.6 倍。这一结果进一步证明，MoS_2 的引入通过光降解提高了吸附能力，而不是促进了固有吸附过程。

5. 机理分析

　　为进一步了解其催化机理，本节构建了 FH-石墨烯-MoS_2 杂化纳米片典型光降解和吸附过程，如图 5-11(a) 所示。由于 MoS_2 纳米片的带隙窄，在模拟太阳辐照下，MoS_2 价带中的电子被激发到导带形成电子-空穴对。一方面，空穴易将 H_2O 氧化成羟基自由基，羟基自由基又将 TA 氧化成 H_2O 和 CO_2；另一方面，活性光电子通过典型的肖特基连接转移到石墨烯的费米能级。石墨烯中积累的光电子能够将 UO_2^{2+} 还原为 UO_2，促进了石墨烯的内在吸附性能。这一假设通过辐照或黑暗条件下吸附 U(VI) 后的 FH-石墨烯-MoS_2-0.5 和 FH-石墨烯的 U4f XPS 图和 XRD 图谱得到了验证。如图 5-11(b) 和图 5-12 所示，辐照下

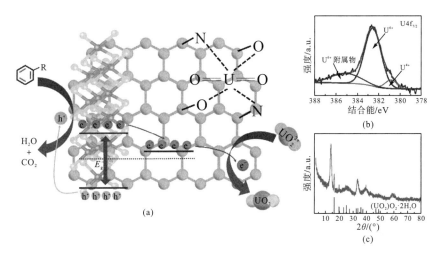

图 5-11　FH-石墨烯-MoS_2 杂化纳米片光降解和吸附过程(a) 及 U4f 的高分辨率 XPS 图(b) 和 XRD 图谱(c)

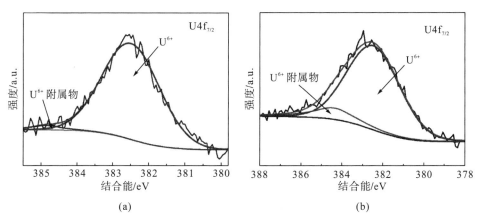

图 5-12　辐射下吸附 U(VI) 后的 FH-石墨烯(a) 和在黑暗条件下吸附 U(VI) 后

FH-石墨烯-MoS_2 的 U4f(b) 的 XPS 图

FH-石墨烯中铀的价态不变，黑暗下 FH-石墨烯-MoS$_2$-0.5 中铀的价态不变，而吸附后 FH-石墨烯-MoS$_2$-0.5 中 U^{4+}在 380.6eV 处出现 XPS 峰。此外,图 5-11 (c) 中显示了 (UO$_2$) O$_2$·xH$_2$O 的形成，进一步证明了吸附过程中 UO$_2^{2+}$ 的还原。石墨烯比表面积大能促进 TA 聚集，有利于促进光降解过程。MoS$_2$ 光诱导空穴对有机物的光降解暴露了石墨烯表面更多的吸附活性位点(如—OH、—COOH、—NH 等)，光电子促进铀还原过程提供电子促进铀还原，有利于铀的去除。MoS$_2$ 的光催化性质通过光诱导 UO$_2^{2+}$还原和光诱导 TA 本身氧化促进石墨烯的吸附过程。

5.1.3 小结

本节在 FH-石墨烯-MoS$_2$ 杂化纳米片中结合生物激发吸附和光降解处理含有机物的放射性废水。对于 TA 存在下辐照的 U(Ⅵ)吸附，吸附位点由石墨烯包覆的具有相当大比表面积的 FH 纳米框架提供，沉积的 MoS$_2$ 纳米片消除吸附位点上的 TA，因此，FH-石墨烯-MoS$_2$ 杂化纳米片对 U(Ⅵ)的吸附能力得到了提高。本节研究不仅发现 FH-石墨烯-MoS$_2$ 杂化纳米片是一种有前途的吸附剂，而且为含有机物放射性废水的处理提供了一种新的策略。

5.2 生物组装制备菌丝基铁氮共掺杂二氧化钛纳米管/氮掺杂石墨烯材料及光催化性能

放射性有机废水的处理是人们面临的一大难题，其中，复杂的有机成分一直都是阻碍其进一步处理的关键。在众多的有机废水处理方法和技术中，光催化技术通过利用光能能够降解废水中复杂的有机成分，其环保、节能、可持续的特点使其成为一种理想的处理技术。近年来，二氧化钛的高稳定性、高性价比、绿色环保和无毒性受到大量学者和专家的关注。目前，二氧化钛的结构形貌多种多样,由于二氧化钛纳米管(titanium nanotube arrays，TNTs)的内外表面均具有较大的比表面积，有利于激发电子的运动转移，但是二氧化钛仅在紫外光照射的条件下可以展现出明显的催化降解性能，而在可见光照射下对有机物的催化降解活性极低，因而限制了二氧化钛的广泛运用。

根据 Xing 等(2010)、Cong 等(2007)、Dolat 等(2015)的报道，通过铁、氮共掺杂改性的二氧化钛比普通的二氧化钛或者单一元素掺杂的二氧化钛展现出更好的催化性能。此外，二氧化钛/GO 复合材料不仅能够提升材料的比表面积，而且能将光催化由紫外光拓展至可见光范围，大大提升催化性能。许多研究结果表明，氮掺杂石墨烯能够提升小分子的吸附性能,这是因为氮的掺杂使得石墨烯的电子结构发生转变，其载流子密度得到提升。基于以上考虑，利用 Fe/N 共掺杂 TiO$_2$ 纳米管可延长光生电子与空穴复合时间、拓展光谱吸收范围至可见光区，N 掺杂的还原氧化石墨烯也可有效抑制电子与空穴的复合，将其吸收光谱拓展至可见光区。合成铁氮共掺杂二氧化钛纳米管与氮掺杂石墨烯的复合材料(Fe/N-TNTs/NG)极有可能提升其在可见光下的光催化活性，该材料具有节能高效、催化剂易回收、工程化前景好等特点，有望弥补传统方法的不足。然而，水溶液中光催化剂的分离常常被忽略，这些光催化剂具有生物毒性，任由这些光催化剂排入自然环境中势必对环境造成二次污染。因此，期望将催化剂颗粒固定在载体上或者整合在薄片上，鉴于此，本节采用一种轻质的碳材料(真菌菌丝)作为负载 Fe/N-TNTs/NG 颗粒的载体。由于真菌的新陈代谢，细胞壁表面有丰富的蛋白类和多糖黏液，Fe/N-TNTs/NG 颗粒可以轻易地附着在真菌菌丝的细胞壁上。

近年来，二氧化钛薄膜得到众多学者的青睐，然而薄膜材料的表面极容易受到污染，内部容易堵塞，且目前常见的二氧化钛高分子复合薄膜的成本较高，也不易降解，同时，三维的二氧化钛块体复合材料有效使用率较低，光催化仅作用于材料的外表面。本节所研究的这种无机与有机相结合的块体材料与普通膜类和三维块类复合材料不同。这种材料可以悬浮于水面上，这就涉及两方面内容：一方面是光线的透射率问题，它不会因为溶液的透光性弱而无法光催化；另一方面是它在水面可以充分接触空气，拥有足够氧气，有利于提升光催化的效率。除此之外，作为基质的真菌菌丝不但成本低廉、绿色环保，而且可以大量地生产获取。本节通过简单喷涂的方法，成功将真菌菌丝与 Fe/N-TNTs/NG 组装在一起。为了实现对放射性有机废水环保而有效的处理，制备这种复合材料无疑是一种有效的办法。

5.2.1　实验材料与方法

1. 实验药品试剂

六水葡萄糖、蛋白胨、酵母粉、固体氢氧化钠、盐酸(36%)、甲基蓝粉末、商用二氧化钛、六水氯化铁、尿素均由成都市科龙化工试剂厂提供，均为分析纯，氧化石墨烯和液体真菌菌种为自制。

2. 三维块状材料(FH～Fe/N-TNTs/NG)的制备

(1)参考 Zhang 等(2015)制备 TNTs 的方法，将 0.7g 商用二氧化钛粉末溶于 60mL 去离子水中，加入 24g 固体氢氧化钠，磁力搅拌 1h 后，将该溶液倒入反应釜中，在温度为 130℃的条件下加热 24h。等待反应釜冷却至室温，过滤所获得的白色沉淀，清洗干净后，在 60℃下烘干获得二氧化钛纳米管。

(2)将(1)中制备的二氧化钛纳米管与 30mL 去离子水混合，超声分散，加入不同质量的 $Fe(NO_3)_3 \cdot 9H_2O$，搅拌均匀，蒸干，再以惰性气体氮气作为保护气，加热至 450℃持续 2h，将获得的样品封装保存。

(3)参照之前真菌菌丝的制备，将配制好的真菌菌丝溶液置于摇床中，温度设为 293K，转速设为 120r/min，振荡培养，3d 后，取出样品，用去离子水清洗，之后采用破碎机破碎处理。

(4)将 0.07g GO 和不同添加量的尿素分散于 40mL 去离子水中，超声波处理 0.5h，同时，将 0.7g(2)中制备的样品分散于 20mL 去离子水中，磁力搅拌。将上述两种溶液及 5mL 浓 HNO_3 加入 100mL 的反应釜中，混合搅拌均匀，置于烘箱之中加热至 160℃，持续 15h，冷却至室温时，将产物取出，洗涤干净，捣碎，超声分散。

（5）取（4）中的产物置于管式炉中，加热至 200℃，以氮气作为保护气，持续 2h，得到 Fe/N-TNTs/NG 粉末。

（6）取（4）中的产物，超声分散，离心浓缩，装入喷射器中。将（3）中制备的真菌菌丝抽滤成膜，再将浓缩的 Fe/N-TNTs/NG 喷涂在真菌菌丝膜的表面，静置 0.5h，然后对该样品进行冷冻干燥，通氮气煅烧处理，加热至 200℃，持续 2h。

图 5-13 为 FH～Fe/N-TNTs/NG 的合成路线。

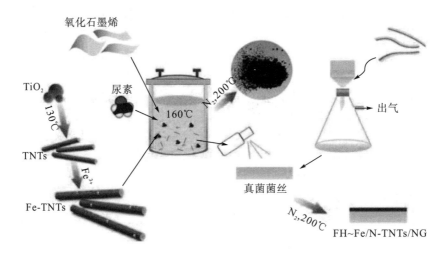

图 5-13　FH～Fe/N-TNTs/NG 的制备流程图

5.2.2　结果分析与讨论

1. 表征及分析

由图 5-14（a）可知，FH～Fe/N-TNTs/NG 的直径约为 5cm。由图 5-14（b）可以发现，FH～Fe/N-TNTs/NG 的厚度约为 7mm，其上表面为 Fe/N-TNTs/NG，而其本身主要由真菌菌丝构成。从图 5-14（c）可以看出，FH～Fe/N-TNTs/NG 在水溶液中呈漂浮的状态。

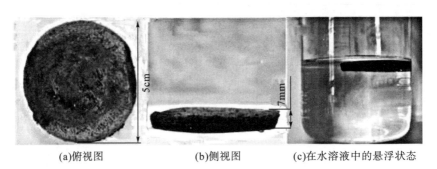

（a）俯视图　　　　　（b）侧视图　　　　　（c）在水溶液中的悬浮状态

图 5-14　FH～Fe/N-TNTs/NG 的数码相片

图 5-15（a）是 FH～Fe/N-TNTs/NG 的内部 SEM 图，可以看到材料内部是由大量微米大小的丝状生物质构成的，丝状生物质结构纵横交错，且分布没有任何规律。值得注意的是，

在材料内部并没有发现 Fe/N-TNTs/NG，说明喷涂的时候 Fe/N-TNTs/NG 没有渗入材料的内部。由图 5-15(b) 可以清晰地看到，材料中几乎全是微米大小的片状结构，不再是先前的丝状结构，说明 Fe/N-TNTs/NG 成功附着在真菌菌丝表面，覆盖了原有的丝状结构。

 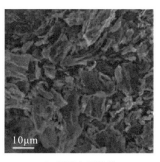

(a)内部结构　　　　　　　(b)顶层表面结构

图 5-15　FH～Fe/N-TNTs/NG 的 SEM 图

图 5-16(a) 中出现大量的纳米管，且边缘有薄片出现，证明 FH～Fe/N-TNTs/NG 表面正是 Fe/N-TNTs/NG 复合材料，这也证明纳米管在水热的条件下没有受到损坏。图 5-16(a)插图是相应的选区电子衍射，衍射环的出现表明 Fe/N-TNTs/NG 是一种多晶结构。图 5-16(b) 展现了管状分散稀疏的区域，可以清晰地看到石墨烯负载着纳米管的结构。进一步放大图片，如图 5-16(c) 所示，纳米管的尾端不是光滑的结构，而是破碎的截面，这可能是被超声波处理破坏的。图 5-16(d) 是图 5-16(c) 中的选定区域，纳米管的内径大约为 4.45nm，而外径大约为 11.13nm。

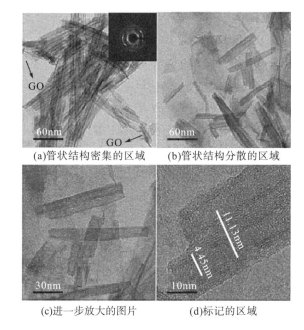

(a)管状结构密集的区域　　　　(b)管状结构分散的区域

(c)进一步放大的图片　　　　(d)标记的区域

图 5-16　FH～Fe/N-TNTs/NG 表面片层结构的 SEM 图

采用 X 射线衍射仪对样品的晶型结构进行分析，如图 5-17 所示，从 TNTs、TNTs/GO、N-TNTs/NG 和 Fe/N-TNTs/NG 的图谱中均可以发现二氧化钛的金红石晶相（JCPDS 21-1272）与二氧化钛的锐钛矿晶相（JCPDS 21-1276），分别标记为 R 和 A。

根据峰的高度变化，可以轻易地从图 5-17 中发现由于煅烧处理，锐钛矿晶相峰强提升，这主要有两方面原因：一是高温下二氧化钛由金红石晶相转变为锐钛矿晶相；二是铁和氮掺入二氧化钛的晶格中引起金红石晶相表面产生大量的氧空位，导致离子的重新排列和锐钛矿结构的重组。

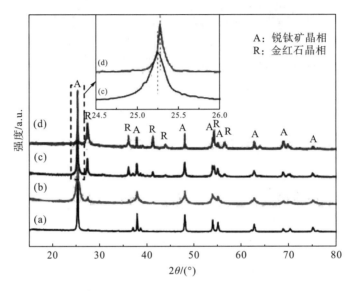

图 5-17　样品的 XRD 图谱

(a) TNTs；(b) TNTs/GO；(c) N-TNTs/NG；(d) Fe/N-TNTs/NG

由图 5-17 的插图可以发现，相比 N-TNTs/NG，Fe/N-TNTs/NG 的(101)晶面发生了滑移，这可能是由于 Fe 掺入二氧化钛晶格之中导致了峰位的偏移，这种现象在其他金属掺杂的二氧化钛中也可以看到。虽然样品中存在着铁元素和氮元素，但在 XRD 图谱中并未发现有关铁和氮的峰位，这可能是由于铁和氮的含量较低，通过 XRD 图谱不能表现出来，而石墨烯在 26°处的特征峰消失的原因可能是二氧化钛纳米管沉积在石墨烯表面，展现出较强的信号强度，从而掩盖了石墨烯在此处的特征峰。

通过测试 GO、TNTs 和 Fe/N-TNTs/NG 的拉曼光谱，分析它们的结构变化。如图 5-18 所示，TNTs 中 148cm^{-1}、198cm^{-1}、395cm^{-1}、510cm^{-1} 和 628cm^{-1} 峰位对应着金红石晶相，而在 Fe/N-TNTs/NG 的拉曼光谱中同样可以观察到这些峰位，且能很好地吻合，说明 TNTs 在掺杂和水热的过程中依然保持着稳定的金红石结构。

此外，在氧化石墨烯的拉曼光谱图中可以看到其拥有两个拉曼特征峰，波数为 1354cm^{-1} 的特征峰被称为 D 带，它能够说明 sp^3 杂化的缺陷和石墨烯结构的无序程度；波数为 1594cm^{-1} 的特征峰被称为 G 带，其与 sp^2 杂化的 C=C 相关，而这两个特征峰也同样出现在 Fe/N-TNTs/NG 的拉曼光谱图中。值得注意的是，相比纯氧化石墨烯，Fe/N-

TNTs/NG 的 D 带与 G 带强度比值 (I_D/I_G) 明显得到提升，这意味着水热处理之后氧化石墨烯被还原。

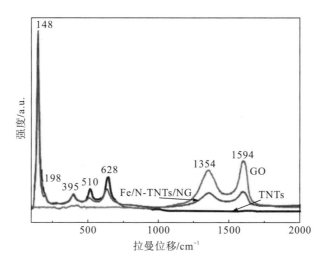

图 5-18　样品的拉曼光谱图

傅里叶变换红外光谱图可以表征材料的表面官能团，如图 5-19 所示，测试了 GO、TNTs、Fe/N-TNTs/NG、FH～Fe/N-TNTs/NG 和 FH 的 FTIR。图中，GO 的波峰在 $3400cm^{-1}$、$1700cm^{-1}$、$1500cm^{-1}$、$1400cm^{-1}$ 和 $1050cm^{-1}$ 处分别对应—OH、—COOH、C═C、环氧基和烷氧基的 C—O 伸缩振动，而在 Fe/N-TNTs/NG 的 FTIR 图里，这些官能团的波峰被大大减弱，这是由于水热和加热处理使得氧化石墨烯得到还原。

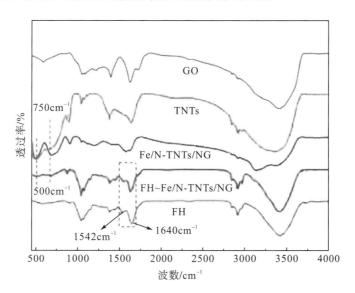

图 5-19　样品的傅里叶变换红外光谱图

从 Fe/N-TNTs/NG 复合材料的傅里叶变换红外光谱图中可以看到波数在 $500\sim1000cm^{-1}$ 出现了不属于石墨烯的波峰，其归属于二氧化钛，其中波数为 $500cm^{-1}$ 左右的波峰是由二氧化钛纳米管中 Ti—O 的骨架振动引起的，波数在 750cm⁻¹ 左右的波峰是由 Ti—O—C 的骨架振动引起的。与 TNTs 的 FTIR 图相比，Fe/N-TNTs/NG 中的 Ti—O—C 峰信号明显增强了许多，这也说明了 Fe/N-TNTs/NG 中的纳米管是通过 Ti—O—C 键与石墨烯相连接的。

在 FH 和 FH～Fe/N-TNTs/NG 复合材料的 FTIR 图中可以清晰地看到两个氨氮基团的波峰（1640cm⁻¹ 和 1542cm⁻¹），其源于真菌菌丝细胞壁上的多糖和蛋白结构，相比 FH，FH～Fe/N-TNTs/NG 的这两个峰发生了红移，可能是由于真菌菌丝与 Fe/N-TNTs/NG 之间形成了氢键，从而将 Fe/N-TNTs/NG 片层牢牢地固定在真菌菌丝结构上。

研究表明，比表面积和孔隙体积对光催化性能起着重要的作用，这是因为较高的比表面积提升了材料的吸附性能，并且能够为有机分子提供更多的活性位点，从而提高吸附反应中有机分子的性能，内部大量的孔隙则为反应物分子和反应产物的迁移提供了相互连接的网络孔道。

因此，本节通过 BET（Brunauer-Emmettt-Teller）测试分析 TNTs/GO、N-TNTs/NG 和 Fe/N-TNTs/NG 的氮气吸附-解吸实验结果及其相对应的孔隙分布情况。测试结果表明，Fe/N-TNTs/NG 和 N-TNTs/NG 的比表面积分别为 185.37m²/g 和 194.25m²/g，而 TNTs/GO 的比表面积仅为 144.25m²/g。

如图 5-20(a)所示，TNTs/GO、N-TNTs/NG 和 Fe/N-TNTs/NG 的氮气吸附-解吸实验测试等温线属于Ⅳ型等温线，这说明了它们是一种多孔结构，其孔径大小为 2～50nm。TNTs/GO、N-TNTs/NG 和 Fe/N-TNTs/NG 的孔隙分布如图 5-20(b)所示，可以观察到在孔径为 4.5nm 处有一个狭长的峰，说明该材料结构内部存在着 4.5nm 左右的孔径，这与 TEM 图中看到的二氧化钛纳米管的孔径大小相符。

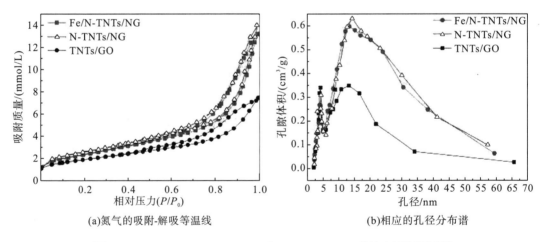

(a)氮气的吸附-解吸等温线   (b)相应的孔径分布谱

图 5-20   TNTs/GO、N-TNTs/NG 和 Fe/N-TNTs/NG 的比表面积测试图

孔隙分布图表明大量的孔隙分布在 6～60nm，但这并不属于二氧化钛纳米管本身的孔隙范围，可靠的解释是纳米管的团聚构成了错综复杂的中孔和大孔，这也与前述测试中的 TEM 图结果相符，这些新增的孔隙为光催化过程中的反应分子和反应产物提供了较为高效的传输通道。值得注意的是，孔隙体积最大处（13nm），N-TNTs/NG 的孔隙体积远大于 TNTs/GO，这说明氮的掺杂能够促进这种孔隙的形成。

综上，氮的掺杂不仅有助于提升 TNTs/GO 的比表面积，而且能够增大 TNTs/GO 的孔隙体积。

通过 X 射线光谱仪分析 Fe/N-TNTs/NG 的元素组成和元素在其中的化学状态，如图 5-21(a) 所示，Fe/N-TNTs/NG 的 XPS 总图表明其组成元素是 Ti、O、C、N 和 Fe，其原子分数分别为 20.22%、47.01%、27.35%、4.68%和 0.74%，也充分证明了 Fe 和 N 成功掺入其中。

图 5-21(b) 为氧化石墨烯的 C1s 的高分辨率 XPS 图，通过 XPS 分峰软件可以将氧化石墨烯的碳峰分解为三个正态峰(284.7eV、286.6eV、287.3eV)，分别归属于 C=C、C=N/C—O、C—N/C=O。很明显，Fe/N-TNTs/NG 的图谱与氧化石墨烯并不同，通过分峰软件，它可以分解为四个不同意义的正态峰，而与 GO 对应的 C—O 峰和 C=O 峰不能够吻合，其峰位分别为 285.3eV 和 286.7eV，说明 Fe/N-TNTs/NG 的峰发生了红移，这是由于氮掺入石墨烯中形成了碳氮键，而碳氮键与碳氧键十分接近，故而重叠在一起，导致峰的偏移。

此外，Fe/N-TNTs/NG 中出现的第四个峰(289.2eV)代表的是 Ti—O—C，然而并没有在键能为 281eV 处发现明显的波峰，这能够说明所制备的复合材料中未形成 Ti—O，也证明了二氧化钛纳米管与石墨烯结合的方式是通过它们之间的 Ti—O—C 相连，这也与前述傅里叶变换红外光谱测试结果相符。分析大量对氮掺杂二氧化钛和石墨烯的研究，可知通过水热法可以将溶液中的尿素分解，并且能够将氮元素掺入石墨烯的碳架结构中，还能够将氮元素并入二氧化钛的晶格之中。

图 5-21(c) 展现了 Fe/N-TNTs/NG 中 N1s 的高分辨率 XPS 图，通过分峰软件可以将其分解为三个不同意义的正态峰(398.5eV、400eV、401.6eV)，分别归属于吡啶氮(pyridine N)、五元环氮(pyrrolic N)、季氮(quaternary N)，而图 5-21(c) 的插图(O1s 的高分辨率 XPS 图)表明该复合材料的结构之中存在 O—Ti—N，因此键能为 400eV 的峰是由五元环氮 O—Ti—N 组成的，再次证明了氮原子成功地并入二氧化钛的晶格中。Fe^{3+}(0.64Å)和 Ti^{4+}(0.68Å)拥有相近的离子半径，所以铁离子能够并入二氧化钛的晶格中，居于二氧化钛晶格的缝隙或者占据二氧化钛的一些晶格位点。

Fe/N-TNTs/NG 中 Fe2p 的高分辨率 XPS 图如图 5-21(d) 所示，可以看到 Fe2p 的峰是由 711.5eV 和 724.8eV 两个特征波峰组成的，分别代表三价铁离子的 $Fe2p_{3/2}$ 和 $Fe2p_{1/2}$。根据 Fe_2O_3 中 $Fe2p_{3/2}$(710.3eV)和 $Fe2p_{1/2}$(723.9eV)的位置，可以发现 Fe/N-TNTs/NG 的波峰正在发生正向偏移，这是由于复合材料中铁离子并入二氧化钛纳米管的晶格之中，形成了 Ti—O—Fe，导致键能的变化。此外，N-TNTs/NG 和 Fe/N-TNTs/NG 的 $Ti2p_{3/2}$ 高分辨率 XPS 图如图 5-21(d) 的插图所示，Fe/N-TNTs/NG 朝着键能较低的方向移动，表明铁掺入了二氧化钛晶格之中，这个结果也与 XRD 的结果一致。

通过测试 TNTs、TNTs/GO、N-TNTs/NG 和 Fe/N-TNTs/NG 的紫外可见漫反射光谱，可以分析它们的光学性质。如图 5-22(a) 所示，TNTs 在紫外光区间展现出极高的吸收率，在可见光区域的吸收率却很低，而 TNTs/GO、N-TNTs/NG 和 Fe/N-TNTs/NG 则在可见光区域和紫外光区域中都有极强的吸收率,这说明氧化石墨烯的引入大大地提升了可见光的吸收。

图 5-22(b) 展现了与图 5-22(a) 相对应的 $[F(R)hv]^{1/2}$ 与 hv 关系的曲线。对曲线作切线，选取斜率最大的切线延伸至横坐标，查看横坐标值，可评估 TNTs、TNTs/GO、N-TNTs/NG 和 Fe/N-TNTs/NG 的能带间隙，其能带间隙分别为 3.24eV、3.04eV、2.87eV 和 2.80eV。

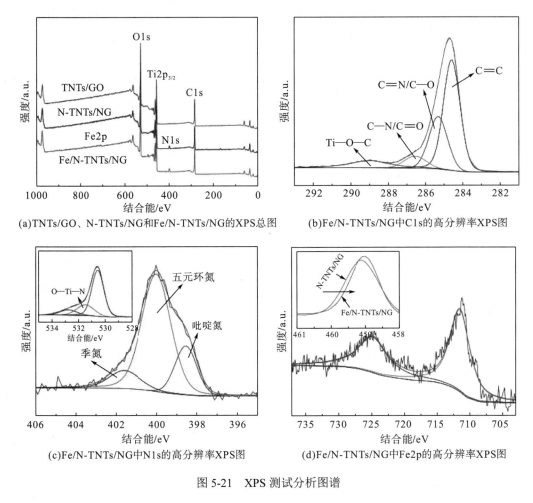

(a)TNTs/GO、N-TNTs/NG和Fe/N-TNTs/NG的XPS总图　　(b)Fe/N-TNTs/NG中C1s的高分辨率XPS图

(c)Fe/N-TNTs/NG中N1s的高分辨率XPS图　　(d)Fe/N-TNTs/NG中Fe2p的高分辨率XPS图

图 5-21　XPS 测试分析图谱

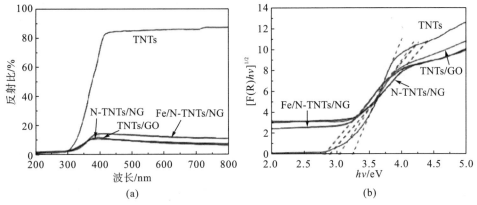

(a)　　　　　　　　(b)

图 5-22　样品的紫外可见漫反射光谱图(a)及其对应的能带谱图(b)

TNTs/GO 的能带间隙小于 TNTs，可以推断出氧化石墨烯的引入能够缩短能带间隙；N-TNTs/NG 的能带间隙小于 TNTs/GO，说明氮掺入二氧化钛纳米管晶格之中缩短了能带间隙，从而提升了材料的催化效率；Fe/N-TNTs/NG 的能带间隙小于 N-TNTs/NG，证明了铁氮共掺杂的可行性，大大缩短了能带间隙，铁和氮元素在材料的催化过程中能够起到协同的作用。

2. 光催化实验测试与分析

考虑到 Fe/N-TNTs/NG 复合材料中不同铁氮比例会对光催化性能造成极大的影响，在合成 Fe/N-TNTs/NG 的过程中，通过调整尿素和九水硝酸铁的添加量，从而合成不同成分比例的 Fe/N-TNTs/NG。

共设置了 20 组对比实验，合成的 Fe/N-TNTs/NG 样品用于光催化降解甲基蓝，100min 内的降解效率见表 5-2。为了更直观地分析铁氮掺杂对降解效率的影响，通过 3D 曲面拟合绘制了这 20 组数据的曲面图形。如图 5-23（a）所示，由这 20 组数据拟合形成的三维曲面可以有效表征合成 Fe/N-TNTs/NG 的过程中，尿素和九水硝酸铁对光催化降解性能产生的影响。

表 5-2 九水硝酸铁和尿素添加量对 Fe/N-TNTs/NG 催化甲基蓝的影响

序号	Fe：TNTs	N：TNTs	C_t/C_0
1	0.0	0.0	0.211
2	0.0	0.5	0.392
3	0.0	3.0	0.701
4	0.0	10.0	0.509
5	1.0	0.0	0.409
6	1.0	3.0	0.811
7	2.8	4.2	0.918
8	3.4	3.4	0.941
9	3.8	6.0	0.866
10	4.0	4.0	0.956
11	4.6	4.0	0.933
12	5.0	6.0	0.852
13	5.0	0.0	0.523
14	5.0	0.5	0.795
15	5.0	3.0	0.899
16	5.0	10.0	0.645
17	7.0	3.0	0.693
18	10.0	0.0	0.181
19	10.0	3.0	0.452
20	10.0	10.0	0.204

注：①Fe：TNTs：合成的 Fe/N-TNTs/NG 中 Fe(NO$_3$)$_3$·9H$_2$O 与 TNTs 的质量之比；②N：TNTs：合成的 Fe/N-TNTs/NG 中尿素与 TNTs 的质量之比；③C_t/C_0：甲基蓝的剩余浓度与初始浓度之比。

图5-23(b)展现了图5-23(a)曲面的等高线,颜色最亮的区域代表曲面的至高点(光催化降解甲基蓝性能最强的尿素和九水硝酸铁配比),可以发现曲面的至高点大约在(4,4)的位置。

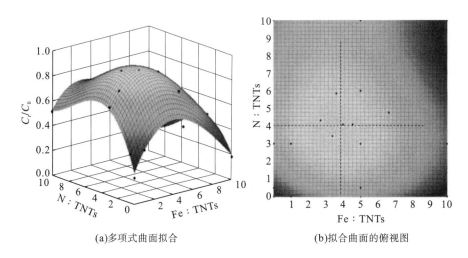

(a)多项式曲面拟合　　　　　　　　　(b)拟合曲面的俯视图

图5-23　九水硝酸铁和尿素添加量对 Fe/N-TNTs/NG 催化甲基蓝的影响

甲基蓝的浓度通过紫外-分光光度计(UV2600A)测量,以紫外特征峰273nm处的吸光度作为测量依据,甲基蓝的去除率用 R(%)表示,其计算公式如式(5-3)所示:

$$R=1-C_t/C_0 \tag{5-3}$$

式中,C_t表示 t 时刻溶液中甲基蓝的剩余浓度;C_0表示反应开始时溶液中甲基蓝的浓度。

图5-24(a)展现了 TNTs、Fe-TNTs、N-TNTs、Fe/N-TNTs、TNTs/GO、N-TNTs/NG 和 Fe/N-TNTs/NG 光催化降解甲基蓝的效率。点亮氙灯前为暗环境,此过程不发生光催化,仅为吸附过程,可以看到,不同的催化材料对甲基蓝的吸附率不同,空白组曲线表明对甲基蓝没有吸附,没有进行光催化,而所有引入了石墨烯的复合材料均展现出了较高的吸附性能,这是因为石墨烯本身具有极高的比表面积,可以提供较多的活性位点;点亮氙灯,开始光催化反应,直观上 Fe/N-TNTs/NG 的催化速度最快。

为了进一步分析其反应速率,以 $0.7C_0$ 作为光催化实验新的初始浓度,对所截取的光催化实验数据进行线性拟合计算,并评估分析。有关二氧化钛纳米管的不同材料对应的光催化降解甲基蓝的拟合直线如图 5-24(b)所示,根据拟合直线的斜率,可得出 Fe/N-TNTs/NG 复合材料具有最高的催化活性,其光催化降解甲基蓝也服从一级反应动力学,反应公式如式(5-4)所示:

$$\ln(C_t/C_0)=kt \tag{5-4}$$

式中,C_t表示 t 时刻溶液中反应物的剩余浓度,mg/L;C_0表示反应开始时溶液中甲基蓝的浓度,mg/L;k表示反应速率常数,min^{-1}。

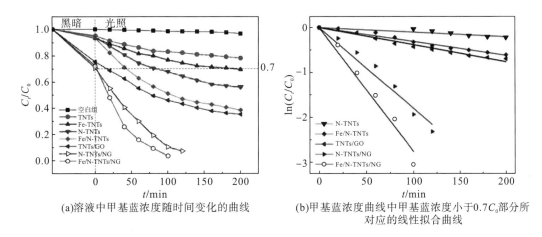

图 5-24　TNTs 相关材料光催化降解甲基蓝

以点亮氙灯的时刻为 0 时刻，0 时刻左边的一段表示黑暗条件下的状态

将纳米材料 TNTs/GO、N-TNTs/NG 和 Fe/N-TNTs/NG 分别喷涂在真菌菌丝块体上，冷冻干燥之后制成三维块体材料，分别为 FH～TNTs/GO、FH～N-TNTs/NG 和 FH～Fe/N-TNTs/NG。取一个 2000mL 的大水槽，加入 1000mL 甲基蓝溶液(50mg/L)，首先在黑暗的环境中静置 7.5h，之后打开 500W 的氙灯，进行光催化反应实验，反应时间持续 22h 以上，每隔 2h 吸取少量反应溶液，测其吸光度。

实验过程如图 5-25(a)所示，这种三维块体多孔且密度极小，能够富集溶液中的有机成分，悬浮于水面，因而这种材料能够获得充足的光照和氧气，有效地发生光催化反应。图 5-25(b)展现了 Fe/N-TNTs/NG、FH～TNTs/GO、FH～N-TNTs/NG、FH～Fe/N-TNTs/NG 及 FH～Fe/N-TNTs/NG(底部)对甲基蓝的降解曲线，其中 FH～Fe/N-TNTs/NG(底部)为 FH～Fe/N-TNTs/NG 沉于水槽底部的状态。

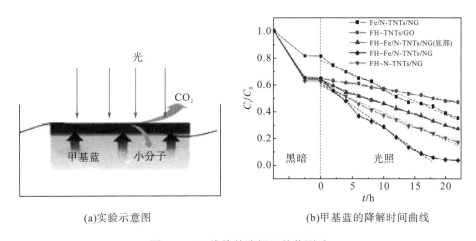

(a)实验示意图　　　　　(b)甲基蓝的降解时间曲线

图 5-25　三维块体降解甲基蓝测试

可以发现，在黑暗条件下大量的甲基蓝在前 5h 内迅速减少，这是由于材料表面对甲基蓝有富集作用，而在 7.5h 之后，甲基蓝浓度并没有变化，说明吸附量已经达到饱和。此外，

相比 Fe/N-TNTs/NG，与真菌菌丝复合之后的材料对甲基蓝的吸附性能都相对得到了提升。在光照区域，随着时间推进，甲基蓝浓度显著减少，说明这些材料具有一定的光催化活性。

为了进一步研究它们的催化动力学，将 C_t/C_0 与时间曲线进行线性拟合，Fe/N-TNTs/NG、FH～TNTs/GO、FH～N-TNTs/NG、FH～Fe/N-TNTs/NG 和 FH～Fe/N-TNTs/NG（底部）拟合直线的斜率的绝对值分别为 $k_1 = 0.02013h^{-1}$、$k_2 = 0.0079h^{-1}$、$k_3 = 0.02001h^{-1}$、$k_4 = 0.03281h^{-1}$ 和 $k_5 = 0.01702h^{-1}$。

根据 k 值的大小可知，FH～Fe/N-TNTs/NG 的反应速率比 Fe/N-TNTs/NG 的大许多，说明引入真菌菌丝对材料的催化性能有着重要的作用。相比被强制固定在水槽底的 FH～Fe/N-TNTs/NG，悬浮的 FH～Fe/N-TNTs/NG 催化效果明显更好，表明这种悬浮状态对光催化效率有促进作用。此外，铁氮的掺杂对块体的光催化性能也有明显的促进作用，表现为 FH～TNTs/GO＜FH～N-TNTs/NG＜FH～Fe/N-TNTs/NG。

由于实际运用中还需要考虑经济成本问题，因此材料的稳定性和重复利用率也是评估其光催化可行性的一个重要依据。将 FH～Fe/N-TNTs/NG 块体重复使用 4 次，测试其光催化效果。在每个循环之前，将溶液中的块体取出，放在去离子水中浸泡 3 次，再通过强光照射，去除吸附在材料里的甲基蓝。

FH～Fe/N-TNTs/NG 光催化循环数据如图 5-26 所示，线性拟合发现其符合一级反应动力学，所得拟合直线的斜率绝对值（即反应速率）分别为 $0.0328h^{-1}$（第一次）、$0.0314h^{-1}$（第二次）、$0.03093h^{-1}$（第三次）、$0.03085h^{-1}$（第四次）。通过比较反应速率的大小，可以发现材料在四个循环内保持着稳定的光催化速率，这说明该材料具有优越的稳定性和重复使用性，可长期保持光催化活性。

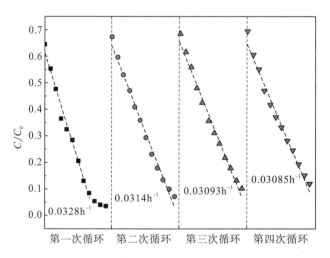

图 5-26　三维块体降解甲基蓝循环使用次数的影响

3. 可见光催化机理的探讨

光催化降解有机物的方法适用于放射性废水中绝大多数有机成分的降解，具有普适性，本节具体阐述 FH～Fe/N-TNTs/NG 可见光降解作用机理。如图 5-27(a)所示，铁的掺杂使得在导带形成了铁离子杂质能级，氮的掺杂使得在导带形成了含氮原子的杂质能级，它们都缩短了二氧化钛的能带间隙,这是因为铁和氮原子替代了二氧化钛晶格里的氧原子或者进入了二氧化钛的晶格间隙之中,形成了晶格缺陷,可以俘获光生电子,抑制电子和空穴的复合。对于铁氮共掺杂二氧化钛,铁和氮原子对提高二氧化钛的可见光敏感度可以起到协同的作用,这与 Cong 等(2007)及 Dolat 等(2015)所报道的研究成果一致。

　　光照条件下,在 Fe/N-TNTs 的表面产生了大量的电子和空穴(e⁻、h⁺),而石墨烯本身具有极强的导电性,这些光生电子会迅速流向石墨烯的表面,从而延长了电子和空穴的复合时间。此外,在光照下,由于氮掺杂,石墨烯以氮原子为中心同样能够产生光生电子和空穴,如图 5-27(b)所示。石墨烯表面的这些光生电子能够迅速接触到石墨烯表面吸附的氧气分子,并与之反应,产生超氧自由基($\cdot O_2^-$),而在材料周围的水分子则在空穴的影响下分解产生羟基自由基($\cdot OH$)和氢离子。有机分子在光催化作用下分解为 CO_2 和 H_2O 较为常见,但光催化的化学反应过程极为复杂。式(5-5)~式(5-9)为典型的光能转化为化学能产生自由基的反应方程:

$$TiO_2 + hv \rightarrow TiO_2 + (e^- + h^+) \tag{5-5}$$
$$e^- + O_2 \rightarrow \cdot O_2^- \tag{5-6}$$
$$\cdot O_2^- + H^+ \rightarrow \cdot HO_2 \tag{5-7}$$
$$h^+ + H_2O \rightarrow \cdot OH + H^+ \tag{5-8}$$
$$h^+ + \cdot O_2^- \rightarrow \cdot O_2 \tag{5-9}$$

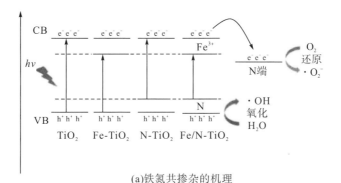

(a)铁氮共掺杂的机理

(b)电子和空穴的形成和转移

图 5-27　光催化降解有机物的机理

5.2.3 小结

本节测试了不同硝酸铁和尿素添加量对复合材料 Fe/N-TNTs/NG 光催化性能的影响，观察了 FH～Fe/N-TNTs/NG 的微观形貌和结构，通过多种仪器的表征手段分析了材料的表面官能团和元素组成，自主设计了对甲基蓝的光催化实验，主要得出以下结论。

(1)制备 Fe/N-TNTs/NG 过程中，九水硝酸铁添加量与二氧化钛纳米管添加量的比例为 4∶1，尿素添加量与二氧化钛纳米管添加量之比为 4∶1，所得的 Fe/N-TNTs/NG 对 15mg/L 的甲基蓝溶液的光催化效率在 100 min 内达到 95%。

(2)SEM 结果表明，三维块体(FH～Fe/N-TNTs/NG)的上表面是由 Fe/N- TNTs/NG 和真菌菌丝构成的，其微观结构是片层状的；而块体的内部是由纯真菌菌丝构成的，其微观结构为错综复杂的丝状结构。TEM 结果表明，FH～Fe/N-TNTs/NG 的上表面是 Fe/N-TNTs/NG，存在着石墨烯和二氧化钛纳米管。

(3)XRD 结果表明，Fe/N-TNTs/NG 中二氧化钛纳米管主要是金红石晶型，伴随着少量的锐钛矿晶型。拉曼测试结果说明，Fe/N-TNTs/NG 结构中存在石墨烯，而且氧化石墨烯结构被还原了。FTIR 也证明了 FH～Fe/N-TNTs/NG 的上表面存在着二氧化钛结构，同时，Fe/N-TNTs/NG 和真菌菌丝通过氢键作用结合在一起。比表面积测试说明 Fe/N-TNTs/NG 是多孔材料，其比表面积的大小为 $185.37m^2/g$，而氮的掺杂对比表面积有着促进的作用，相应的孔径分布说明了其孔径大小分布在 2～50nm。XPS 测试证明了 N 和 Fe 成功掺入复合材料之中，其原子分数分别为 4.68%和 0.74%。此外，XPS 测试也表明石墨烯与二氧化钛纳米管之间形成了 Ti—O—C。紫外可见漫反射测试表明，Fe/N-TNTs/NG 在可见光区域有吸收，将反射比图转化为能带谱图，结果表明 Fe/N-TNTs/NG 的能带间隙最小，仅为 2.80eV，能带间隙排序为 TNTs>TNTs/GO>N-TNTs/NG>Fe/N-TNTs/NG。

(4)降解甲基蓝的实验表明：①在可见光辐照的条件下，Fe 和 N 共掺杂能够有效提升二氧化钛纳米管对可见光的敏感度，石墨烯的引入不仅能够提升二氧化钛纳米管对可见光的吸收，而且促进了对有机物的富集作用；②Fe/N-TNTs/NG 对甲基蓝有着极强的光催化性能，符合一级反应动力学，而 FH～Fe/N-TNTs/NG 对甲基蓝同时表现出极强的吸附和光催化性能，实验结果也说明了材料在水表面的悬浮状态有助于光催化降解效率的提升；③FH～Fe/N-TNTs/NG 的光催化性能较为稳定，可长期重复使用。

5.3 多层核壳结构的菌丝复合球可控制备及吸附/光催化性能

光催化技术利用了光能，属于绿色环保的技术手段，所以在水处理领域得到了广泛的研究，而光催化技术的催化效率主要取决于所使用的光催化材料的光催化活性，在常见的催化材料中，二氧化钛由于具有良好的化学稳定性、极高的性价比、独特的光电效应和无毒性等优点得到广泛的研究与应用。然而，二氧化钛虽易溶于水中，却难以回收再利用，一旦排入自然环境中，也必将对环境造成二次污染，故二氧化钛的实际应用受到了极大限制。因此，合成宏观尺度复合材料是实现二氧化钛实际应用的有效办法。

作为一种丝状的生物质材料，真菌菌丝（FH）拥有极强的生命力和再生能力。在适宜的生长环境下，真菌菌丝能够在几天之内由单个细胞生长成为宏观尺寸的丝状生物质，这种丝状生物质可达厘米级长度，直径在 $10\mu m$ 以下。因此，真菌菌丝能轻易大量获取，这有助于真菌的实际应用。此外，真菌菌丝的成本低廉、绿色环保，其独特的丝状结构吸引了大量学者和专家对其进行研究。

真菌菌丝常常作为负载纳米颗粒的生物质模板用于合成新型的生物质纳米材料，在微观纳米材料与宏观材料之间架起了桥梁，其广泛应用于电池、催化剂、水处理等领域，另外，真菌模板法也被广泛用于合成纳米贵金属。鉴于此，将真菌菌丝作为负载二氧化钛纳米颗粒的生物质模板也有望解决二氧化钛实际应用的现实问题，由于真菌菌丝的细胞壁上拥有大量的官能团（如磷酸基团、羟基基团和氨基基团等），二氧化钛可以轻易地附着在真菌菌丝的细胞壁上等。除此之外，真菌菌丝细胞壁表面丰富的官能团使得其拥有极强的吸附能力，有利于光催化反应，这意味着 FH 与 TiO_2 相结合可能起到协同促进的作用，然而，实验过程发现仅有少量的 TiO_2 纳米颗粒能够附着在真菌菌丝的表面，可能是由于真菌菌丝表面缺少活性位点。

为了负载更多的 TiO_2 纳米颗粒，引入了新型碳材料石墨烯，这是因为石墨烯具有极高的比表面积和大量的活性位点。因此，将石墨烯作为负载纳米 TiO_2 的平台，而负载了 TiO_2 的石墨烯与真菌菌丝能够通过官能团之间的作用相互连接。更有意思的是，TiO_2 与石墨烯复合后，不仅能够提升材料的吸附性能，还能提升材料对可见光的敏感度，进而提升其光催化性能。氮的掺杂也能够提升 TiO_2 对可见光的敏感度，通过水热法对 TiO_2/GO 掺入氮元素，不仅能将氮元素掺入 TiO_2 的晶格之中，也能将其掺入石墨烯的碳架之中，光催化性能表明这种氮掺杂 TiO_2 与氮掺杂石墨烯的纳米复合材料（NTG）具有优异的光催化性能，且其光催化性能要强于单一的氮掺杂或者仅仅引入石墨烯。

磁性回收是一种简单而有效的分离方法，其中纳米四氧化三铁以其优越的磁性能被广泛应用于水处理领域。如 Wang 等（2015）制备了一种四氧化三铁高分子材料，有效地去除了废水中的六价铬。因此，本节希望通过引入纳米四氧化三铁颗粒，使得该多层结构的复合材料在循环过程中具有可以轻易回收再利用的优势。

5.3.1　实验材料与方法

1. 实验药品与试剂

六水葡萄糖、无水乙醇、固体氢氧化钠、盐酸（36%）、酵母粉粉末、氯化钠粉末、单宁粉末、六水氯化铁、四水氯化亚铁、蛋白胨粉末、浓硫酸（98.3%）、九水硫酸钛、氨水均由成都市科龙化工试剂厂提供，均为分析纯，氧化石墨烯和液体真菌菌种为自制。

2. 多层结构真菌菌丝球（FMT）的制备

（1）采用共沉积法制备纳米四氧化三铁。具体实验步骤如下：取 8.11g 六水氯化铁、

2.98g 四水氯化亚铁和 5.85g 氯化钠粉末与 400mL 的去离子水混合，搅拌均匀，在该混合溶液的表层缓慢地形成一层油膜。

(2) 将 100mL 1mol/L 的氢氧化钠溶液沿着容器壁逐滴加入，实验过程中始终保持磁力搅拌直至溶液呈黑色。采用强磁对纳米四氧化三铁进行分离，用去离子水清洗三遍，4000r/min 离心分离，将样品冷冻干燥，封装保存。

(3) 将 30mL 氧化石墨烯溶液(3.5mg/L)、3mL 氨水加入 100mL 的反应釜内胆之中，再加入 35mL 去离子水、1g 九水硫酸钛，磁力搅拌和超声分散 1h。将反应釜密封加热至 160℃，持续保温 20h，待反应釜冷却至室温，取出反应产物，离心分离并且水洗重复三次，最后将反应物超声分散在水中。

(4) 取适量的真菌菌丝分散液加入 250mL 的锥形瓶中，再将 120mL 培养基溶液加入其中，设置摇床恒定温度为 25℃，摇床转速为 120r/min，回旋振荡 48h。

(5) 取 0.2g 步骤(2) 中的磁性四氧化三铁纳米颗粒加入培养基中，超声分散均匀，再次振荡培养 24h，获得褐色球状水凝胶。

(6) 将步骤(5) 中获得的水凝胶样品转移到新的培养基中，加入过量的 NTG，振荡培养 48h。将获得的样品取出，用 0.1mol/L 的盐酸浸泡 6h，用去离子水清洗直至溶液呈中性后，再进行冷冻干燥处理，放入烘箱，90℃下烘干 24h 得到最终产品。

FMT 的制备流程如图 5-28(a) 所示。图 5-28(b) 是 FMT 的水凝胶，其具有磁性，能够受磁力吸引。图 5-28(c) 是 FMT 复合材料经冷冻干燥制备的气凝胶，由于它的密度较小，故能够悬浮于水溶液的表面保持悬浮状态。因此，这种材料相比传统的粉体材料更容易吸收光线和氧气，在可见光下，将有机成分降解为 CO_2、O_2 之类的小分子，如图 5-28(d) 所示。

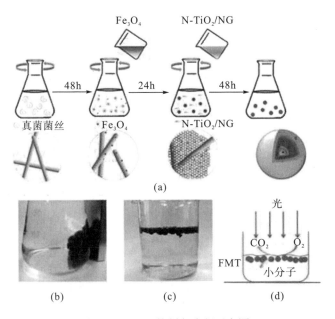

图 5-28　FMT 的制备流程示意图

5.3.2 　结果分析与讨论

1. 表征与分析

图 5-29(a)、(b)分别展现了 FH 和 FMT 水凝胶的宏观外形，它们均为球状结构，直径大约 1cm。FMT 表面的颜色与 FH 表面颜色完全不同，FMT 的颜色呈黑色，这是由于 FMT 表面覆盖了 NTG 复合材料。通过 SEM 观察真菌菌丝的表面结构，发现空白真菌菌丝由大量微米大小的丝状真菌和少量的生物质黏膜构成，它们纵横交错，在空间中的分布毫无规律[图 5-29(c)]。

图 5-29(d)展现了 FMT 外表面的微观结构，可以发现，其与空白真菌菌丝的丝状结构完全不同，仅有少量的真菌菌丝暴露在外表面，大部分是由片层物质构成的，而这片层物质极有可能是 NTG 复合材料。为了进一步辨认和分析片层结构，对真菌菌丝放大更高倍数进行观察，发现真菌菌丝表面光滑，直径仅为 2.5μm，如图 5-29(e)所示，而图 5-29(f)则恰恰相反，表面覆盖了大量的小薄片，与石墨烯的形态极为相似。

图 5-29 　FH 和 FMT 的数码相片和外表面的 SEM 图

(a)FH 的数码相片；(b)FMT 的数码相片；(c)、(e)FH 的 SEM 图；(d)、(f)FMT 外表面的 SEM 图

　　图 5-30(a)为 FMT 切面的数码相片，可以清晰地看到，FMT 是一个三层结构的球体，最内层为真菌菌丝；中间可以认为是纳米四氧化三铁与真菌菌丝的复合材料(FH/Fe$_3$O$_4$)；最外层显黑色，可以推测是真菌菌丝与 NTG 的复合材料(FH/NTG)。

　　图 5-30(b)为中间层物质的 SEM 图，可以发现，四氧化三铁纳米颗粒能够附着在真菌菌丝和生物质黏膜的表面。图 5-30(c)为 FMT 外表面的片层结构，值得注意的是，在高放大倍数的情况下，可以清晰地看到薄片之上均匀覆盖着大量的小颗粒，这极有可能是二氧化钛纳米颗粒，为了确认它的实际成分，对该材料进行了 XPS 测试，测试表明这种片层表面的主要成分为 Ti 元素和 O 元素[图 5-30(d)]，这便证实了 SEM 图里的片层物质表面是由大量的二氧化钛纳米颗粒组成的。

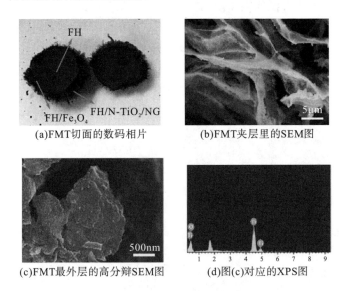

(a)FMT切面的数码相片　　　　　　　(b)FMT夹层里的SEM图

(c)FMT最外层的高分辨SEM图　　　　　(d)图(c)对应的XPS图

图 5-30　FMT 的剖面结构分析

　　选取 FMT 外表面样品，用 TEM 观察其微观结构。根据图 5-31(a)可知，FMT 的外表面确实存在着 NTG，可以清晰看到，二氧化钛颗粒均匀地覆盖或者黏附在石墨烯上，这是因为在二氧化钛纳米颗粒与氧化石墨烯的水热反应过程中，高温高压下使它们之间形成了 Ti—C 或者 Ti—O—C。

　　图 5-31(b)为该区域的电子衍射图，图像由不连续的光环构成，说明该材料是多晶结构。通过高分辨透射子显微电镜测试[图 5-31(c)]可知，二氧化钛纳米颗粒的大小在 10nm 左右，而二氧化钛的主要晶格间隙为 0.343nm，这与二氧化钛金红石晶型的(101)晶面一致。此外，采用 XRD 测试 TiO$_2$/GO 和 NTG，结果如图 5-31(d)所示，可以看到，TiO$_2$/GO 和 NTG 的图谱极为相似，也没有出现关于氮的峰，通过比对，发现 TiO$_2$/GO 和 NTG 的特征峰与二氧化钛金红石波峰吻合。值得注意的是，本该出现在 26°处的石墨烯特征峰并没有出现，这是由于二氧化钛的信号峰极强，掩盖了石墨烯的信号。

　　图 5-31(e)展现了 TiO$_2$/GO 和 NTG 的拉曼光谱图，波数 1000cm^{-1} 以下是关于金红石晶型的特征峰，其峰位分别为 148cm^{-1}、198cm^{-1}、395cm^{-1}、510cm^{-1} 和 628cm^{-1}。

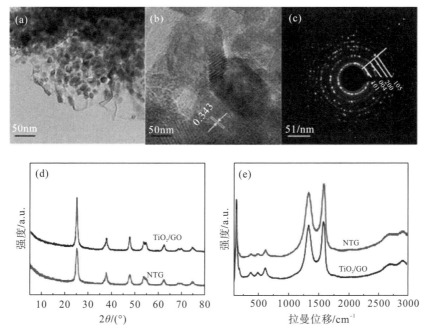

图 5-31　NTG 的 HRTEM 图（a～c）；TiO₂/GO 和 NTG 的 XRD 图谱（d）及拉曼光谱图（e）

另外，在 TiO₂/GO 和 NTG 的拉曼光谱图中，波数为 1355cm⁻¹ 和 1596cm⁻¹ 的位置出现了两个与氧化石墨烯特征峰相似的波峰，它们分别代表着 D 带和 G 带。D 带代表的是 sp³ 杂化缺陷和结构的无序度，G 带代表的是 sp² 杂化的 C＝C。通过计算 D 带与 G 带的峰强比值（I_D/I_G），发现 TiO₂/GO 和 NTG 的 I_D/I_G 均高于相关报道中氧化石墨烯的 I_D/I_G，这也说明了 TiO₂/GO 和 NTG 结构中存在石墨烯。

此外，拉曼光谱图中波数大于 2500cm⁻¹ 的范围归属于 2D 带，2D 带能够说明石墨烯的堆叠情况，通过 2D 带可以分析石墨烯的层数，而拉曼光谱图中出现了两个宽峰，则可以说明该材料是多层石墨烯结构，也证明了在水热处理之后石墨烯并没有堆叠在一起。

通过 XPS 测试了 TiO₂/GO 和 NTG 的元素组成和元素的化学状态。图 5-32（a）为 TiO₂/GO 和 NTG 的 XPS 总图，NTG 主要由元素 Ti、O、C、N 构成，其原子比例分别为 20.22%、29.75%、47.35%、2.68%。

图 5-32（b）为 TiO₂/GO 和 NTG 中 Ti2p 的高分辨率 XPS 图，相比 TiO₂/GO，NTG 的图谱向键能低的方向滑移，这可能是由于氮元素并入二氧化钛晶格之中或者取代晶格之中的氧原子而导致的键能的减小。

图 5-32（c）为 NTG 中 C1s 的高分辨率 XPS 图，它本应分解为 C＝C、C—O、C＝O 和 Ti—O—C 这四个基团的正态峰，但实际上通过 XPS 分峰软件分峰得到的四个峰的键能分别为 284.7eV、285.3eV、286.7eV 和 288.9eV，与 C＝C、C—O、C＝O 和 Ti—O—C 的键能大小并不吻合，这是由于氮元素能够掺入石墨烯的框架，形成了 C—N、C＝N、N—C＝O 化学键，致使波峰堆叠而干扰了判断，所以这四个峰应分别对应于 C＝C、C＝N/C—O、C—N/C＝O 和 N—C＝O/Ti—O—C。除此之外，并没有在 281eV 处发现 Ti—C 的波峰，这说明了二氧化钛与石墨烯之间是通过 Ti—O—C 连接的。

　　图 5-32(d)展现了 NTG 的 N1s 高分辨率 XPS 图,将其分解为三个正态峰 398.5eV、400eV 和 401.6eV,分别归属于 Ti—N/吡啶氮、五元环氮/O—Ti—N 和季氮。其中,TiO₂/GO 和 NTG 的光学性质可以通过紫外可见漫反射光谱进行研究。

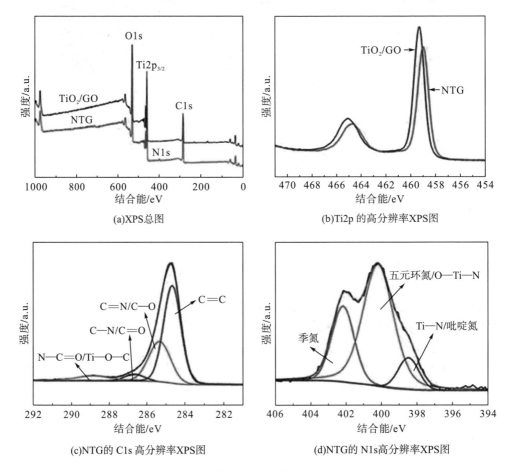

(a)XPS总图

(b)Ti2p 的高分辨率XPS图

(c)NTG的 C1s 高分辨率XPS图

(d)NTG的N1s高分辨率XPS图

图 5-32　XPS 分析

　　图 5-33(a)为 TiO₂/GO 和 NTG 的紫外可见漫反射光谱图,可以发现,TiO₂/GO 和 NTG 对紫外光区域和可见光区域的反射率都不高,表明它们在紫外光和可见光范围有吸收作用。

　　图 5-33(b)为图 5-33(a)相对应的 $[F(R)hv]^{1/2}$ 与 hv 关系的曲线,通过对曲线作切线,将其最大斜率的切线延伸至横坐标可以评估 TiO₂/GO 和 NTG 的能带大小。图中 TiO₂/GO 和 NTG 的能带间隙分别为 2.96eV 和 2.59eV,可以发现,掺杂后氮元素的能带间隙缩短了。

　　FH 吸附单宁前后的真菌菌丝(FH,FH-单宁)、FH/Fe₃O₄ 和 FH/NTG 的红外光谱图如图 5-33(c)所示。可以发现真菌菌丝的表面主要有 O—H 和 N—H(3400cm⁻¹)、—CH、—CH₂、—CH₃(2900cm⁻¹),一类氨基化合物 C=O 伸缩振动和蛋白类的—NH₂(1650cm⁻¹),与蛋白类相关的二类氨基化合物中的 N—H 和 C—N(1540cm⁻¹),以及与磷酸化的蛋白类和醚类相关的 C—OH(1050cm⁻¹)。

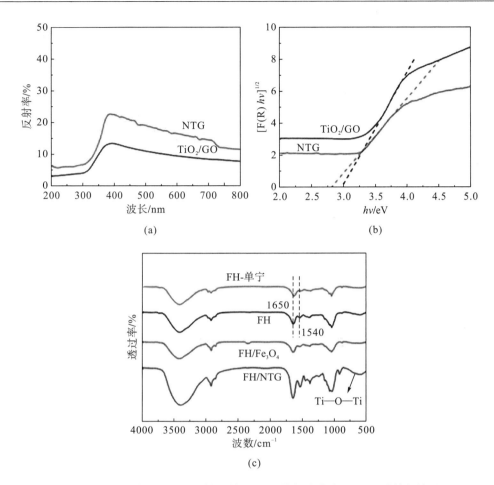

图 5-33　TiO_2/GO 和 NTG 的紫外可见漫反射光谱图(a)及其能带曲线(b)，吸附单宁前后 FH、FH/Fe_3O_4 和 FH/NTG 的红外光谱图(c)

比较 FH/Fe_3O_4 和 FH 的红外光谱图，可以发现 FH 表面的官能团依然存在，并且没有发生明显的变化。观察 FH/NTG 的红外光谱图，发现部分官能团的波峰强度明显发生了变化，说明 FH 的表面官能团产生了变化，在 500～700cm^{-1} 形成了新峰，其对应着二氧化钛晶体里 Ti—O—Ti 的伸缩振动模型。

2. 吸附实验及其吸附机理探讨和分析

材料的吸附性能与光催化性能息息相关，FMT 能够通过吸附作用将溶液中的单宁富集在材料的表面，从而提升催化效率。实验以 200mL 的锥形瓶作为容器，在黑暗的环境和机械搅拌下进行。

称取 50mg FMT、5mg 单宁粉末和 100mL 去离子水加入锥形瓶里，室温条件，pH 为 6.5($\pm$0.1)，m/V 为 0.5g/L。每隔 1h 抽取适量待测溶液，利用紫外-分光光度计进行吸光度分析，根据吸光度获得相应的浓度大小。

实验所得结果如图 5-34(a) 所示，紫外光谱中可以明显看到两个波峰，其峰位分别为 215nm 和 275nm。随着时间的推移，单宁的波峰强度不断减小，在实验进行 3～4h 时 FMT 对单宁的吸附达到饱和且不再减小。

图 5-34(b) 为室温下 Fe_3O_4、NTG、FH 和 FMT 对不同浓度单宁的吸附曲线。根据图中的数据可知，这些样品的最大吸附量排序为 Fe_3O_4＜NTG＜FMT＜FH。Fe_3O_4 的吸附量远小于 NTG 和 FMT，说明 FMT 对单宁的吸附主要由成分中的 FH 和 NTG 支配。

FH 是这些样品中对单宁吸附量最大的样品，这是由于 FH 表面存在大量的磷酸基团、蛋白类和多糖成分，使 FH 能够与单宁之间形成价键。例如，FH-单宁红外光谱图中 $1540cm^{-1}$ 和 $1650cm^{-1}$ 的峰位 [图 5-33(c)] 属于氨基基团，相较于 FH 的红外光谱图，其发生了红移，这是因为 FH 表面的氨基基团与单宁之间形成了氢键。

此外，FMT 中的 NTG 成分对单宁的吸附也尤为重要，其吸附机理可以归结为以下几点：①NTG 的主要成分为氧化石墨烯，它的派生物(如羟基、环氧基和羧基)与单宁极易形成化学联系；②石墨烯的芳香环结构与单宁能够形成 π-π 堆叠；③氮掺入石墨烯的碳架结构之中，形成了新的氨基基团，这可能有助于提高其对单宁的吸附作用。

3. 光催化测试及分析

光催化测试采用一个 500mL 的大烧杯作为容器，加入 0.5gFMT、300mL 去离子水和 30mg 单宁，将大烧杯摆放在黑暗环境中，直到复合材料对单宁的吸附达到平衡。然后采用 500W 的氙灯对反应溶液进行照射，光催化反应过程中每隔 0.5h 吸取少量反应溶液，通过紫外-分光光度计分析该溶液的吸光度。

图 5-34(c) 为可见光下 FMT 在 0～150min 时降解单宁的紫外光谱图，可以看到，峰位为 215nm 的波峰强度呈现有规律的下降趋势，这说明溶液中的单宁发生了光催化降解的反应，且在 255nm 的地方出现了新的波峰，这是由于单宁降解过程中形成了新的产物。

图 5-34(d) 展现了 TiO_2、FH、NTG、FMT 和 FMT(底部)在可见光下对单宁光催化降解的时间曲线，其中 FMT(底部)指采用强磁作用将 FMT 吸入溶液底部进行光催化实验。将纵坐标设置为 $(C_t-C_{150})/(C-C_{150})$ 以实现直观的表达。其中，C_t 是 t 时刻单宁的浓度；C 是单宁的初始浓度；C_{150} 是采用 FMT 降解单宁 150min 时的浓度。

图 5-34(d) 中没有催化剂的空白曲线表明，单宁在可见光环境下结构稳定，没有干扰性。可以看到，在黑暗中单宁浓度先急剧下降，然后逐渐达到吸附平衡，这与前面的吸附实验相符合。在氙灯的照射下，随着时间的推移，除了 FH，其他的样品中单宁的浓度都有所降低，这说明 FH 没有光催化性能。

为了进一步分析，将氙灯照射下的实验数据进行线性拟合，数据符合线性规律，所得斜率(k)与反应速率呈正相关，因此 k 值的大小也反映了材料的光催化活性。可以看到，二氧化钛本身在可见光下催化性能极弱，而在引入氧化石墨烯和氮掺杂的作用下，光催化性能得到极大的提升。FMT(底部)的光催化性能小于 NTG，这是由于 FH 本身不具有光催化性能，而 FH 在 FMT 中的含量极大，导致了 FMT 的催化性能降低。值得注意的是，NTG 仅出现在 FMT 的表面，其含量极小，与其数倍含量的 NTG 的光催化性能相当，这说明 NTG 和 FH 对单宁的光催化降解具有协同的作用。悬浮 FMT 的光催化性能是 FMT（底部）的两倍以上，这说明了悬浮的状态对降解单宁有促进的作用。

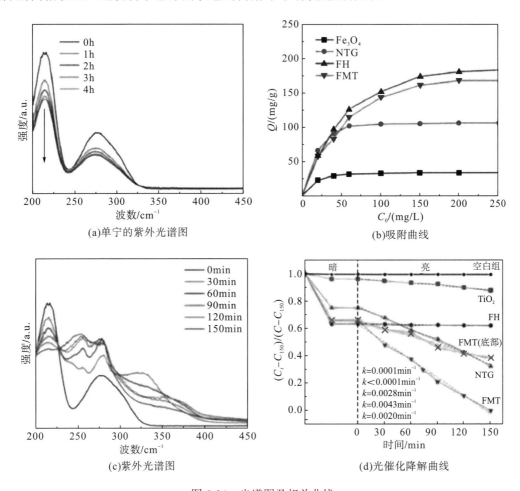

图 5-34　光谱图及相关曲线

光催化降解曲线 0 时刻左侧为暗反应，暗反应时间为 330min

5.3.3　小结

本节制备了多层结构的真菌菌丝复合球（FMT），通过多种仪器的表征手段分析了该材料的表面官能团和元素组成，针对单宁的吸附和光催化性能进行了实验分析。

（1）FMT 为三层结构的球体，最内层是白色的真菌菌丝（FH），第二层是棕色的纳米四氧化三铁与真菌菌丝的复合材料（FH/Fe₃O₄），最外层是黑色的真菌菌丝与 NTG 的复合材料（FH/NTG）。

（2）测试表明，NTG 中二氧化钛的晶型为金红石晶型，二氧化钛以纳米颗粒的形态覆盖在石墨烯的表面，而二氧化钛与石墨烯通过 Ti—O—C 连接。水热反应之后，氧化石墨烯还原为石墨烯，石墨烯为多层，没有发生堆叠，N 元素不但成功掺入了二氧化钛的晶格中，并且掺入了石墨烯的碳架结构中，有效提升了可见光的响应度、缩小了能带间隙。

(3) FMT 对单宁具有良好的吸附性能，在吸附 3～4h 时能够达到吸附平衡。根据吸附动力学，其吸附是物理和化学的共同作用。FMT 吸附单宁的过程主要受 FH 和 NTG 支配，FH 通过表面丰富的官能团与单宁相互作用从而吸附单宁，NTG 则继承了石墨烯表面的含氧基团等的作用，从而有效地吸附单宁。

(4) FMT 在可见光下能够降解单宁，实验结果表明单纯的真菌菌丝不能降解单宁。TiO_2 在可见光下的催化性能极低，而 NTG 的催化性能较为显著。FH/NTG 降解单宁存在着协同作用，FMT 悬浮在水面的状态有助于光催化反应。

第6章 菌丝基能量转换与存储材料制备及性能分析

6.1 菌丝富集有机染料及其衍生碳超级电容性能

杂原子掺杂碳(heteroatom doped carbon，HDC)材料在燃料电池、氢储存、超级电容和生物传感器等方面有广泛应用，因此引起了人们的广泛关注。杂原子的大小和电负性与碳原子不同，引入杂原子会引起电子调制现象，从而改变碳材料的电荷分布和电子性质。掺杂引起的缺陷位点可以进一步改变碳的化学活性，从而使碳材料具有应用于多个领域的潜力。HDC 材料通常指的是掺杂 N、B、S、P、F 等非金属元素的碳材料。近年来，多种 HDC 材料的合成方法被开发出来，总的来讲可以分为前处理法和后处理法两大类。前处理法是指在合成碳材料的过程中直接掺杂 N、B、S、P、F 等非金属元素，后处理法是指在合成碳材料后再进行杂原子的掺杂。这些方法通常需要苛刻的反应条件和特定的制备设备与装置来实现，因此限制了其产量与应用领域。综上，开发一种简单、廉价、环保的方法来制备 HDC 材料并有效利用，是一项具有挑战性且有实际应用价值的工作。

超级电容器是一种新型的特殊储能器件，与电池相比，超级电容器具有高功率密度、具备快速充放电工艺、成本低、环保、循环寿命长等优势，因此引起了人们的广泛关注。在各种各样的电极材料中，应用最为广泛的是碳材料，其占商用超级电容器电极材料的 80%以上。然而，在碳材料中，孔的数量、导电通道的不连续性及含氧官能团限制了超级电容器的功率。为了进一步提高超级电容器的性能，已经有研究将杂原子引入碳骨架中，改变碳材料的物理性质，使其具有双电层电容和赝电容性能。

真菌菌丝(FH)是一种典型的生物质材料，由真菌孢子萌发形成，经历菌丝生长和缠结等过程，最终形成具有三维网状结构的菌丝体。菌丝价格低廉、环境友好、来源广泛，是一种理想的生物质碳源。菌丝生长必需的营养物质包括碳源和氮源等。杂原子可以通过真菌的生物富集和生长代谢进入菌丝体内，再通过进一步碳化来制备 HDC 材料。这种生物富集方法具有清洁、廉价、环境友好的特点，可为目前 HDC 材料制备过程中遇到的问题提供一种有效的解决途径。在生物富集过程中，杂原子前驱体可参与生物体代谢，与传统的吸附方法相比，此办法制备的材料有更高的杂原子含量，并且杂原子可以均匀分布在整个碳基材料中。

杂原子的来源较为广泛，选择与生物体包容性强的原料是一项重要的工作。有机染料、传统的化学添加剂广泛应用于纺织、造纸、印刷、塑料、医药、皮革制品、化妆品、食品等领域，并随着工厂废水排放到自然环境中。大多数有机染料是直接或间接的致癌物质，如果不能及时处理，将引起严重的生态安全问题并影响人类健康。因此，如何更好地处理有机染料污染是一个急需解决的问题。有机染料富含氮/硫等杂原子，它们可以作为制备 HDC 材料的前驱体。受此启发，本节使用真菌生物富集有机染料来制备 HDC 材料并将其用于电化学储能，这种策略使得同时治理有机染料和合成 HDC 材料成为可能。

本节展示一种通用、低成本、环保的策略来制备杂原子掺杂的碳基纤维状材料。真菌在生长过程中富集多种染料，经过碳化后成功地制备得到杂原子掺杂纤维。采用有机染料制造杂原子掺杂纤维，将有毒废物转化为有价值的材料，制备杂原子含量高及三维网状结构的杂原子掺杂材料，使其具有良好的应用前景。这种合成思路还可以进一步扩展，以制备其他不同类型的杂原子掺杂或金属/杂原子共掺杂的菌丝基碳纤维材料。

6.1.1 实验材料与方法

1. 实验材料

实验中使用的所有试剂和材料均为分析纯，未进一步纯化直接使用。甲基紫(MV)、刚果红(CR)、酸性品红(acid fuchsin，AF)、罗丹明 B(rhodamine B，RB)、甲基橙(methyl orange，MO)和亚甲基蓝(methylene blue，MB)购于国药集团化学试剂有限公司。炭角菌从西南科技大学仿生结构材料与核环境安全实验室获得。蛋白胨、葡萄糖及酵母提取物购于北京奥博星生物科技有限公司。

2. 实验方法

杂原子掺杂碳纤维的制备：首先将炭角菌菌种接种到 100mL 培养基中(蛋白胨 2.5g/L，葡萄糖 20.0g/L，酵母提取物 2.5g/L，pH = 5.5)，并在 28℃摇床中以 180r/min 振荡培养 1d，然后将用无菌水配制的染料溶液(MV、CR、AF、RB、MO 及 MB)用移液枪加入培养基中，确保有机染料的浓度为 400mg/L。继续培养 3d 后，将多余的培养基倒出，并用去离子水清洗至菌丝球不掉色，然后冷冻干燥，干燥好的样品放入管式 N_2 气氛炉中以 5℃/min 的速率升温至 800℃并保温 2h，最终制备得到菌丝基掺杂碳纤维。

3. 表征方法

扫描电子显微镜被用来表征材料的形态。透射电子显微镜(TEM)图、能量过滤透射电镜(energy-filtered transmisson electron microscope，EFTEM)图、高角环形暗场扫描透射电子显微镜(HAADF-STEM)图通过 200kV 的 JEM-ARM 200F 型原子力显微镜收集。使用 ASAP 2020 全自动比表面积和孔隙率分析仪在 77K 条件下进行氮气吸附-解吸测试分析，并利用 Brunauer-Emmett-Teller(BET)公式计算得出比表面积。对于 Barrett-Joyner-Halenda(BJH)模型，利用等温线吸附法计算得到孔径分布曲线。X 射线衍射数据是在 CuK(α)辐射(λ = 0.15406nm)、60kV 电压下测试得到的，扫描范围为 3°～80°，升温速率为 2°/min，电流为 50mA。X 射线光电子能谱(XPS)分析使用 Kratos Axis Ultra 型 X 射线光电子能谱仪测得，单色 AlK$_\alpha$ 射线作为发射源。拉曼散射光谱使用 Renishaw System 2000 光谱仪获得，由氩离子 514.5nm 射线激发。

6.1.2　结果分析与讨论

1. 材料表征

图 6-1 显示了 HDC 纤维制备的三个步骤。首先,将不同的有机染料添加到已经培养了 1d 的菌丝培养基中,培养 3d 后得到不同颜色的菌丝体。然后,将多余的培养基倒出,并用去离子水清洗至菌丝球不掉色。最后,对其进行冷冻干燥,将干燥好的菌丝体在 N_2 气氛中碳化,最终制备出黑色的掺杂碳纤维。本方法的优势在于绿色制备工艺和制备掺杂材料的通用性。真菌菌丝可以通过生物富集来完成对杂原子的原位生长,制备出具有三维网状结构的材料,因此,有机染料是一种菌丝掺杂碳纤维很好的前驱体。本节选择 MV、CR、AF、RB、MO 和 MB 作为典型的有机染料来制备 HDC 纤维。合成材料用 x-y-FHCF(M) 表示,其中,x、y 表示掺杂的杂原子,M 表示有机染料。结果表明,真菌菌丝对上述有机染料有较高的生物富集量,利用这些染料进行掺杂,可得到一系列掺杂的碳纤维材料,证明了该制备方法的通用性。为了比较,本节还制备了无掺杂的碳纤维。

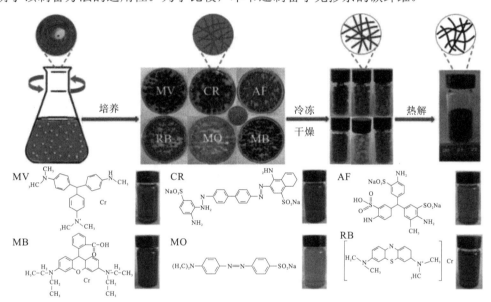

图 6-1　工艺流程、有机染料分子式及其溶液的数码相片

使用各种现代化分析技术来表征所制备样品的形态和化学组成,以证明这种方法制备掺杂碳纤维的可行性。碳纤维的网状骨架直径约为 1μm,长度为几毫米[图 6-2(a)、(b)]。FHCF、N-FHCF(MV)、N-S-FHCF(CR)、N-S-FHCF(AF)、N-FHCF(RB)、N-S-FHCF(MO) 和 N-S-FHCF(MB)样品具有相同的结构[图 6-2(e)、图 6-3)],这些碳纤维彼此交叉,因此具有优异的导电性。TEM 图[图 6-2(c)、(d)]表明材料具有多孔结构。EFTEM 用于检测掺杂碳纤维中的杂原子,元素分布图证实了碳纤维中存在 C、N、O、S 元素[图 6-2(f)~(i),图 6-4(a)~(d)]。元素分布图清晰地表明 N 和 S 原子均匀地分布在 N-S-FHCF(MB)上,N 原子均匀地分布在 N-FHCF(MV)上。考虑到染料在高温下会全部热解,可以确定 N 和 S 原子是以与碳骨架形成共价键的形式存在,而不是由残留的染料形成的。

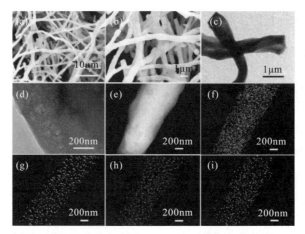

图 6-2　N-S-FHCF(MB)的 SEM 图、TEM 图、EFTEM 图和 EDX 图

(a)、(b)N-S-FHCF(MB)的 SEM 图；(c)、(d)N-S-FHCF(MB)的 TEM 图；(e)N-S-FHCF(MB)的 EFTEM 图；

(f)C 元素的 EDX 图；(g)N 元素的 EDX 图；(h)O 元素的 EDX 图；(i)S 元素的 EDX 图

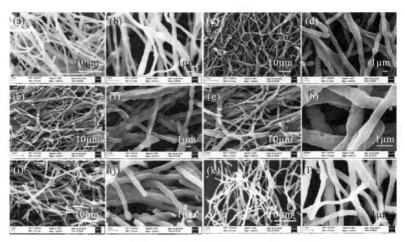

图 6-3　不同材料的 SEM 图

(a)、(b)FHCF；(c)、(d)N-FHCF(MV)；(e)、(f)N-S-FHCF(CR)；(g)、(h)N-S-FHCF(AF)；

(i)、(j)N-FHCF(RB)；(k)、(l)N-S-FHCF(MO)

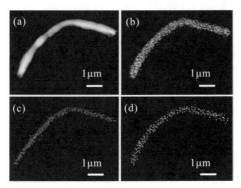

图 6-4　N-FHCF(MV)典型的 EFTEM 图(a)和对应的 C(b)、N(c)和 O(d)EDX 图

如图 6-5(a)所示，与空白样品进行对比可以看出，通过生物富集得到的样品的 XRD 图谱没有明显的变化。进一步使用拉曼光谱对样品进行分析，如图 6-5(b)所示，图中有两个明显的特征带，分别对应 1355cm⁻¹ 处的 D 带和 1590cm⁻¹ 处的 G 带，D 带与石墨层的无序结构或边缘有关，而 G 带则来自碳层中所有的 sp² 杂化碳原子振动。

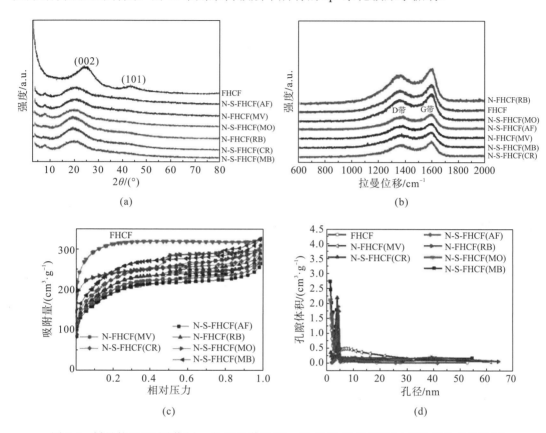

图 6-5　样品的 XRD 图谱(a)、拉曼光谱图(b)、N₂ 吸附-脱附曲线(c)和孔径分布曲线(d)

通过氮气吸附-解吸法研究了 N-FHCF(MV)、N-S-FHCF(CR)、N-S-FHCF(AF)、N-FHCF(RB)、N-S-FHCF(MO)、N-S-FHCF(MB)及空白样品的比表面积和孔径分布。如图 6-5(c)所示，FHCF 为典型的 Ⅰ 型吸附等温线，HDC 纤维样品为Ⅳ型吸附等温线，其由微孔和中孔组成，图 6-5(d)的孔隙大小分布也证明了这一结果。单点表面积(S_E)、比表面积(S_{BET})、平均孔径(d_M)和总孔体积(V_T)等的数据见表 6-1。利用 BET 公式计算出 FHCF 的比表面积为 1014.42m²/g。生物富集有机染料后，HDC 纤维的比表面积有所降低，N-FHCF(MV)为650.95m²/g，N-S-FHCF(CR)为750.27m²/g，N-S-FHCF(AF)为620.95m²/g，N-FHCF(RB)为 724.05m²/g，N-S-FHCF(MO)为 789.52m²/g，N-S-FHCF(MB)为 840.27m²/g，这主要是热解过程部分倒塌的介孔和一些小分子挥发(如碳化、NO_x、CO_2、CH_x 等)所造成的。HDC 纤维的高比表面积源于真菌菌丝形成的多孔网状结构。大的孔隙体积、较高的比表面积和理想的介孔结构促进了电解质离子的渗透和转移，从而使材料的电化学性能有所提高。

表 6-1　样品的孔隙结构和原子分数

类别	FHCF	N-FHCF (MV)	N-S-FHCF (CR)	N-S-FHCF (AF)	N-FHCF (RB)	N-S-FHCF (MO)	N-S-FHCF (MB)
$S_{BET}/(m^2/g)$	1014.42	650.95	750.27	620.95	724.05	789.52	840.27
$S_E/(m^2/g)$	566.73	590.25	640.66	690.25	670.76	751.19	730.11
$V_T/(cm^3/g)$	0.51	0.54	1.35	0.65	0.42	0.78	0.55
d_M/nm	1.99	4.58	2.56	3.93	3.02	2.48	2.73
C（原子分数/%）	89.43	91.78	89.71	87.59	90.36	90.98	90.08
N（原子分数/%）	0.85	2.56	1.99	1.53	2.34	2.40	3.45
O（原子分数/%）	9.72	5.66	6.69	7.35	7.30	5.85	5.56
S（原子分数/%）	—	—	0.56	1.37	—	0.43	0.91
Na（原子分数/%）	—	—	1.05	2.16	—	0.34	—

利用 XPS 对菌丝基掺杂碳纤维及 FHCF 的化学组成和状态进行了研究。如图 6-6(a) 所示，FHCF、N-FHCF(RB) 及 N-FHCF(MV) 主要包含 C、N、O 三种元素，而 N-S-FHCF (MB)、N-S-FHCF(CR)、N-S-FHCF(AF) 和 N-S-FHCF(MO) 主要包含 C、N、O、S 四种元素。另外，在 N-S-FHCF(CR)、N-S-FHCF(MO) 和 N-S-FHCF(AF) 中发现了额外的 Na 元素，详细的元素含量见表 6-1。FHCF、N-FHCF(MV)、N-S-FHCF(CR)、N-S-FHCF(AF)、N-FHCF(RB) 和 N-S-FHCF(MB) 的 N 含量分别为 0.85%、2.56%、1.99%、1.53%、2.34%、2.40% 和 3.45%。而 N-S-FHCF(CR)、N-S-FHCF(AF)、N-S-FHCF(MO) 和 N-S-FHCF(MB) 的 S 含量分别为 0.56%、1.37%、0.43% 和 0.91%。以 N-S-FHCF(MB) 为例进行 XPS 分析。N-S-FHCF(MB) 的 C1s 高分辨率 XPS 图［图 6-6(b)］显示有三种不同的碳官能团。N-S-FHCF(MB) 的 O1s 高分辨率 XPS 图（图 6-7）显示有两种不同的氧官能团，即 C═O 和 O—C—O，对应的峰为 531.2eV 和 532.2eV，而 N-S-FHCF(MB) 的 N1s 高分辨率 XPS 图显示有三种不同的氮官能团［图 6-6(c)］，分别为吡啶氮（398.3eV）、吡咯氮（400.8eV）和石墨氮（402.1eV），这些氮官能团能产生法拉第反应，增强 HDC 纤维的电容性能。其他样品的 N1s 峰值结果也可以在图 6-8 中找到。对于硫元素而言［图 6-6(d)，图 6-9］，S2p 高分辨率 XPS 图的两个峰分别为 163.8eV 和 165eV，在 168.5eV 处出现另一个峰，属于化学惰性 SO_x 基团，此基团可参与法拉第反应，从而赋予 HDC 纤维润湿性和赝电容性。

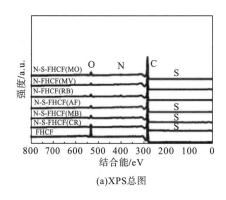

(a)XPS总图

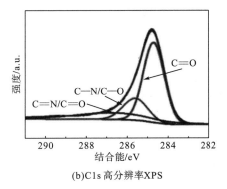

(b)C1s高分辨率XPS

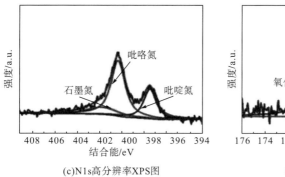

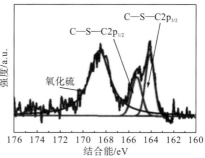

(c)N1s高分辨率XPS图　　　　　　(d)S2p高分辨率XPS图

图 6-6　XPS 分析

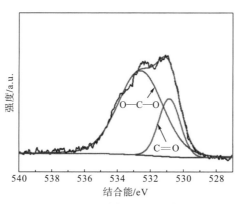

图 6-7　N-S-FHCF(MB)样品的 O1s 高分辨率 XPS 图

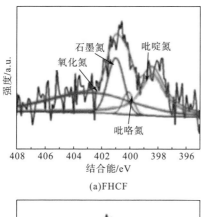

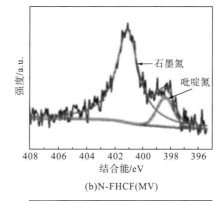

(a)FHCF　　　　　　　　　　　　(b)N-FHCF(MV)

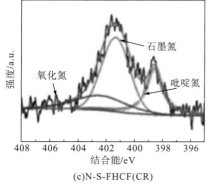

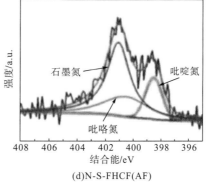

(c)N-S-FHCF(CR)　　　　　　　　(d)N-S-FHCF(AF)

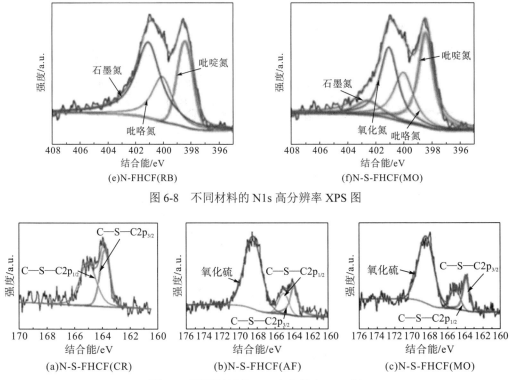

图 6-8　不同材料的 N1s 高分辨率 XPS 图

图 6-9　不同材料的 S2p 高分辨率 XPS 图

2. 材料性能

所有的电化学测试均在 CHI 760D 电化学工作站上进行，使用铂丝电极作为对电极、制备的活性材料修饰电极作为工作电极、Hg/HgO 作为参比电极的三电极测试系统，6.0mol/L 的 KOH 溶液作为电解液。在工作电压为-1.0～0V、扫描速度为 5～50mV/s 条件下获得循环伏安法(cyclic voltammetry，CV) 曲线。在相对于 Hg/HgO 电极的电流密度为 1～20.0A/g、电压为-1.0～0V 的条件下进行恒电流充放电(galvanostatic charge-discharge，GCD) 测试，另外，电化学阻抗谱(electrochemical impedance spectroscopy，EIS) 在 5mV 的振幅、100kHz～10MHz 的频率范围内和开路电压下测量得到。

工作电极的制备方法如下。首先，将质量分数为 80% 的活性物质、质量分数为 10% 的炭黑与质量分数为 10% 的聚四氟乙烯(分散在 N-甲基吡咯烷酮中)混合均匀后研磨成浆；然后，将浆料负载在泡沫镍上，并在 80℃ 下真空干燥 1.5h；最后，在 10MPa 的压力下对电极片进行压制，并在 100℃ 的真空烘箱中干燥 12h。电极面积为 1.0cm²，每个泡沫镍电极上负载的活性物质量为 5.0～6.0mg。

对通过真菌对染料进行生物富集制备的 HDC 纤维的电容性能进行分析。样品的电化学性能在电解质为 6mol/L KOH 的三电极系统中进行测试，FHCF 作为对照样。图 6-10(a) 和图 6-11(a)～(e) 为样品的 CV 曲线，电势范围为-1.0～0.0V，扫描速率为 5～50mV/s。在较高的扫描速率下，样品的 CV 曲线在高电压下偏离了矩形曲线的形状。从 CV 曲线可以看出，在扫描速率为 5mV/s 时 N-S-FHCF(MB) 具有最佳的电容性能。

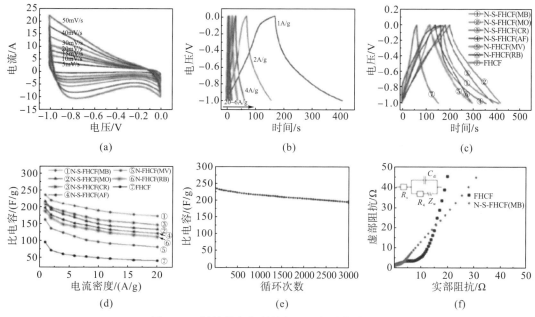

图 6-10 样品的电化学性能测试相关曲线(一)

(a)N-S-FHCF(MB)在 5mV/s 扫描速率下的 CV 曲线；(b)N-S-FHCF(MB)在不同电流密度下的 GCD 曲线；(c)所有样品在 1A/g 电流密度下的 GCD 曲线；(d)不同电流密度下样品的比电容；(e)N-S-FHCF(MB)的循环性能；(f)N-S-FHCF(MB)和 FHCF 在 6.0mol/L 的 KOH 电解质溶液中的奈奎斯特(Nyquist)图谱及等效电路图，扫描频率为 100kHz～10MHz

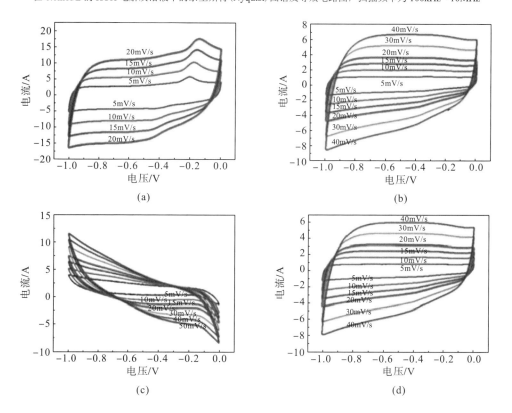

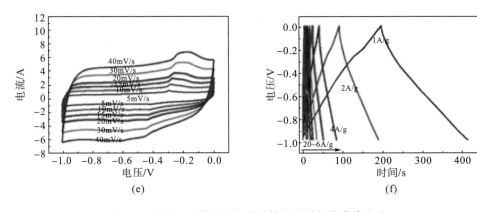

图6-11　图6-10样品的电化学性能测试相关曲线(二)

(a)～(e)N-S-FHCF(MO)、N-S-FHCF(CR)、N-S-FHCF(AF)、N-S-FHCF(MV)、N-S-FHCF(RB)的CV曲线；(f)N-S-FHCF(MO)的GCD曲线

通过在不同电流密度下对电极进行恒电流充放电来测试材料的比电容。如图6-10(b)和图6-11(f)所示，与其他样品[图6-10(c)]相比，N-S-FHCF(MB)的放电时间在1A/g的电流密度下明显更长，表明N-S-FHCF(MB)具有更大的比电容(235F/g)，与CV曲线展现出的结果一致。在电流密度为1A/g时，FHCF的比电容为93.7F/g，其较低的电容性能主要是由于空白真菌菌丝没有通过生物富集吸收染料中的杂原子，因此以氮为代表的杂元素含量很低，不利于材料中电子的输运。N-FHCF(RB)、N-FHCF(MV)、N-S-FHCF(AF)、N-S-FHCF(CR)和N-S-FHCF(MO)在1A/g的电流密度下的比电容分别为160F/g、185F/g、195F/g、206F/g和216F/g。与N-S-FHCF(MB)相比，N-FHCF(RB)和N-FHCF(MV)的掺杂元素仅为氮元素，而N-S-FHCF(CR)和N-S-FHCF(MO)的掺杂元素含量则较低。与其他染料相比，N-S-FHCF(MB)具有较高的比电容主要是由于高含量的硫和氮掺杂改变了碳纤维的电子性质。此外，较大的比表面积促使电解质将离子转移到材料的内部。图6-10(d)为不同电流密度下样品的比电容值，从图中可以看出，N-S-FHCF(MB)的比电容在20A/g时略有下降(171F/g)，为1A/g时的比电容的72.8%。可以看出，在较高的电流密度下，N-S-FHCF(MB)的比电容下降并不明显，较好的倍率性能可能源于材料的介孔分布，而FHCF、N-FHCF(RB)、N-FHCF(MV)、N-S-FHCF(AF)、N-S-FHCF(CR)和N-S-FHCF(MO)在20A/g电流密度下的比电容则相对较差，分别为40F/g、80F/g、110F/g、120F/g、132F/g和145F/g。进一步研究N-S-FHCF(MB)材料的电容稳定性，在1A/g的电流密度下进行GCD测试，研究N-S-FHCF(MB)的循环性能。如图6-10(e)所示，N-S-FHCF(MB)循环3000次后的比电容[N-S-FHCF(MB)-3000C]保持在196F/g(约为初始比电容的83.4%)。此外，从图6-12(a)可以看出，GCD曲线在第3000次循环时仍然保持了原有的形状，CV曲线也保持了良好的形状[图6-12(b)]。结果表明，N-S-FHCF(MB)电极材料具有良好的循环稳定性。

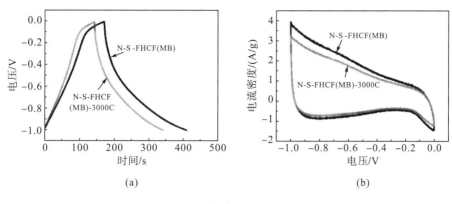

图 6-12　GCD 曲线(a)和 CV 曲线(b)

此外，本节还对材料进行了电化学阻抗谱(EIS)分析。如图 6-10(f)所示，从 FHCF 和 N-S-FHCF(MB)在 100kHz～10MHz 的频率范围内的阻抗图可以看出，N-S-FHCF(MB)相较于 FHCF 而言具有更小的半径，与之对应的是更低的材料内阻。当虚部阻抗为零时，相应的实部阻抗(z')是电解液和电极与收集器(R_s)之间接触的欧姆电阻总和。电极与电解质界面处的电荷转移电阻为 R_{ct}。图 6-10(f)中插入了等效电路图，其通过 Zview 软件拟合，拟合结果见表 6-2。对于 FHCF，R_s 和 R_{ct} 的拟合值分别是 0.75Ω 和 3.59Ω；对于 N-S-FHCF(MB)，R_s 和 R_{ct} 的拟合值分别是 0.34Ω 和 1.13Ω。N-S-FHCF(MB)具有较低的 R_s 和 R_{ct}，这归因于掺杂促进了电极/电解质界面上电子和离子的传输，适当的孔结构和高的比表面积也提高了离子的转移能力并改善了电化学性能。

表 6-2　FHCF 和 N-S-FHCF(MB)的 EIS 拟合结果

样品	R_s/Ω	R_{ct}/Ω
FHCF	0.75	3.59
N-S-FHCF(MB)	0.34	1.13

6.1.3　小结

本节介绍了一种通过菌丝生物富集不同有毒有机染料来制备多种杂原子掺杂碳纤维材料的方法。本方法具有绿色、成本低廉、通用的特点，能将有害的物质转化为有价值的材料。此外，这些材料表现出良好的电容性能。在这些材料中，N-S-FHCF(MB)在 1A/g 的电流密度时具有最高比电容(235F/g)，当电流密度从 1A/g 升高到 20A/g 时，比电容变为原来的 72.8%。实验结果表明，该类碳基材料具有良好的循环稳定性。这种合成思路有望进一步扩展，以制备其他不同类型的杂原子掺杂或金属/杂原子共掺杂菌丝碳纤维材料，并有望应用于氧化还原反应(oxygen reduction reaction，ORR)、析氢反应(hydrogen evolution reaction，HER)及锂离子电池。

6.2　菌丝富集制备氮/硫掺杂碳及超级电容性能

能源危机和环境污染作为全球性问题,阻碍了社会和工业的发展,只有环保和经济的能源与新材料的应用才能推动可持续发展,实现低碳环保的目标。超级电容器是一种新型且具有独特物化性质的储能器件,相较于电池而言,其具有功率密度高、充放电速度快、成本低廉、环境友好和循环寿命长等优点,因此引起了人们的广泛关注。在各种各样的电极材料中,应用最为广泛的是碳基超级电容器材料,此类超级电容器材料占商用超级电容器电极材料的80%以上。在碳材料中,0.5~2.0nm 的微孔数量占比较小,导电通道的不连续性及含氧官能团的存在大幅度降低了超级电容器的功率密度。因此,为了进一步提高碳基超级电容器的性能,可以将杂原子引入碳骨架中,进而改变碳材料的物化性质,这在原理上是切实可行的。

氧化石墨烯(GO)是石墨烯的一种重要衍生物,其因具有高比表面积和良好的导电性而受到极大的关注。随着制备工艺日趋完善,氧化石墨烯已经成为一种可以大规模制备的低成本材料。GO 是一种片状石墨氧化物,具有大量的含氧官能团(羟基、羧基和环氧基等)和高比表面积,是一种优秀的电容电极候选材料。纯氧化石墨烯的电容性能不甚理想,为了克服原生纯氧化石墨烯材料的缺点,获得高电容性能和高循环寿命的材料,可以通过改性来改善其理化性质,从而提高材料的电容性能。

本节在真菌菌丝生长过程中加入氧化石墨烯和 L-半胱氨酸,使真菌菌丝和氧化石墨烯在复合的同时实现对 L-半胱氨酸的生物富集,再经过碳化制备出 N/S 掺杂的碳基材料,研究不同碳化温度对其结构和电容性能的影响。测试结果表明,经过掺杂后的材料电容性能有明显提高,在800℃条件下碳化得到的材料具有较高的比电容及长循环寿命,有望应用于超级电容器的生产与制备中。

6.2.1　实验材料与方法

1. 实验材料

炭角菌是从野外槐树树干采集的标本经组织分离纯化后获得的纯菌种,菌种保藏在中国科学技术大学仿生与纳米化学实验室。

实验所用试剂均为分析纯,未经过进一步的纯化直接使用。蛋白胨、葡萄糖、酵母浸粉和 L-半胱氨酸购买于北京奥博星生物科技有限公司。

2. 实验方法

将炭角菌菌种接种到 100mL 培养基中,并在 28℃摇床中以 180r/min 振荡培养 1d,然后将用无菌水配制的 GO 和 L-半胱氨酸溶液用移液枪加入培养基中,使培养基中 GO 和 L-半胱氨酸的浓度为 400mg/L。继续培养 3d 后,倒出多余的培养基,用去离子水清洗 5 次,然后对其进行冷冻干燥。再将干燥的材料在 600~1000℃的 N_2 气氛中以 5℃/min 的加热速率热解,并在相应的温度下保温 2h 得到 N/S-GO/FH-X 样品。作为对比,空白菌丝没有加入 GO 和 L-半胱氨酸,碳化温度为 800℃,其余反应条件保持一致。

3. 表征方法

透射电子显微镜(TEM)图、能量过滤透射电镜(EFTEM)图、高角环形暗场扫描透射电子显微镜(HAADF-STEM)图通过 200kV 的 JEM-ARM 200F 型原子力显微镜进行采集。扫描电子显微镜被用来表征材料的形态。X 射线衍射数据在 CuK(α)辐射($\lambda = 0.15406$nm)、60kV 电压下测试得到，扫描范围为 3°～80°，升温速率为 2℃/min，电流为 50mA。拉曼散射光谱通过 Renishaw System 2000 光谱仪收集信号，由氩离子 514.5nm 射线激发。对于 BJH 模型，利用等温线吸附法计算得到孔径分布曲线。使用 ASAP 2020 全自动比表面积和孔隙率分析仪在 77K 条件下进行氮气吸附-解吸测试分析，并利用 BET 公式进行计算得出比表面积。X 射线光电子能谱(XPS)分析使用 Kratos Axis Ultra 型 X 射线光电子能谱仪测得，单色 AlK$_\alpha$ 射线作为发射源。

6.2.2　结果分析与讨论

1. 材料表征

将菌丝孢子接种到培养基中生长，当其长成一定大小的颗粒后加入氧化石墨烯和 L-半胱氨酸溶液继续培养，最终形成 0.4cm 左右的复合菌丝球，小球外观可通过数码相片查看，如图 6-13(a)所示，空白的菌丝球是白色的，而加入氧化石墨烯和-L 半胱氨酸溶液的菌丝球为深色[图 6-13(b)]，这主要是受氧化石墨烯颜色的影响。利用这种方法，可以实现材料的大规模培养，如图 6-13(c)所示。

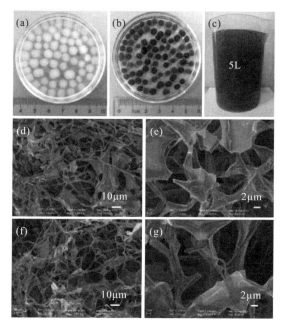

图 6-13　不同材料的数码相片和 SEM 图

(a)～(c)FH、复合球、宏量制备复合球的数码相片；(d)、(e)N/S-GO/FH 的 SEM 图；(f)、(g)N/S-GO/FH-800 的 SEM 图

为了了解掺杂材料的内部结构及微观形貌，利用 SEM 对其形貌进行观察，图 6-13(d)～(g)显示了 N/S-GO/FH 和 N/S-GO/FH-800 的 SEM 图，可以看出 FH 的结构由许多微米尺寸的丝状生物质组成，这些生物质在空间中交错并且呈不规则分布。对于 N/S-GO/FH，单层氧化石墨烯覆盖在这些丝状生物质上，并交织在单根菌丝中。碳化过后的 N/S-GO/FH-800 的 SEM 图如图 6-13(f)、(g)所示，其材料结构并没有被改变，仍然保持了未碳化之前的结构。从 TEM 图中也可以找到氧化石墨烯，其覆盖或者交织在菌丝中，如图 6-14 所示，放大的 TEM 图表明碳化后的材料是高度多孔的。为了进一步分析各元素在 N/S-GO/FH-800 材料中的原子分布情况，用 EFTEM 进行元素成像，EFTEM 图显示存在 C、N、O 和 S 四种元素，并且四种元素均匀分布在碳材料上(图 6-14)。

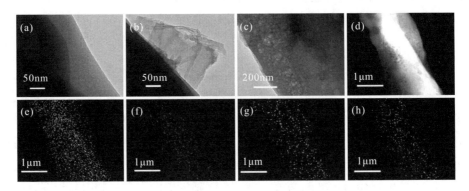

图 6-14　N/S-GO/FH-800 的 TEM 图、EFTEM 图和 EDX 图

(a)～(c)TEM 图；(d)EFTEM 图；(e)～(h)C、O、N、S 元素的 EDX 图

接下来利用 XRD 对样品进行分析，如图 6-15(a)所示。所有样品的特征峰都出现在 24.76°和 43.45°处，这归因于六方石墨的(002)晶面和石墨碳的(101)晶面，这是碳材料的特征峰。随着碳化温度的升高，24.76°处的峰强度明显增强，半峰宽减小，而 43.45°处的峰值强度变化不明显。XRD 结果表明，高的碳化温度会导致材料的石墨化程度增强。

更多的电子和结构信息通过拉曼光谱来揭示。如图 6-15(b)所示，样品在 1355cm^{-1} 和 1590cm^{-1} 处显示出两个不同的峰，分别对应于碳材料的 D 带和 G 带。D 带与无序结构或石墨层的边缘有关，G 带振动来自碳层中所有 sp^2 杂化碳原子。I_D/I_G 被广泛用于评估石墨材料中的缺陷密度。

为了与 N/S-GO/FH-600、N/S-GO/FH-700、N/S-GO/FH-800、N/S-GO/FH-900 和 N/S-GO/FH-1000 进行比较，FH 也在相同的条件下退火以获得 FH-800。通过氮气吸附-解吸研究样品的孔隙特征，如图 6-15(c)所示，详细参数见表 6-3。掺杂碳化样品的曲线与Ⅳ型氮气等温吸附-解吸曲线相似。当相对压力(P/P_0)小于 0.01 时，有一个陡峭的斜坡和搁浅的回归线，这表明只有介孔结构，图 6-15(d)中的孔径分布也证明了这一结果。这些介孔结构可以缩短电解质离子传输的路径，加速电解质离子扩散。从表 6-3 中可以看出，当温度从 600℃上升到 800℃时，S_{BET} 从 694.03m^2/g 增加到 894.24m^2/g；当温度从 900℃上升到 1000℃时，S_{BET} 从 843.96m^2/g 缓慢下降到 772.23m^2/g。

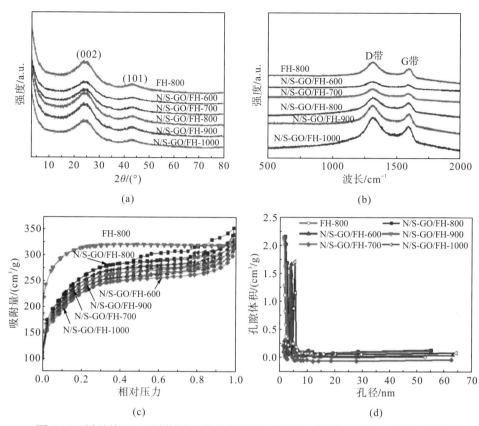

图 6-15　样品的 XRD 图谱(a)、拉曼光谱(b)、吸附-解吸曲线(c)、孔径分布(d)

表 6-3　样品的孔隙结构和原子分数

类别	FH-800	N/S-GO/FH-600	N/S-GO/FH-700	N/S-GO/FH-800	N/S-GO/FH-900	N/S-GO/FH-1000
S_{BET}/(m²/g)	1014.42	694.03	750.25	894.24	843.96	772.23
S_E/(m²/g)	966.73	561.35	697.65	840.56	791.39	730.16
V_T/(cm³/g)	0.51	0.27	0.54	1.21	0.52	0.46
d_M/nm	1.99	2.64	4.82	2.45	2.61	2.32
C(原子分数/%)	89.43	89.96	89.42	91.22	90.15	89.29
N(原子分数/%)	0.85	3.53	3.79	3.65	3.40	3.29
O(原子分数/%)	9.72	5.16	5.73	4.16	5.26	7.13

注：样品可能存在一些微量元素，主要元素加和接近 100%即可。

　　利用 XPS 对样品的化学组成和元素键合结构进行表征。XPS 的总谱图如图 6-16(a)所示。可以看出，掺杂后的样品主要含有的元素为 C、N、O 和 S，而空白样品的主要元素为 C、N、O。Ols 和 Cls 均可分为三种类型的官能团，分别如图 6-16(b)、(c)所示。使用 XPSpeak 软件对 N/S-GO/FH-600、N/S-GO/FH-700、N/S-GO/FII-800、N/S-GO/FH-900 和 N/S-GO/FH-1000 样品中经 XPS 得到的高分辨的 C1s、O1s、N1s 和 S2p 峰进行分峰拟合，如图 6-17 所示。S2p 谱的两个峰分别在 163.8eV 和 165eV 处[图 6-17(a)]，在 168.5eV 处出现另一个峰，属于化学惰性 SO_x 基团，可参与法拉第反应，从而赋予材料润湿性和赝电容性。

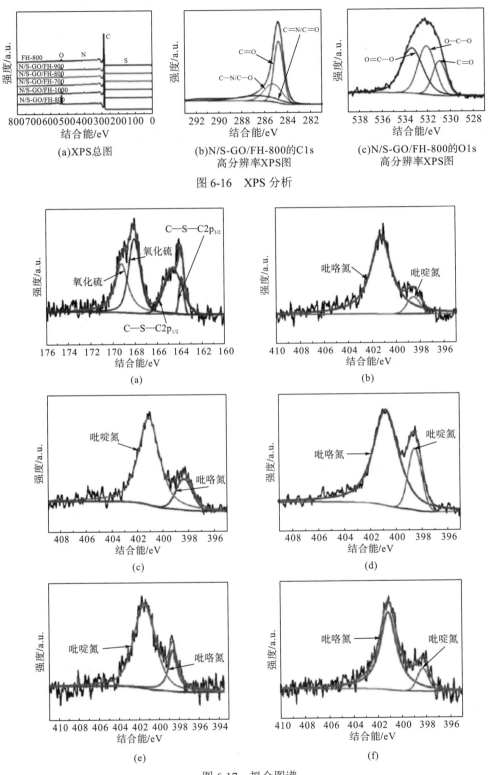

图 6-16　XPS 分析

(a)XPS总图　　　　(b)N/S-GO/FH-800的C1s　　　(c)N/S-GO/FH-800的O1s
　　　　　　　　　　　高分辨率XPS图　　　　　　　高分辨率XPS图

图 6-17　拟合图谱
(a)S2p 拟合图谱；(b)～(f)N/S-GO/FH-600、N/S-GO/FH-700、N/S-GO/FH-800、N/S-GO/FH-900、N/S-GO/FH-1000 的 N1s
拟合图谱

由表 6-3 可以看出，FH-800、N/S-GO/FH-600、N/S-GO/FH-700、N/S-GO/FH-800、N/S-GO/FH-900 和 N/S-GO/FH-1000 的氮含量分别为 0.85%、3.53%、3.79%、3.65%、3.40% 和 3.29%。N1s 可分为两个氮官能团，分别对应 398.6eV 的吡啶氮和 400.5eV 的吡咯氮 [图 6-17(b)~(f)]。这些氮官能团能够参与有关氮的法拉第反应，从而增强掺杂材料的超级电容器性能。随着碳化温度的升高，吡咯氮峰强度先增强，当温度继续增加时氮含量反而开始出现下降趋势。掺杂后的材料有效地引入了含氮基团，适量 N/S 的掺杂为碳材料提供了更多的化学活性位点，提高了材料的功率密度，同时，掺杂提供了更多的电化学活性区域，从而促进了快速可逆的法拉第反应。

2. 材料性能

使用三电极系统在 6mol/L 的 KOH 电解质溶液中测试材料的电容性能，样品的 CV 曲线如图 6-18(a)、(c)所示。从 CV 曲线可以看出，没有掺杂的 FH-800 表现出小的 CV 区域面积，与之相对应的是其较低的电容性能，而 N/S-GO/FH-600、N/S-GO/FH-700、N/S-GO/FH-800、N/S-GO/FH-900 和 N/S-GO/FH-1000 有较大面积的 CV 曲线，CV 曲线近似矩形，显示出良好的电容对称性。其中，N/S-GO/FH-800 的面积最大，推断其具有最大的比电容。即使在 50mV/s 的电位扫描速率下，N/S-GO/FH-800 仍保持矩形 CV 曲线，表明其具有最佳的快速充电和放电特性。

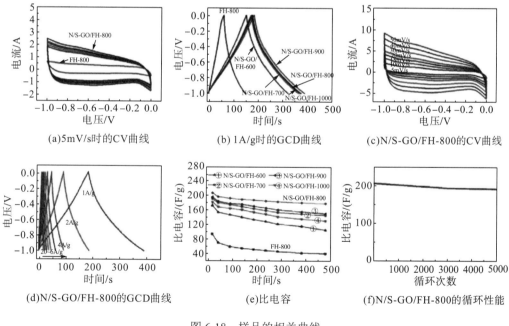

(a)5mV/s时的CV曲线　　(b) 1A/g时的GCD曲线　　(c)N/S-GO/FH-800的CV曲线

(d)N/S-GO/FH-800的GCD曲线　　(e)比电容　　(f)N/S-GO/FH-800的循环性能

图 6-18　样品的相关曲线

恒电流充放电实验是在不同电流密度下进行的，测试的比电容通过以下公式计算：

$$C_S = \frac{I \times \Delta t}{m \times \Delta V} \tag{6-1}$$

式中，C_S 为比电容，F/g；I 为放电电流，A；ΔV 为某一特定放电时间 Δt(s) 的电压变化，V；m 为活性物质在电极上的质量，g。

如图 6-18(b) 所示，与其他样品相比，相同电流密度下 N/S-GO/FH-800 的放电时间明显较长，表明其具有较大的比电容，这与 CV 曲线显示的结果一致。此外，N/S-GO/FH-800 的恒电流充放电曲线的斜率缓慢变化[图 6-18(d)]，说明其具有良好的充放电对称性。

通过对比不同电流密度时的比电容来评估材料的倍率性能。当电流密度从 1A/g 增加到 20A/g 时[图 6-18(d)]，N/S-GO/FH-800 的电容量略有下降，然而，在较高的电流密度下，下降并不明显，说明 N/S-GO/FH-800 具有良好的倍率性能。如图 6-18(e) 所示，在不同电流密度下，N/S-GO/FH-800 的比电容大于 FH-800 和其他 N/S-GO/FH 材料的比电容。良好的倍率性能可能源于材料的介孔结构，同时掺杂改变了材料的电子性质，较大的比表面积还促进了电解质离子向材料内部的转移。

在 1A/g 的电流密度下进行充放电测试，以此来研究 N/S-GO/FH-800 的循环性能。经过 5000 次充放电的 N/S-GO/FH-800 的比电容如图 6-18(f) 和图 6-19 所示，5000 次循环后 N/S-GO/FH-800 的比电容(N/S-GO/FH-800-5000C) 为 191.4F/g，约为初始比电容的 84.6%。

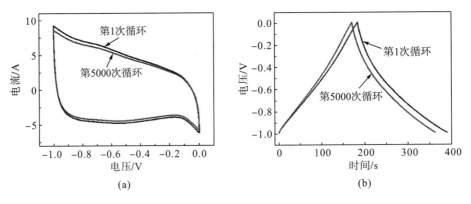

图 6-19　5mV/s 时循环 5000 次的 CV 曲线(a) 及 1A/g 时循环 5000 次的 GCD 曲线(b)

另外，从图 6-19(b) 可以看出，恒电流充放电曲线在第 5000 次循环时仍然是三角形，并且 CV 曲线也保持良好的形状[图 6-19(a)]。这些结果表明，N/S-GO/FH-800 电极材料具有良好的循环稳定性。

此外，还进行了电化学阻抗谱(EIS)分析。N/S-GO/FH-800 和 FH-800 的 EIS 图如图 6-20 所示，对阻抗数据进行等效电路拟合，拟合的结果见表 6-4。从开路电位可以清楚地看出，高频线区域有较小的电荷传输电阻。N/S-GO/FH-800 的 R_{ct} 只有 1.16Ω。从图 6-20 中可以看出，N/S-GO/FH-800 比 FH-800 具有更低的电荷转移电阻(R_{ct})，这归因于掺杂、合适的孔隙结构和较高的比表面积，它们促进了电极/电解质界面处的电子和离子迁移，这种低溶液电阻在改善电化学电容器的速率性能和功率密度方面起着重要作用。稳定性实验后，材料的电阻值相应增大，与充放电实验结果一致。

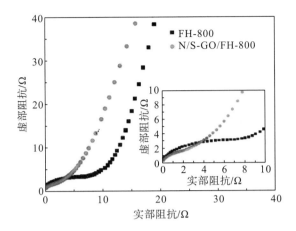

图 6-20　N/S-GO/FH-800 在 6mol/L 的 KOH 电解质溶液中的 Nyquist 图谱及等效电路图

扫描频率为 100kHz～10MHz

表 6-4　EIS 拟合结果

样品	R_s/Ω	R_{ct}/Ω
FH-800	1.08	5.83
N/S-GO/FH-800	0.84	1.16
N/S-GO/FH-800-0	0.94	1.60
N/S-GO/FH-800-60	0.92	1.41
N/S-GO/FH-800-5000C	0.95	1.68

6.2.3　小结

本节通过在菌丝生长过程中加入 L-半胱氨酸和 GO 进行生物富集与复合，成功制备出了基于菌丝生物富集及模板组装的氮/硫共掺杂碳材料，并分析了碳化温度对材料结构及性能的影响，结果表明，800℃下制备的掺杂碳材料表现出较高比电容、高倍率性能、良好的热稳定性、良好的循环稳定性。N/S-GO/FH-800 电极材料良好的电容性能主要是由于碳材料掺杂了适量的 N 原子与 S 原子。掺杂过程为法拉第反应提供了更多的电化学活性区域，适当的孔结构和高比表面积有利于电解质离子向内部材料的转移，同时氧化石墨烯提高了材料的导电性。

6.3　菌丝生物富集/氨气碳化法制备氮掺杂超级电容器材料性能

能量存储是目前亟待突破的研究课题之一。超级电容器由于具有功率密度高、充放电速度快、循环寿命长等特性，得到了各国科学家的广泛关注，被广泛应用于电子载具、航空航天、便携设备等领域。根据其电子转移途径的差别，超级电容器主要分为双电层电容(doublelayer capacitance，DLC)与赝电容两大类。尽管赝电容具有很高的比电容，但其较低的循环寿命限制了其大规模应用。与此相反，双电层电容的循环寿命极高(通常比赝电容高1~2个量级)，但其比电容很低。因此，通过引入杂原子以提供一定的赝电容性质来提升双电层电容的比电容。考虑到氮原子在尺寸和电负性上与碳原子有一定的差异，将氮原子引入碳骨架中会引起材料的物化性质改变，这使得氮掺杂的碳材料在许多应用中极具吸引力，例如，应用于超级电容器、电催化、吸附等领域。在氮掺杂碳材料中，氮元素以多种形式存在，如吡啶、吡咯等，因此研究不同形态氮材料对材料性能的影响具有重要意义。传统的氮掺杂方式(如交叉耦合反应、化学气相沉积、溶剂热还原、偏析法等)比较复杂，不利于大规模生产与应用，因此寻找新的方法以提高氮掺杂效率具有极其重要的意义。

碳材料的结构、比表面积、掺杂量与石墨化程度共同影响材料的电容性能。目前，石墨烯、碳纳米管、碳微米管和生物质碳材料被广泛应用于超级电容器的制备。生物质碳材料由于比表面积高、导电性好、杂元素多等而备受关注，如棉花、秸秆和竹纤维等已被用于制备超级电容器。此外，生物质碳材料还可用于负载金属氧化物以用来制备赝电容。尽管生物质碳材料制备双电层电容已经被广泛应用，但其仍存在氮掺杂量低的缺陷。

本节提出一种简单、经济的利用生物质材料后处理进行氮掺杂的方法，可有效地提高材料的比表面积与氮掺杂量。实验证明，吡啶氮和sp^3杂化氮对比电容有很大的影响。在1A/g电流密度下，材料的比电容高达279F/g，在经过10000次循环后，材料仍能保持95%以上的比电容。

6.3.1   实验材料与方法

1. 实验材料

炭角菌是从野外槐树树干采集的标本，经组织分离纯化后获得纯菌种，菌种保藏在中国科学技术大学仿生与纳米化学实验室。

实验所用试剂均为分析纯，不经过进一步的纯化直接使用。蛋白胨、葡萄糖与酵母浸粉和半胱氨酸购买于北京奥博星生物科技有限公司。

2. 实验方法

1)液体菌种的制备

培养基的成分如下：葡萄糖20g/L，酵母浸粉2.5g/L，蛋白胨2.5g/L，半胱氨酸1g/L。将培养基混合均匀后分装到250mL容量瓶中，每瓶中含150mL培养基。将分装好的培养基置于120℃的高温灭菌锅中进行灭菌。

2)菌丝球的培养

将炭角菌菌丝接种于灭菌后的液体培养基中。接种完毕后，将培养基放入振荡培养箱中进行培养，摇床转速为120r/min，培养时间为7d，培养温度为28℃。生长完毕后，菌丝用1g/L的HCl溶液与KOH溶液进行浸泡清洗，最后使用去离子水将样品冲洗至中性。

将清洗完毕后的菌丝用 Labconco-195 冷冻干燥机在-49℃、真空度小于 10Pa 条件下进行真空冷冻干燥。

3）氮掺杂菌丝的制备

将干燥菌丝放入高温气氛炉中进行碳化，碳化温度为 800℃（升温速率为 5℃/min），保温 2h，反应气体为氨气，氨气流速为 150cm³ STP/min，制备的样品命名为 FH-800-NH₃。作为对比，将样品分别使用 CO₂、N₂ 进行碳化，制备的样品分别命名为 FH-800-CO₂ 与 FH-800-N₂。此外，在不同温度下进行碳化，制备的样品命名为 FH-600-NH₃（600℃）、FH-700-NH₃（700℃）与 FH-900-NH₃（900℃）。经过 γ 辐照后的样品命名为 FH-800-NH₃-50kGy。

4）电化学测试方法

将电极材料（质量分数为 80%）、导电炭黑（质量分数为 10%）与聚四氟乙烯（polytetrafluoroethylene，PTFE）（质量分数为 10%）混合均匀后，加入适量酒精制备成浆料，均匀涂覆在长 8cm、宽 0.5cm 的泡沫镍上。保持泡沫镍上电极材料质量为 1～2mg。

所有电化学测试均在以波斯电极作为对电极的三电极测试系统中进行。电解液为 1.0mol/L 的 KOH 溶液，参比电极为甘汞电极。循环伏安法的扫描速率为 5～50mV/s，电流密度为 1～50A/g，工作电压为-1.0～0.0V。电化学阻抗谱的扫描频率范围为 100kHz～10MHz，振幅为 5mV。

3. 表征方法

扫描电子显微镜与透射电子显微镜用来对材料形貌进行表征；X 射线衍射仪用来表征材料的晶体结构，K_α 辐射源，波长为 0.15406nm，管电压为 40.0kV，管电流为 100mA，扫描范围为 3°～80°，扫描步长为 0.02°；利用傅里叶变换红外光谱仪对材料表面基团进行表征，扫描范围为 400～4000cm⁻¹；拉曼光谱仪用于表征材料的石墨化程度；X 射线光电子能谱用于分析材料的元素含量和形态，仪器为单色 AlK_α X 射线源；通过自动表面积分析工具进行氮气吸附-解吸分析；比表面积采用 BET 公式在 77K 下进行计算；电化学工作站用于测量材料的电化学性能。

6.3.2　结果分析与讨论

1. 材料表征

结构是影响超级电容器性能的关键因素，例如，多孔结构、规则层状结构和 3D 网状结构等具有较大的比表面积且结构稳定，可促进电子的传输。图 6-21（a）为 FH-800-NH₃ 的宏观形貌图。如图 6-21（b）与图 6-21（c）所示，FH-800-NH₃ 为自组装的 3D 网状结构，有利于电子在材料中的输送。通过对比不同的碳化样品［图 6-21（d）～（f）、图 6-22（a）～（c）及图 6-23（a）～（c）］，可以发现通过氨气碳化的样品菌丝管的表面粗糙度更高，这有利于提升材料的比表面积。从图 6-21（g）～（j）可以看出，碳、氮、氧均匀地分布在材料中。FH-800-NH₃ 的元素分布图显示材料中氮元素的含量明显多于 FH-800-N₂ 和 FH-800-CO₂ 两种材料［图 6-22（d）～（g）、图 6-23（d）～（g）］。

采用 XPS 测定碳化材料的晶体结构。如图 6-24 所示,所有材料在约 24.3°处呈现宽峰,对应于石墨碳(002)晶面的衍射,这证实了石墨碳的存在。考虑到 FH 的直径约为 300nm,层间间距的减小不会影响 K⁺在材料中的扩散。44.0°处的宽峰表明材料出现了石墨化,这与石墨碳(100)晶面的衍射相对应。

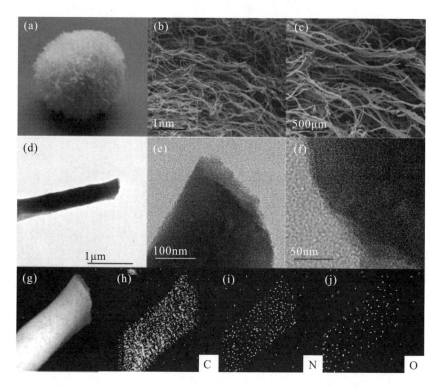

图 6-21　FH-800-NH₃ 的宏观形貌图(a)、SEM 图[(b)、(c)]、TEM 图[(d)~(f)]和元素分布图[(g)~(j)]

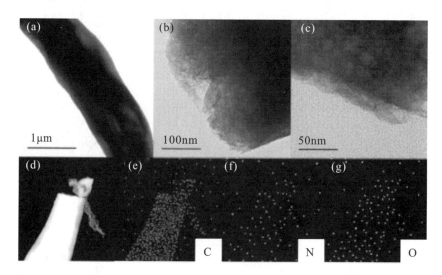

图 6-22　FH-800-N₂ 的 TEM 图[(a)~(c)]和元素分布图[(d)~(g)]

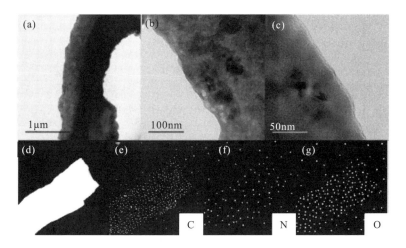

图 6-23　FH-800-CO$_2$ 的 TEM 图［(a)～(c)］和元素分布图［(d)～(g)］

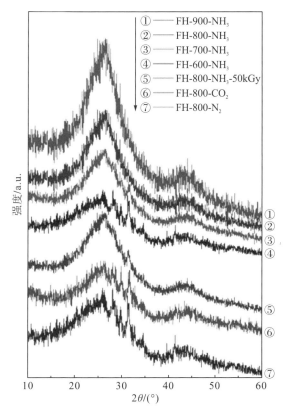

图 6-24　材料的 XRD 图谱

利用拉曼光谱对材料的石墨化程度进行表征（图 6-25）。结果表明，碳化后的材料在 1350cm^{-1} 与 1595cm^{-1} 处出现两个峰，分别对应材料的 D 带与 G 带。D 带表示碳材料中无序碳的强度，G 带表示石墨化碳的强度。因此，通过 D 带与 G 带的积分值可以测定材料的石墨化程度，通常用 I_D/I_G 表示。FH-800-NH$_3$ 的 I_D/I_G 值高于 FH-800-CO$_2$、FH-800-N$_2$、

FH-700-NH$_3$，但低于FH-800-NH$_3$-50kGy。石墨化程度的差异归因于氮元素的引入破坏了碳原子的有序排列，因此石墨化程度低的材料具有很高的I_D/I_G值，而FH-800-NH$_3$-50kGy由于受到γ射线的影响，材料的石墨化程度有所降低。

　　通过FIIR光谱对材料的表面基团进行测定。如图6-26所示，在3430cm^{-1}、2920cm^{-1}、2850cm^{-1}、1550cm^{-1}、1380cm^{-1}和1040cm^{-1}处出现峰值，分别归属于—NH、—CH、—CH$_2$、C≡C、—CH$_3$和C—O。

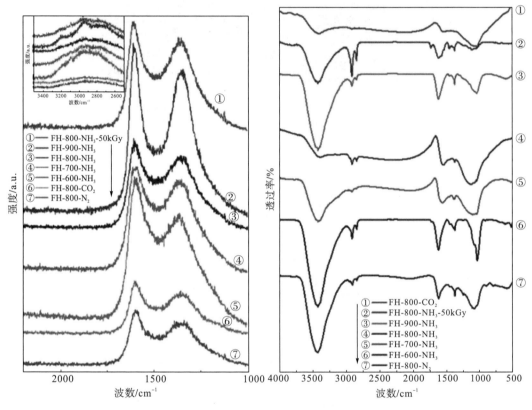

图6-25　材料的拉曼光谱图　　　　　　图6-26　材料的红外光谱图

　　多孔结构可以极大地提高材料的比表面积，提高离子扩散速率，提升材料的电化学稳定性。FH基材具有天然的3D网格结构，其比表面积很大。氮气吸附-解吸等温线分析结果显示，FH-800-NH$_3$的比表面积高达631.65m^2/g（图6-27）。与在不同碳化气体下所得的样品相比，氨气碳化所得样品的BET值出现了显著的增加（表6-5）。氨气作为一种蚀刻剂在高温下与新鲜菌丝发生了反应。从表6-5可以看出，FH-800-NH$_3$的平均微孔直径为2.20nm，相较于FH-800-CO$_2$（2.62nm）和FH-800-N$_2$（3.37nm）更接近于2nm。高的比表面积与适当的平均微孔直径为优良的电化学性能提供了结构基础。随着碳化温度的改变，材料的比表面积从207.68m^2/g（600℃）上升至701.77m^2/g（900℃）。在900℃时，样品的比表面积与孔隙容积均高于低温碳化的样品，但由于其石墨化程度增加，在900℃下得到的样品中氮含量有所降低。

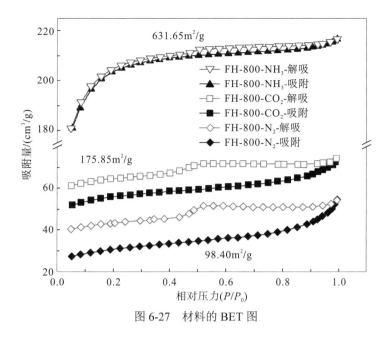

图 6-27　材料的 BET 图

表 6-5　材料的比表面积与孔径相关数据

样品	S_{BET}[a]/(m²/g)	$S_{t\text{-}plot}$[b]/(m²/g)	A^c/%	V_{DFT}[d]/(m³/g)	D_{BJD}[e]/nm
FH-600-NH₃	207.68	123.62	60.72	0.10	3.31
FH-700-NH₃	355.69	213.95	69.98	0.19	3.00
FH-800-NH₃	631.65	446.54	86.64	0.24	2.20
FH-900-NH₃	701.77	488.26	84.09	0.25	2.24
FH-800-N₂	98.40	56.59	56.86	0.04	3.37
FH-800-CO₂	175.85	129.75	80.41	0.07	2.62

注：a. 通过 BET 法确定的比表面积值；b. 通过 t-plot 法确定的比表面积值；c. 微孔表面积占比；d. 直径 2.0nm 以下的微孔体积；e. 平均孔直径。

从表 6-6 中可知，CO_2 作为碳化气氛时得到的样品的氧含量最高，由于氧原子对电子传输有抑制作用，因此其电化学性能最差。氨气条件下碳化得到的样品的氮含量均高于其他样品。

表 6-6　材料的元素含量

名称	C	N	O	N/C	O/C
FH-600-NH₃	86.22%	8.27%	5.50%	0.0959	0.0638
FH-700-NH₃	85.27%	9.18%	5.54%	0.1077	0.0650
FH-800-NH₃	84.42%	10.82%	4.76%	0.1282	0.0564
FH-900-NH₃	93.18%	1.90%	4.93%	0.0204	0.0529
FH-800-N₂	90.37%	3.81%	5.82%	0.0422	0.0644
FH-800-CO₂	87.24%	3.18%	9.58%	0.0365	0.1098
FH	69.61%	2.73%	27.66%	0.0392	0.3974

注：数据受四舍五入的影响，加和之后近似 100%。

为了准确分析不同形式的氮对样品性能的影响,将 N1s 峰分为五个部分进行讨论:吡啶型[(398.6±0.1)eV]、sp³-N[(399.5±0.1)eV]、吡咯型[(400.2±0.1)eV]、石墨型[(401.4±0.1)eV]与吡啶氧化氮型[(402.7±0.1)eV]。不同形式的氮对样品性能的影响不同[图 6-28(a)]。吡啶氮一般位于片状层的边缘,对石墨烯层中的共轭体系贡献一个 π 电子,从而提高碳材料的亲水性。位于六角形环中心的石墨氮原子能显著提高碳材料的润湿性和亲水性。制备的电极材料具有大量的含氮官能团,有利于材料内阻的降低。总氮含量随温度的升高而逐渐升高。氮主要以吡啶氮和吡咯氮的形式存在。吡啶氮拥有更高的电负性,从而对碳材料比电容的增加起到更重要的作用;随着温度的升高,吡啶氮和吡咯氮逐渐向石墨氮转化。用 N 原子取代碳材料中的 C 原子,可以极大地提高材料的赝电容量,值得注意的是,FH-700-NH₃、FH-800-NH₃ 与 FH-900-NH₃ 样品中存在 sp³ 氮峰。样品中的 sp³-N 主要来源于石墨碳表面的氨基。氨基氮的孤对电子能与石墨碳环的电子共轭,从而提高石墨碳环的电荷密度。实验结果证明,这三种材料都显示出较高的电化学性能。在不同的碳化气体条件下,样品中氮形态的相对含量完全不同。在 800℃时,氮气和二氧化碳中的吡啶氮和吡咯氮含量相对较低,氮主要以石墨氮和吡啶氧化氮的形式存在。因此,可以得出结论:氨气碳化条件下所得样品新增加的氮元素主要为吡啶氮和吡咯氮。

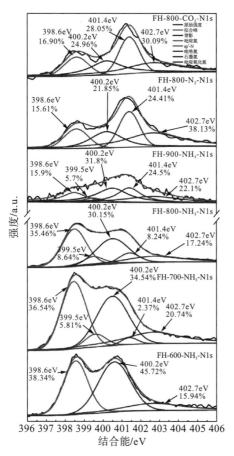

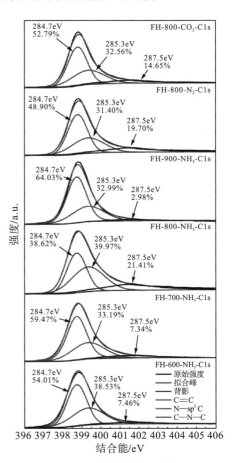

(a)N1s高分辨率XPS图   (b)C1s高分辨率XPS图

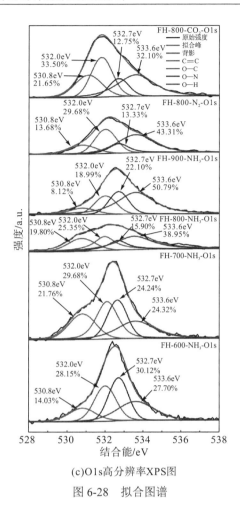

(c)O1s高分辨率XPS图

图 6-28　拟合图谱

图 6-28(b)给出了不同样品的 C1s 高分辨率 XPS 图,其数据可分为三个主要的峰,即 C=C(284.7eV)、N-sp^{2}C(285.3eV)和 C—N—C(287.5eV)。值得注意的是,FH-800-NH$_3$ 样品的 C=C 峰最低,这是由于样品氮含量高而产生了 N-sp^2 C 和 C—N—C 峰。图 6-28(c)展示了样品的 O1s 高分辨率 XPS 图,峰值分别对应于 C=C(530.8eV)、O—C(532.0eV)、O—N(532.7eV)和 O—H(533.6eV)。

2. 材料性能

通过典型的三电极体系对材料的电化学性能进行了测试,电解液为 1mol/L 的 KOH 溶液。不同样品的 CV 曲线在-1.0~0V 的电压窗口内呈矩形[图 6-29(a)],这表明 FH 材料是典型的 EDLC。氨气中碳化所得的样品在-0.6~-0.4V 处出现了一个宽峰,说明材料发生了氧化还原反应,这是材料表面的含氮基团与溶液中的离子发生反应而导致的。FH-800-NH$_3$ 展现出最佳的 CV 性能。根据图 6-29(b)及式(6-2)可知,FH-800-NH$_3$ 样品的最大比电容为 279F/g(电流密度为 1A/g),这在之前的生物质碳材料中是罕见的,其性能优于蚕豆、西瓜碳气凝胶、香蒲、魔芋葡甘聚糖、油松与荷叶等,甚至高于大多数的碳纳米管和石墨烯材料。其他样品的比电容分别为 64.4F/g(FH-800-CO$_2$)与 98.9F/g(FH-800-N$_2$)。氨气气氛中碳化所得样品的电化学性能优于其他样品，说明氮原子对电化学性能具有促进作用。氮原子进入碳骨架，有效地提高了材料的电子云密度。此外，氮原子与碳骨架之间的氧化还原反应也明显增强了材料的电化学性能。含氮基团和电解质反应提供了大量的赝电容量。电化学阻抗谱用于研究材料内部的离子输运行为。从图 6-29(c) 可以看出，所有材料都具有类似的 EIS 图，FH-800-NH₃ 的较小扩散阻力可归因于 FH 上形成的表面腐蚀，使电解液与材料间拥有了更多的反应机会。采用复合非线性最小二乘拟合方法对 EIS 曲线进行分析。

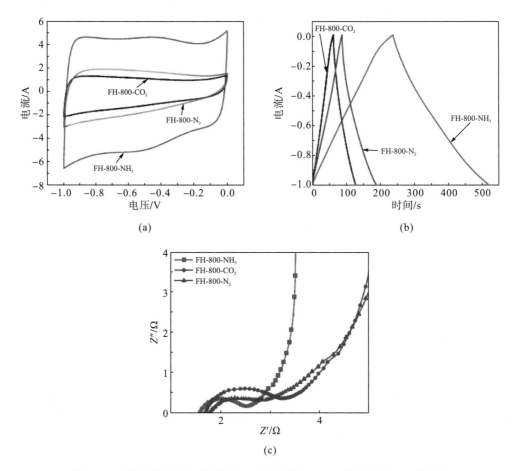

图 6-29　不同碳化气氛下样品的 CV 曲线(a)、GCD 曲线(b)和 EIS 图(c)

　　不同温度下碳化所得的样品数据如图 6-30(a) 所示。FH-600-NH₃ 的 CV 性能较差，这是因为在该温度下材料中的氧元素含量很高，且石墨化程度很低，极大地阻碍了材料内的电子转移。在图 6-30(b) 中，所有样品的 GCD 曲线均为对称的等腰三角形，未出现明显的 IR 降，说明材料具有良好的电化学性能。FH-800-NH₃ 的 EIS 图显示其内阻小于其余几个样品[图 6-30(c)]。

　　对不同条件下 FH-800-NH₃ 的电化学性能进行测试。材料的 CV 曲线面积随着扫描速率的增加而逐渐增大，并未发生明显的变形。当扫描速率大于 15mV/s 后，材料在-0.6～-0.4V 处出现一个宽峰，这是氮的引入导致的[图 6-30(a)、图 6-31(a)]。如图 6-31(b)～(d) 所示，当 FH-800-NH₃ 的电流密度为 1A/g、10A/g、20A/g 与 50A/g 时，材料的比电容分别为 279F/g、211.0F/g、190F/g 和 145F/g。这种材料在超高电流密度下拥有高比电容，使其有可能应用于许多领域，如电动汽车和航空航天等。图 6-31(e)为 FH-800-NH₃ 的 EIS 图。

　　超级电容器作为一种储能装置，其寿命和稳定性是影响其性能的另一个重要因素。在恒定电流密度(4A/g)[图 6-31(f)]下对样品进行测试，样品几乎具有无限的循环性。

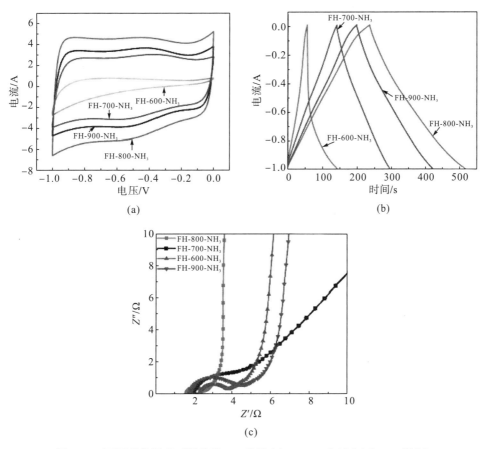

图 6-30　不同碳化温度下样品的 CV 曲线(a)、GCD 曲线(b)和 EIS 图(c)

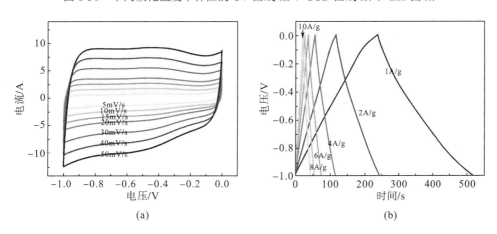

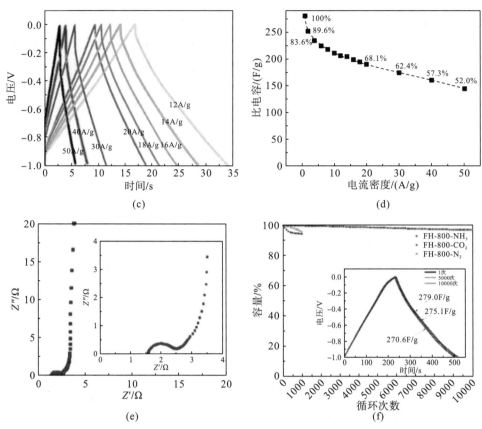

图 6-31　FH-800-NH$_3$ 的 CV 曲线(a)、GCD 曲线[(b)、(c)]及不同电流密度下的比电容(d)、EIS 图(e)、

循环性能(f)

　　高辐照会干扰电子传输，从而影响电容器的性能，因此研究电容器的辐射特性十分重要。将材料置于辐射源中测试其在极端条件下的性能。将材料经 γ 射线照射(总辐照剂量为 50kGy)后制备成电极，材料的 CV 性能几乎没有变化[图 6-32(a)]，这在之前的研究中鲜有报道。当电流密度高达 20A/g[图 6-32(b)～(d)]时，比电容的保留率为 67%，性能衰减的主要原因是 γ 射线对材料结构的破坏。EIS 图无明显变化，与 FH-800-NH$_3$ 相似[具体数据如图 6-32(e)所示]。

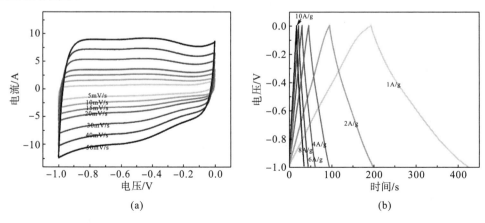

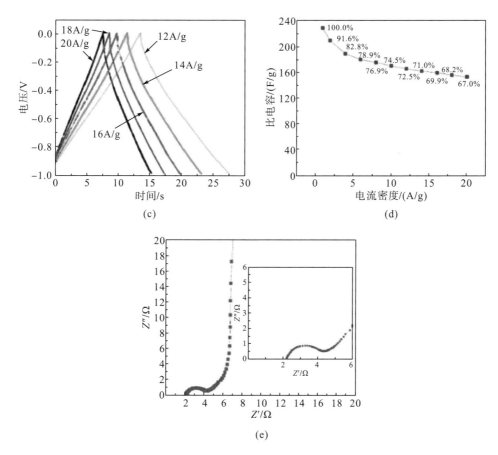

图 6-32　FH-800-NH₃-50kGy 的 CV 曲线(a)、GCD 曲线[(b)、(c)]和不同电流密度下的比电容(d)、EIS 图(e)

6.3.3　小结

　　本节提出一种简单的氮掺杂后处理方法，大幅度提升了生物质碳材料的氮掺杂含量，讨论不同温度、不同碳化气体条件对材料性能的影响，并详细分析氮元素形态对材料性能的影响。结果表明：sp³ 杂化氮对双电层电容的性能影响较大；当碳化温度为 800℃、碳化气体为氨气时，FH-800-NH₃ 样品具有 279F/g 的比电容；经过 10000 次充放电循环后，材料仍保持 97%的比电容。

6.4　菌丝富集制备单原子复合材料及氧化还原反应性能

　　原子分散催化剂具有高原子利用率和可控的配位环境，因此受到越来越多的关注。在电化学中，过渡金属-氮-碳(标记为 M-N-C)复合材料中原子分散的过渡金属原子与氮原子的配位具有研究价值，因为孤立的 M-N-C 中心已被证明是各种电化学反应特别是氧化还原反应(oxygen reductive reaction，ORR)中的高活性位点。尽管 M-N-C 单原子具有优异的活性和选择性，但单原子的高表面能给化学合成带来了挑战。传统的 M-N-C

材料的合成涉及含金属卟啉或酞菁络合物的热解过程。通过传统的直接热解过程，产物具有金属种类的聚集和单个原子的低负荷。为了增加单个原子的负荷，许多研究人员通过使用前驱体来改进热解过程。例如，以 Fe 修饰的三维简单立方碳骨架为前驱体，制备了原子分散的 Fe-N-C；通过 Zn/Co 双金属有机骨架的热解形成了 Co-N-C 单原子。一般来说，将过渡金属限制在一个稳定的结构中是合成 M-N-C 单原子的关键。因此，研究者非常希望能开发出含有大量能限制过渡金属位点的材料，以防止金属物种的聚集和增加单个原子的负荷。

生物质作为一种清洁、廉价、环保的材料，含有多种蛋白质，为限制过渡金属离子提供了丰富的场所。通过结构的改变，蛋白质能够与分离的金属离子结合，从而阻止单个原子的聚集。例如，有研究人员提出了一种蚕丝化学策略来制备金属单原子。在生命体中，金属离子的摄取可促进蛋白质的形成，使得位于生命体中额外的金属离子相互协调(称为生物富集现象)。例如，Fe 离子的摄取促进了铁蛋白的形成，从而增加了酵母细胞和真菌活体内 Fe 离子的浓度。因此，单一的金属离子能够被浓缩在活体中而不聚集。

本节提出一种合成碳化纤维基质上的 Fe-N-C 单原子的生物富集策略。通过在真菌生长过程中引入甘氨酸亚铁，在真菌孢子萌发后将铁原子生物富集到菌丝中。通过对富铁菌丝的热解，得到了含高度分散 Fe-N-C 单原子的菌丝碳纤维(标记为 Fe-N-C SA/HCF)。在生物富集过程中，Fe 离子的摄取促使菌丝分泌谷胱甘肽和铁蛋白，为 Fe 离子提供配位位点。生物富集方式普遍适用于其他金属单原子(如 Co、Ni、Mn)。由于在 ORR 中有大量的 Fe-N-C 类物质作为活性位点，Fe-N-C SA/HCF 在 ORR 测试中表现出的起始电位(E_{onset})为 0.931V vs.RHE(相对于标准氢电极)，半波电位($E_{1/2}$)为 0.802V vs.RHE，与商用 Pt/C 催化剂相当。

6.4.1 实验材料与方法

1. 化学品和材料

炭角菌来源于西南科技大学仿生结构材料与核环境安全实验室。蛋白胨、葡萄糖、酵母提取物购自北京奥博星生物科技有限公司。甘氨酸亚铁、甘氨酸钴、甘氨酸镍、甘氨酸锰均购自河北东华化工有限公司。实验中使用的其他试剂和材料均为分析纯，购自国药集团化学试剂有限公司，未经进一步纯化直接使用。

2. 富铁菌丝的合成

在 100mL 培养基中培养真菌(蛋白胨 2.5g/L，葡萄糖 20.0g/L，酵母提取物 2.5g/L，pH 为 5.5)，28℃下，在轨道摇床里的锥形瓶中孵育炭角菌菌株，以 180r/min 旋转培养 1d。采用针孔过滤器将灭菌后的甘氨酸亚铁溶液加入锥形瓶中，甘氨酸亚铁的浓度为 4g/L。连续培养 3d 后，用去离子水冲洗菌丝 5 次，除去多余培养液。通过标准的冷冻干燥工艺，最终得到富铁菌丝。

3. Fe-N-C SA/HCF 的合成

以富铁菌丝为原料，在氮气气氛下经 800℃焙烧 2h，制得 Fe-N-C SA/HCF。煅烧后的产品在 80℃、0.5mol/L 的 H_2SO_4 溶液中回流 8h，然后离心收集。通过类似的工艺制备不加甘氨酸亚铁的菌丝碳纤维(标记为 HCF)和吸附了 4g/L 甘氨酸亚铁的菌丝衍生碳纤维(标记为 Fe-N-C/HCF)。通过将甘氨酸亚铁分别替换为甘氨酸钴、甘氨酸镍和甘氨酸锰，制备 Co、Ni 和 Mn 单原子。

4. 生物指标测试

1g 菌丝吸干后加入 15mL 生理盐水(用于谷胱甘肽水平测试)或磷酸盐缓冲液(PBS，pH=7.4)(用于铁蛋白水平检测)，以 8000r/min 充分离心 10min，收集上清液进行检测。采用植物谷胱甘肽酶联免疫吸附实验和铁蛋白酶联免疫吸附实验分别测定谷胱甘肽和铁蛋白的含量。

5. 化学品和材料

利用扫描电子显微镜(JSM-6390/LV，Japan)对材料进行形貌表征，并在加速电位为 15.00kV 下放大 5kV 进行 EDX 分析，计算表面元素含量。采用多功能立体显微镜对材料的微观结构进行研究。在加速电位为 200kV 的 JEM-ARM 200F 型原子力显微镜上采集透射电子显微镜(TEM)图、能量过滤透射电镜(EFTEM)图和高角环形暗场扫描透射电子显微镜(HAADF-STEM)图。氮气吸附-解吸测试分析采用 ASAP 2020 全自动比表面积和孔隙率分析仪；采用 BET 公式计算 77K 时材料的比表面积，采用 BJH 模型计算等温线吸附的孔径分布曲线。在 60kV 电压和 50mA 电流下，CuK(α)辐射(波长 λ=0.15406nm)速度为 2°/min，在 3°～80°得到材料的 X 射线衍射图谱。在 Renishaw System 2000 光谱仪上用 514.5nm 的 Ar^+射线作为激发源对拉曼图谱进行表征。利用 Kratos Axis Ultra X 射线光电子能谱仪进行 X 射线光电子能谱(XPS)分析，这种仪器使用单色 AlK_α X 射线源。采用电感耦合等离子体原子发射光谱(inductively coupled plasma atomic emission spectroscopy，ICP-AES)技术对热费希尔虹膜 Intrepid II 进行研究。采用燃烧法提取金属组分。在合肥同步辐射装置的束线 1W1B 上采集 FeL-边缘 X 射线吸收精细结构(X-ray absorption fine struchture，XAFS)。在北京同步辐射装置 1W1B 站测定 FeK-边缘 X 射线吸收精细结构(XAFS)。用透射光谱法记录铁箔参考样品的光谱，用荧光光谱法记录 Fe-N-C SA/HCF 样品的光谱。

6. 氧化还原反应(ORR)性能测试

所有的 ORR 性能测试都是通过电化学工作站 IM6e(Zahner Electrik，Germany)，在室温下使用传统的三电极系统进行的。采用直径为 5.0mm、盘面积为 $0.196cm^2$、转速为 625～2025r/min 的玻碳电极作为工作电极衬底。以 Ag/AgCl(3.5mol/L KCl)和石墨棒分别作为参比电极和对电极。碳基催化剂溶液通过混合催化剂粉末(10mg)、100μL 膜溶液(质量分数为 0.5%)和 920μL 乙醇得到。然后，将 12mg 的催化剂溶液滴加到玻璃状碳电极表面，负载量为 $0.6mg/cm^2$。以商用铂/碳(Pt/C)催化剂(质量分数为 20%，Johnson

Matthey)作为对照。相应的催化剂溶液准备如下：将 50μL 膜溶液(质量分数为 0.5%)和 5mg Pt/C 分散于 970μL 乙醇中以获得均匀分散的墨水状溶液；取 4μL 油墨状催化剂溶液滴到玻璃碳电极表面，负载量为 0.1mg/cm^2；向电解液中通入 N$_2$/O$_2$ 混合气体 30min 以达到饱和。

循环伏安法(CV)实验是在 N$_2$ 和 O$_2$ 饱和的 0.1mol/L 的 KOH 溶液中，以 50mV/s 的扫描速度进行的。旋转圆盘电极(rotating disk electrode，RDE)测试在 0.1mol/L KOH 的 O$_2$ 饱和溶液中进行，盘转速为 1600r/min，扫描速度为 10mV/s。用考特茨基-列维奇 (Koutecky-Levich)方程计算电子转移数：

$$\frac{1}{j} = \frac{1}{j_L} + \frac{1}{j_K} = \frac{1}{B\omega^{1/2}} + \frac{1}{j_K}$$

$$B = 0.62nFC_0\left(D_0\right)^{2/3}v^{-1/6} \tag{6-2}$$

$$j_K = nKFC_0$$

式中，j 为被测电流密度，mA/cm^2；j_L 和 j_K 分别为极限扩散电流密度和动态电流密度，mA/cm^2 和 mA/cm^2；n 为单位体积 O$_2$ 的亚稳态电子总数；F 为法拉第常数，取 96485C/mol；C_0 为氧气的体积浓度，取 1.2×10^{-6}mol/cm；D_0 为氧气分子在 0.1mol/L 的 KOH 电解质溶液中的扩散常数，取 1.9×10^{-5}cm^2/s；v 为电解液动力黏度，取 0.01cm^2/s；ω 为磁盘的角速度，rad/s；K 为电子转移速率常数。所有的电位都使用 Hg/HgO 作为参比电极，转化为 RHE($E_{RHE}=E_{Hg/HgO}+0.059pH+E^{\ominus}_{Hg/HgO}$，其中 $E_{Hg/HgO}$ 是测量的电位，$E^{\ominus}_{Hg/HgO} = 0.098V$)。

7. 电容测量

所有电化学实验均在 CHI 760D 电化学工作站采用三电极法进行。工作电极的制备方法如下：首先，将质量分数为 80%的活性物质、质量分数为 10%的炭黑和质量分数为 10% 的聚四氟乙烯混合在一起，研磨成浆状；然后将浆料置于泡沫镍上，在 80℃真空下干燥 1.5h，在此之后，在 10MPa 压力下压紧电极，于 100℃真空烘箱中干燥 12h，电极面积为 1.0cm^2，每个电极上负载的活性物质质量为 1mg。

三电极法以活性物质电极作为工作电极，铂丝电极作为对电极，Hg/HgO 电极作为参比电极，1.0mol/L KOH 溶液作为电解液。利用 CV 曲线的扫描速率依赖性，通过测量与双层充电有关的电容电流来估算电化学活性表面积。CV 曲线的电位窗口为-1～0V vs.RHE，扫描速率分别为 5mV/s、10mV/s、15mV/s、20mV/s、30mV/s、40mV/s、50mV/s。利用 CV 曲线确定不同样品的双层电容(C_{dl})，其与有效表面积成线性正比。C_{dl} 是通过绘制 Δj(即正极电流密度与阴极电流密度之差，j_a-j_c)在-0.5V 时的扫描速率图来估计的。线性斜率相当于 C_{dl} 的 2 倍，与电化学活性表面积呈正相关。

6.4.2 结果分析与讨论

1. Fe-N-C 单原子的生物富集合成

图 6-33(a)展示了 Fe-N-C SA/HCF 的合成流程。首先将丝状真菌孢子接种于旋转冲

击下的液体培养基中，然后将无毒甘氨酸亚铁作为铁源加入培养基中。培养 3d 后，观察到直径约 0.5cm 的宏观菌丝球，表明形成了富铁菌丝(图 6-34)。与原始的白色菌丝不同，富铁菌丝呈淡黄色，表明铁离子通过甘氨酸亚铁的代谢而达到生物浓度(图 6-35)。从图 6-36 和图 6-37 可以看出，在宏观上很容易制备出具有空心管状结构的富铁菌丝。将干燥的富铁菌丝首先在氮气气氛中焙烧，然后在硫酸溶液中回流去除 FeO_x 纳米颗粒，最后对酸处理后的样品进行干燥，得到最终的 Fe-N-C SA/HCF 产品。为便于比较，还在 Fe-N-C/HCF 的基础上，以甘氨酸亚铁为吸附剂，通过类似的菌丝热解过程制备了常规的 Fe-N-C。

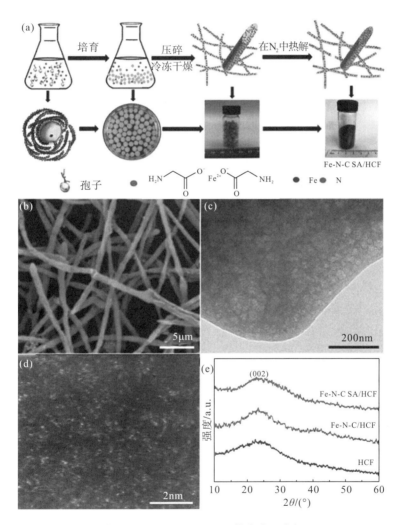

图 6-33　Fe-N-C SA/HCF 的合成及表征

(a)Fe-N-C SA/HCF 合成流程；(b)～(d)Fe-N-C SA/HCF 的 SEM 图、TEM 图、HAADF-STEM 图；(e)HCF、Fe-N-C/HCF、

Fe-N-C SA/HCF 的 XRD 图谱

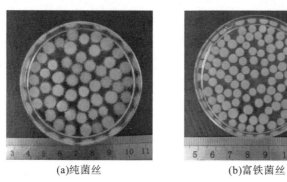

(a)纯菌丝　　　　　　　　(b)富铁菌丝

图 6-34　数码相片

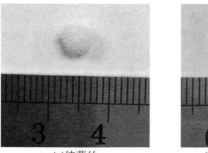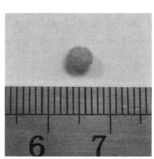

(a)纯菌丝　　　　　　　(b)冻干后的富铁菌丝

图 6-35　单个菌丝的数码相片

(a)纯菌丝　　　　　　　　(b)富铁菌丝

图 6-36　宏观数码相片

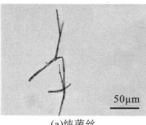

(a)纯菌丝　　　　　　　　(b)富铁菌丝

图 6-37　光学显微镜图像

采用该方法制备了含 Fe 单原子的菌丝衍生碳纤维。如图 6-33(b)所示的 SEM 图中，Fe-N-C SA/HCF 展现出平均直径为 1μm 的网状结构纤维。HCF 和 Fe-N-C/HCF 的形态与

Fe-N-C SA/HCF 相似，说明碳纤维来源于菌丝的微观结构(图 6-38)。用 N_2 吸附-解吸等温线进一步表征碳纤维的多孔性特征(图 6-39)。HCF 呈 I 型吸附等温线，Fe-N-C/HCF 和 Fe-N-C SA/HCF 呈Ⅳ型吸附等温线。转化后的吸附等温线类型表明，铁的加入导致中孔的形成，这是由于变构效应引起菌丝中蛋白质构象变化(图 6-40)。

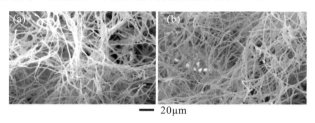

图 6-38　HCF(a)和 Fe-N-C/HCF(b)的 SEM 图

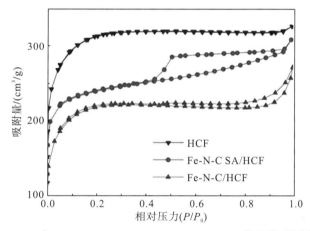

图 6-39　N_2 对 HCF、Fe-N-C/HCF、Fe-N-C SA/HCF 的吸附-解吸等温线

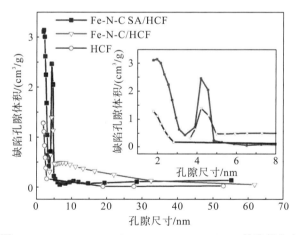

图 6-40　HCF、Fe-N-C/HCF、Fe-N-C SA/HCF 的孔径分布

插图为 0～8nm 区域的放大曲线

进一步研究 Fe-N-C SA/HCF 中 Fe 元素的存在形式。Fe-N-C SA/HCF 的 TEM 图显示，在碳纤维上没有 FeO_x 纳米颗粒[图 6-33(c)]。图 6-33(d)和图 6-41 分别为 Fe-N-C SA/HCF

和 Fe-N-C/HCF 的 HAADF-STEM 图。此外，Fe-N-C SA/HCF 中单个原子的密度远高于 Fe-N-C/HCF。Fe-N-C SA/HCF 的 EDX 图显示，Fe 和 N 覆盖了整个纤维，表明 Fe-N-C 物种分布均匀，没有空间分离(图 6-42)。

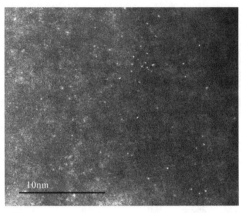

图 6-41　Fe-N-C/HCF 的 HAADF-STEM 图

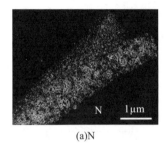
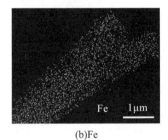

(a)N　　　　　　　　　　　　　　(b)Fe

图 6-42　Fe-N-C SA/HCF 的 EDX 图

　　此外，XRD 图谱中只观察到(002)的六方石墨碳峰，进一步排除了 FeO_x 的存在 [图 6-33(e)]。电感耦合等离子体原子发射光谱(ICP-AES)结果表明，Fe-N-C SA/HCF 中 Fe 单原子的质量分数达到 4.8%，是 Fe-N-C/HCF 的 5.3 倍(0.9%)。

　　通过控制与真菌生长有关的甘氨酸亚铁的浓度，可以调节 Fe 单原子的质量分数。随着培养基中甘氨酸亚铁的浓度从 4g/L 下降到 3g/L 和 2g/L，Fe 单原子的质量分数从 4.8% 分别下降到 3.5% 和 1.8%(表 6-7)。在 1.8% 的 Fe-N-C SA/HCF 的 HAADF-STEM 图(图 6-43)中，单原子密度明显低于 4.8% 的 Fe-N-C SA/HCF。此外，随着甘氨酸亚铁浓度从 4g/L 增加到 5g/L，Fe 单原子的质量分数也从 4.8% 下降到 3.1%，这一结果归因于煅烧后大量 FeO_x 纳米颗粒的形成(图 6-44)，这些纳米颗粒在回流过程中被硫酸腐蚀。因此，4g/L 是甘氨酸亚铁的最佳浓度，可使 Fe-N-C 单原子的质量分数达到最大值。

表 6-7　ICP-AES 法测定的不同浓度甘氨酸亚铁溶液中 Fe-N-C SA/HCF 中 Fe 单原子的质量分数

甘氨酸亚铁的浓度/(g/L)	Fe 单原子的质量分数/%
2	1.8
3	3.5
4	4.8
5	3.1

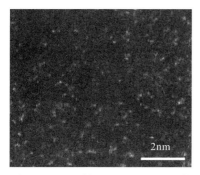

图 6-43　1.8%的 Fe-N-C SA/HCF 的　　　　　图 6-44　5g/L 甘氨酸亚铁焙烧后菌丝
HAADF-STEM 图　　　　　　　　　　　　　　　的 TEM 图

从图 6-45(a)、(b)可以看出，Fe 元素在菌丝网络中均匀分布，说明成熟菌丝能够吸附一定量的甘氨酸亚铁。但是，在 1mol/L HCl 溶液中，吸附在菌丝上的 Fe 元素很容易被解吸[图 6-45(c)、(d)]。相比而言，当真菌孢子萌发,Fe 元素在菌丝中生物富集时,Fe 的 SEM-EDX 元素映射图与菌丝中空管状结构的轮廓重合，说明了 Fe 在菌丝中的生物富集效应[图 6-46(a)、(b)]，此外，在 1mol/L 的 HCl 溶液中清洗菌丝后保存铁种[图 6-46(c)、(d)]，这一结果进一步证实了 Fe 元素不仅被菌丝吸附，而且被固定在了菌丝体内。

谷胱甘肽和铁蛋白是机体中与 Fe 离子相互作用的两种主要蛋白，这一观点已得到了很好的证实。因此，本研究测定了纯菌丝和富铁菌丝中这两种生物指标的含量[图 6-46(e)]。富铁菌丝谷胱甘肽的浓度为 43.93μg/g，是纯菌丝谷胱甘肽浓度的 3.32 倍。富铁菌丝铁蛋白含量为 1775.26ng/g，是纯菌丝铁蛋白含量(931.33ng/g)的 1.91 倍。这些结果表明，Fe 的吸收促进了菌丝分泌谷胱甘肽和铁蛋白。生物富集过程中形成的谷胱甘肽

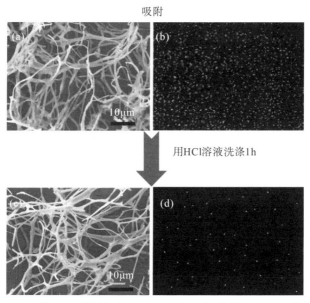

图 6-45　Fe-N-C SA/HCF 的 SEM 图(a)和 SEM-EDX 图(b)及通过 1 mol/L 的 HCl 溶液洗涤后的
SEM 图(c)和 SEM-EDX 图(d)

和铁蛋白为 Fe 离子提供了额外的配位位点，这是生物富集策略中 Fe 单原子质量分数高于传统吸附-热解过程的内在原因。

为了确定 Fe 在 Fe-N-C SA/HCF 中的存在形式，进行了 XPS 测试，Fe-N-C SA/HCF 中 Fe 的微弱信号被清晰地记录下来（图 6-47），此外，氮信号随着 Fe 的加入而增强，这是 Fe-N-C 物种的生成导致的。通过 XPS 图可知，Fe-N-C SA/HCF 中 Fe 原子的质量分数为 Fe-N-C /HCF 的 5.1 倍，与 ICP-AES 结果一致（表 6-8）。图 6-48（a）分别显示了 HCF、Fe-N-C/HCF 和 Fe-N-C SA/HCF 的 N1s 高分辨率 XPS 图。在 398.4eV、400.1eV、401.0eV 和 402.7eV 处的四个特征峰分别为吡啶氮、吡咯氮、石墨氮和氧化氮。有趣的是，吡咯氮峰的相对强度随 Fe 含量的增加呈增大趋势，由此可以推断，Fe 极有可能与吡咯氮配位。

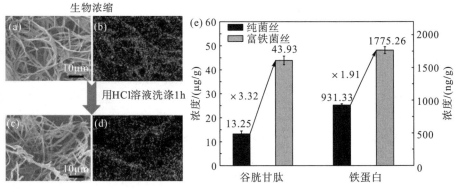

图 6-46　生物富集过程分析

（a）SEM 图；（b）SEM-EDX 图；（c）、（d）通过 1mol/L 的 HCl 洗涤后的 SEM 图和 SEM-EDX 图；（e）纯菌丝和富含铁的菌丝中谷胱甘肽和铁蛋白的浓度

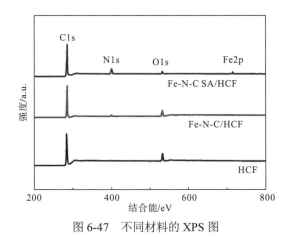

图 6-47　不同材料的 XPS 图

表 6-8　HCF、Fe-N-C/HCF 和 Fe-N-C SA/HCF 中原子的质量分数（通过 XPS 测量）

样品	C/%	N/%	O/%	Fe/%	ICP-AES 测定 Fe/%
HCF	86.5	1.0	12.5	0.0	0.0
Fe-N-C/HCF	85.9	2.6	10.5	1.0	0.9
Fe-N-C SA/HCF	82.2	8.6	4.1	5.1	4.8

在 Fe-N-C SA/HCF 的 Fe2p 高分辨率 XPS 图中，Fe^{2+} 的 $2p_{3/2}$ 峰位于 711.2eV，与之前报道的 Fe-N-C 的结果一致[图 6-48(b)]。利用 X 射线吸收近边结构(X-ray absorption near edge structure，XANES)和扩展 X 射线吸收精细结构(extended X-ray absorption fine structure，EXAFS)光谱确定 Fe 原子的配位环境。图 6-48(c)中 Fe K 边缘 XANES 的剖面表明，Fe-N-C SA/HCF 中的 Fe 物种处于氧化状态，这是由于 Fe-N-C SA/HCF 的吸收边缘能量较高，强度较铁箔的白线强。从 R 空间扩展的 EXAFS 光谱可以看出，Fe-N-C SA/HCF 在 1.5Å 处有一个明显的峰值，这与 Fe-N 的路径有关[图 6-48(d)]。

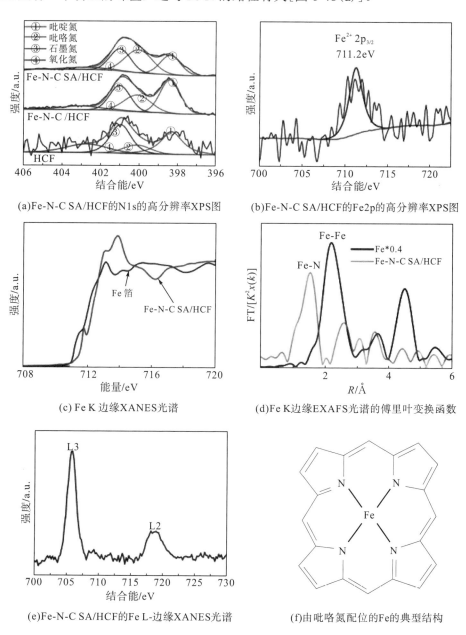

(a)Fe-N-C SA/HCF的N1s的高分辨率XPS图

(b)Fe-N-C SA/HCF的Fe2p的高分辨率XPS图

(c)Fe K 边缘XANES光谱

(d)Fe K边缘EXAFS光谱的傅里叶变换函数

(e)Fe-N-C SA/HCF的Fe L-边缘XANES光谱

(f)由吡咯氮配位的Fe的典型结构

图 6-48 Fe-N-C SA/HCF 中 Fe 的存在形式

此外，EXAFS 光谱中没有 Fe-Fe 路径，说明 Fe-N-C SA/HCF 中存在孤立 Fe。拟合 Fe-N-C SA/HCF 中 Fe 的配位数为 4.1，与典型的 Fe-N$_4$ 相对应（图 6-49 和表 6-9）。Fe-N-C SA/HCF 的 Fe L-边缘 XANES 光谱进一步证实了 Fe-N-C 的存在［图 6-48(e)］。Fe L2 边缘 和 L3 边缘的峰值位置与之前报道的孤立的 Fe-N-C 一致。特别是在 L3 边缘出现了一个没 有多重结构的单峰，与 Fe 相似，而不是 FeO$_x$。结果表明，Fe-N-C SA/HCF 中 Fe 的三维 电子是离域的，这是单个 Fe 中心与周围 N 个原子之间的电子流动所致。以 Fe 为例，介 绍一种典型的由吡咯氮限制的 Fe 结构，如图 6-48(f) 所示。

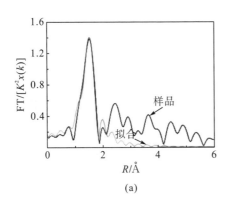
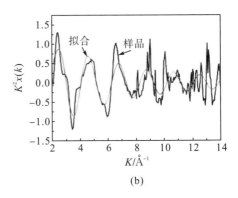

图 6-49　在 R 空间(a) 和 K 空间(b) 的 Fe-N-C SA/HCF 的 EXAFS 拟合曲线

表 6-9　从 EXAFS 配件中提取的 Fe-N-C SA/HCF 的结构参数

项目	散射对	CN	R/Å	$\sigma^2/10^{-3}Å^2$	ΔE_0/eV	R 因子
样品	Fe-N	4.1±0.8	1.94±0.02	6.8±0.9	6.9±1.2	0.0034
Fe 箔	Fe-Fe1	8.0±1.0	2.47±0.02	4.0±0.5	4.0±1.3	—
	Fe-Fe2	6.0±1.2	2.84±0.02	3.4±0.6	4.2±2.7	—

注：CN 是配位数；R 是原子间距离(中心原子与周围配位原子之间的键长)；σ^2 是德拜-沃勒(Debye-Waller)因子(吸收-散射体 距离中热和静态无序的测量)；ΔE_0 是边缘能量偏移(样品的零动能值与理论模型的零动能值之间的差值)；R 因子代表拟合的 接近度。

2. 其他单原子生物富集策略的普遍性

为了证明单原子合成生物富集策略的普遍性，尝试在标准程序中通过用甘氨酸钴、 甘氨酸镍和甘氨酸锰取代甘氨酸亚铁制备 Co、Ni 和 Mn 单原子。TEM 图显示，所有样 品均具有相似的多孔碳结构，没有纳米颗粒［图 6-50(a)、(c)、(e)］。HAADF-STEM 图 显示，高浓度的 Co、Ni、Mn 单原子均匀分布在 HCF 上［图 6-50(b)、(d)、(f)］。XPS 中 Co、Ni、Mn 的结合能分别与相关研究中的 Co-N-C、Ni-N-C、Mn-N-C 单原子的结合 能类似［图 6-50(g)～(i)］。XPS 结果确定的 Co、Ni、Mn 单原子的质量分数分别为 3.7%、 4.2%、2.6%（图 6-51、表 6-10）。这些结果表明，生物富集策略是合成过渡金属单原子的 一种通用方法。

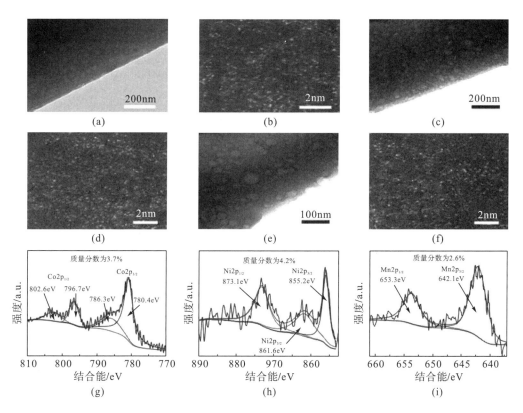

图 6-50　单个原子的表征

(a)、(c)、(e)HCF 上负载的 Co、Ni 和 Mn 单原子的 TEM 图；(b)、(d)、(f)Co、Ni 和 Mn 单原子的 HAADF-STEM 图；

(g)～(i)Co2p、Ni2p 和 Mn2p 的高分辨率 XPS 图

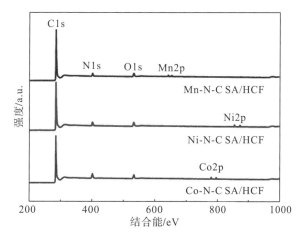

图 6-51　不同材料的 XPS 图

表 6-10   Co-N-C SA/HCF、Ni-N-C SA/HCF 和 Mn-N-C SA/HCF 中元素的质量分数

（通过 XPS 测量）

样品	C/%	N/%	O/%	M/%
Co-N-C SA/HCF	84.4	6.2	5.7	3.7
Ni-N-C SA/HCF	85.3	5.2	5.3	4.2
Mn-N-C SA/HCF	88.8	3.9	4.7	2.6

3. 氧化还原反应的催化性能

以 Fe-N-C SA/HCF 为例，在 0.1mol/L 的 KOH 溶液中进行 ORR 性能测试。在相同条件下，对 HCF 催化剂、Fe-N-C/HCF 催化剂和商用 Pt/C 催化剂进行对比实验。饱和 N_2 电解液 CV 曲线未见峰值，而由于 O_2 的电化学还原，饱和 O_2 电解液 CV 曲线出现明显峰值 [图 6-52(a)、图 6-53]。图 6-52(b)(e)(f) 为三种催化剂的线性扫描伏安法(linear sweep voltammetry，LSV)曲线，由转速为 1600r/min、扫描速度为 10mV/s 的旋转圆盘电极测量。

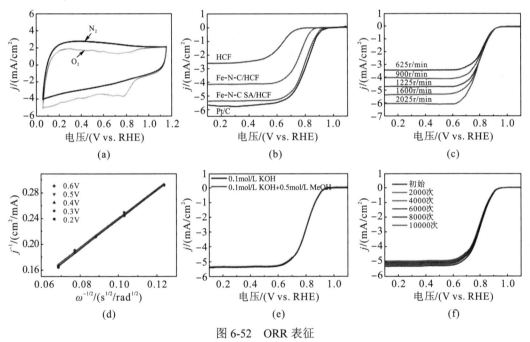

图 6-52   ORR 表征

(a)Fe-N-C SA/HCF 在 O_2 饱和或 N_2 饱和的 0.1mol/L 的 KOH 溶液中、扫描速率为 50mV/s 时的 CV 曲线；(b)1600r/min 时在 O_2 饱和的 0.1mol/L 的 KOH 溶液中不同材料的 LSV 曲线；(c)Fe-N-C SA/HCF 在不同转速下的 LSV 曲线；(d)Fe-N-C SA/HCF Koutecky-Levich(K-L)图；(e)Fe-N-C SA/HCF 在 O_2 饱和的 0.1mol/L 的 KOH 溶液中的 LSV 曲线；(f)Fe-N-C SA/HCF 在 O_2 饱和的 0.1mol/L 的 KOH 溶液中、1600r/min 时的 LSV 曲线

由于缺乏有效的活性位点，HCF 的最终扩散电流密度为 2.6mA/cm²，起始电位为 0.761V vs. RHE。Fe-N-C/HCF 和 Fe-N-C SA/HCF 的极限扩散电流密度分别为 4.13mA/cm² 和 5.34mA/cm²。此外，在三种 HCF 基催化剂中，Fe-N-C SA/HCF 的起始电位(E_{onset})最高，为 0.931V vs. RHE，半波电位($E_{1/2}$)为 0.802V vs. RHE(表 6-12)。这种 ORR 性能与商用 Pt/C 相当(E_{onset} 为 0.944V vs. RHE，$E_{1/2}$ 为 0.812V vs. RHE)。这些结果表明，生物富集的 Fe-N-C SA/HCF 是一种潜在的 ORR 电催化剂。

表 6-12　不同电催化剂的 ORR 性能

样品	起始电位/(V vs. RHE)	半波电位/(V vs. RHE)	0.6 V 的电流密度/(mA/cm²)	0.2 V 的电流密度/(mA/cm²)
HCF	0.761	0.631	−1.42	−2.59
Fe-N-C/HCF	0.870	0.761	−3.97	−4.13
Fe-N-C SA/HCF	0.931	0.802	−5.25	−5.34
Pt/C	0.944	0.812	−5.46	−5.72

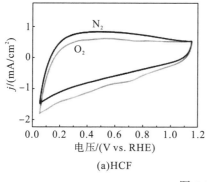

(a)HCF

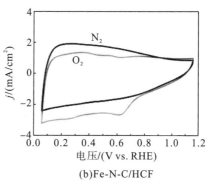

(b)Fe-N-C/HCF

图 6-53　CV 曲线

为了进一步研究材料的 ORR 动力学,对不同转速的催化剂进行 LSV 测试[图 6-52(c)、图 6-54]。由 Koutecky-Levich(K-L)方程确定传递电子数(n)和动力学电流密度(j_K)的动力学参数[图 6-52(d)、图 6-55]。在不同电位下测量的 j^{-1}(电流密度的倒数)与 $\omega^{-1/2}$(转速平方根的倒数)呈线性关系,表明这三种催化剂的 ORR 是对溶解氧浓度的一级反应。当电位为 0.2～0.6V vs. RHE 时,计算得到 Fe-N-C SA/HCF 的电子转移数为 3.96～3.99,说明 Fe-N-C SA/HCF 具有四电子氧还原的趋势。

相比之下,HCF 和 Fe-N-C/HCF 的电子转移数较小,分别为 3.20～3.89 和 3.63～3.83。三种催化剂中 Fe-N-C SA/HCF 的电子转移数最大,表明其电催化选择性最高。在 0.5V vs.RHE 时,K-L 曲线得到的 Fe-N-C SA/HCF 的动力学电流密度达到 43.5mA/cm²,远远高于 HCF(4.9mA/cm²)和 Fe-N-C/HCF(20.4mA/cm²)。值得注意的是,Fe-N-C SA/HCF 的动力学电流密度接近高水平的 Pt/C 催化剂(48.5mA/cm²)。

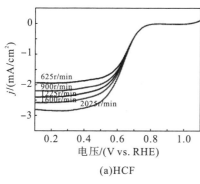

(a)HCF

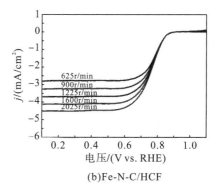

(b)Fe-N-C/HCF

图 6-54　LSV 曲线

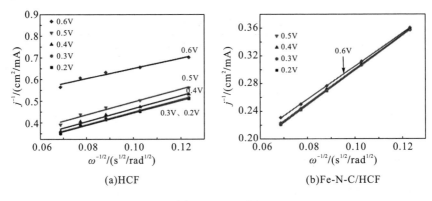

图 6-55　K-L 图

交叉失活效应是燃料电池实际应用中的一个重要影响因素，因为燃料分子能够从阳极扩散到阴极，从而使阴极催化剂失活。在此，测定 Fe-N-C SA/HCF 的耐甲醇性。如图 6-52(e) 所示，加入 0.5mol/L 的甲醇后，Fe-N-C SA/HCF 的 LSV 曲线变化不大。这一结果表明，Fe-N-C SA/HCF 具有良好的交叉失活耐受性，对 ORR 高度敏感。在室温下，采用 0.1～1.1V vs.RHE 的 CV 值对 Fe-N-C SA/HCF 的长期稳定性进行分析。从图 6-52(f) 所示的 LSV 曲线可以看出，Fe-N-C SA/HCF 经过 10000 次循环后，其极限扩散电流密度仅下降 5.6%，说明 Fe-N-C SA/HCF 具有良好的稳定性。

为了验证通过提高生物浓度增加 ORR 性能活性位点的可能性，测量了双层电容(C_{dl})(图 6-56、图 6-57)。采用三电极体系对 1.0mol/L 的 KOH 水溶液电解质的电容性进行研究。将活性材料均匀地支承在泡沫镍上作为工作电极。图 6-56(a) 为扫描速率为 5mV/s 时 HCF、Fe-N-C/HCF、Fe-N-C SA/HCF 的 CV 曲线。三种催化剂中，Fe-N-C SA/HCF 的电流密度最高，C_{dl} 值最大。根据图 6-56(b) 计算了三种催化剂的 C_{dl} 值，Fe-N-C SA/HCF 的 C_{dl} 值为 133.9mF/cm²，远高于 HCF(39.1mF/cm²) 和 Fe-N-C/HCF(79.5mF/cm²)。总的来说，C_{dl} 值与电化学活性区呈正相关，而电化学活性区与活性位点的数量密切相关，Fe-N-C SA/HCF 具有最多的活性位点，与 Fe-N 单原子的数量一致。因此，ORR 性能的提高源于 Fe-N 的增加，而 Fe-N-C SA/HCF 中生物富集了 Fe-N-C。

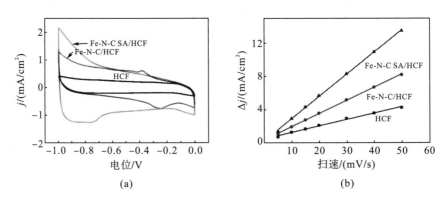

图 6-56　CV 曲线(a) 及电流密度差曲线(b)

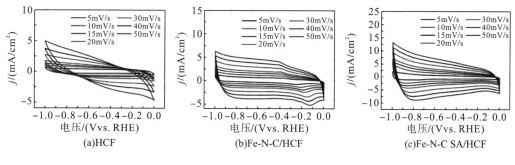

图 6-57　CV 曲线

6.4.3　小结

　　本节介绍了一种合成 Fe-N-C 单原子的生物富集策略。通过真菌对甘氨酸亚铁的代谢，实现了 Fe 的生物富集。富铁菌丝热解后，最终得到 HCF 中的 Fe-N-C 单原子。由于 Fe 的吸收，额外的谷胱甘肽和铁蛋白被菌丝分泌，为 Fe 离子提供了配位位点。值得注意的是，当甘氨酸亚铁浓度为 4g/L 时，Fe-N-C SA/HCF 中 Fe 单原子的质量分数达到 4.8%，同时这种生物富集策略可以推广到 Co、Ni、Mn 单原子的制备。由于 Fe-N-C 含量较高，Fe-N-C SA/HCF 在 ORR 测量中表现出相对于标准氢电极 0.931V 的起始电位和相对于标准氢电极 0.802V 的半波电位，与商用 Pt/C 催化剂性能相当。因此，本节提供了一种简便、有效和通用的生物富集氧化还原反应方法来制备单原子催化剂用于增加单个原子的质量分数。

参 考 文 献

陈艳红, 邢晓科, 郭顺星, 2017. 兰科植物与菌根真菌的营养关系. 菌物学报, 36(7): 807-819.

冯庆玲, 2005. 生物矿化与仿生材料的研究现状及展望. 清华大学学报(自然科学版), 45(3): 378-383.

江洁, 李学伟, 金怀刚, 2013. 美味牛肝菌菌丝体与子实体蛋白质营养价值的评价. 食品科学, 34(3): 253-256.

管娜巍, 王勇, 2019. 紫外可见分光光度法测定放线菌 BOS-011 产红色素的稳定性. 化学分析计量, 28(3): 63-67.

郭家选, 赵永厚, 沈元月, 2002. 几种食用菌菌丝呼吸生理的研究. 中国生态农业学报, 10(3): 74-75.

和佼, 2010. 枯草芽孢杆菌和平菇菌丝体模板合成介孔 TiO 及其光催化性能研究. 昆明: 云南大学.

黄锦丽, 龙敏南, 傅雅婕, 等, 2005. 产酸克雷伯氏菌的吸附固定及其产氢研究. 厦门大学学报(自然科学版), 44(5): 710-713.

黄思梅, 张镜, 2007. PS0312 产色素青霉菌株形态及其重要生物学的研究. 实验室科学, 10(2): 75-79.

姜炜, 王英会, 杨毅, 等, 2006. 低热固相反应法制备 $CoFe_2O_4$、$ZnFe_2O_4$ 和 $Co_{0.5}Zn_{0.5}Fe_2O_4$ 纳米粉体研究. 中国粉体技术, 12(6): 1-4.

靳运仓, 1992. 平菇几种生理性病害的原因及防止措施. 生物学通报, 27(1): 43-44.

李春艳, 贾志成, 赵慧斌, 2008. 褐菇菌丝体主要生长因子研究. 食用菌, 30(2): 13-15.

李立欣, 张斯, 王冬, 等, 2018. 真菌菌丝球研究进展. 化工学报, 69(6): 2364-2372.

林亲录, 赵谋明, 邓靖, 等, 2005. 毛霉产蛋白酶的特性研究. 食品科学, 26(5): 44-47.

刘波, 1963. 我国的野生食用菌. 生物学通报(4): 5-8.

刘成荣, 2007. 碳源、氮源及其比例对香菇液体深层培养的影响. 德州学院学报, 23(6): 58-60.

刘凝, 2016. 内生真菌稻镰状瓶霉基因敲除体系的构建及六个细胞自噬基因的功能分析. 杭州: 浙江大学.

刘秀凤, 2002. 不同相态二氧化碳对微生物生理活性的影响. 天津: 天津大学.

栾兴社, 2001. 曲酒发酵池中兼性自养型链霉菌的分离与特征研究. 食品与发酵工业, 27(11): 17-20.

骆冬青, 2008. 桑黄液体发酵和桑黄多糖提取纯化的研究. 合肥: 安徽农业大学.

吕伟, 周明, 刘长隆, 2012. 微生物模板辅助制备 ZnO 空心微球. 材料导报, 26(22): 23-26.

吕文英, 2007. 黑木耳和毛木耳中无机营养元素含量的测定与研究. 微量元素与健康研究, 24(4): 30-31.

马荣山, 方蕊, 2011. 草原白蘑菌种分离及菌丝体生长因子的筛选. 沈阳农业大学学报, 42(1): 69-73.

邱奉同, 刘培, 2007. 不同无机盐对平菇菌丝体生长的影响. 北方园艺(10): 216-218.

万杰, 银清扬, 翁端, 2019. 菌丝体基塑料的发展现状与前景. 科技导报, 37(22): 105-112.

王倡宪, 郝志鹏, 2008. 丛枝菌根真菌对黄瓜枯萎病的影响. 菌物学报, 27(3): 395-404.

王家腾, 王贺聪, 刘蕾, 2019. 香菇多糖构效关系的研究进展. 食品科学, 40(19): 363-369.

王可, 2017. 以菌丝球为载体强化去除含酚废水效能研究. 哈尔滨: 哈尔滨工业大学.

王丽, 雷娟, 向文良, 等, 2009. 一株产紫色素放线菌的鉴定及其色素特性研究. 应用与环境生物学报, 15(1): 139-142.

吴豪, 赵鹏, 章琦, 等, 2015. 基于菌丝体的缓冲包装材料制备及性能研究. 浙江科技学院学报, 27(1): 22-27.

武晋海, 于亮, 王昌禄, 等, 2007. 茅台酒大曲中 3 株耐高温霉菌的分离纯化及鉴定. 酿酒科技(3): 17-19.

邢佳, 2015. 石竹中稀有内生放线菌分类学鉴定及抗菌活性初步探究. 哈尔滨: 东北农业大学.

邢来君, 李明春, 1999. 普通真菌学. 北京: 高等教育出版社.

邢晓科, 郭顺星, 2003. 猪苓、伴生菌及蜜环菌共培养的形态学研究. 菌物系统, 22(4): 653-660.

徐丽华, 李文均, 刘志恒, 等, 2007. 放线菌系统学: 原理、方法及实践. 北京: 科学出版社.

徐旭东, 2017. 白腐菌的固定化及其在制革废水处理中的应用研究. 济南: 齐鲁工业大学.

杨光富, 杨华铮, 1996. 麦角甾醇生物合成抑制剂分子设计的研究进展. 农药译丛, 18(1): 21-29, 38.

杨峻山, 丛浦珠, 1988. 蜜环菌菌丝体中倍半萜醇芳香酸酯的质谱研究. 化学学报, 46(11): 1093-1100.

杨梅, 2000. 杏鲍菇菌丝深层培养及氨基酸分析研究. 福建师范大学学报(自然科学版), 16(4): 70-73.

姚佳, 2016. 瑞香狼毒根乙醇提取液对寄生水霉生长影响的初步研究. 雅安: 四川农业大学.

尹志文, 董怡华, 张盛宇, 等, 2018. 黄孢原毛平革菌菌丝球吸附水中Cr(Ⅵ)的去除机理. 环境工程, 36(8): 74-78.

于辉霞, 2012. 山东部分地区木生腐生真菌种类与分布的初步研究. 青岛: 青岛农业大学.

张玲, 朱晓飞, 汤睿, 等, 2007. 耐热链霉菌B221产角蛋白酶的液体发酵条件研究. 江苏农业科学, 35(4): 187-189, 226.

张生栋, 丁有钱, 顾忠茂, 等, 2014. 核化学与放射化学的研究进展. 化学通报, 77(7): 660-669.

张树庭, 2002. 关于蕈菌种类的评估. 中国食用菌, 21(2): 3-4.

张维经, 董兆彬, 1986. 蜜环菌成熟菌索的超微结构. 真菌学报, 5(2): 99-103, 130-131.

张玉金, 2012. 云南鸡枞菌与共生白蚁的系统发育和协同演化关系研究. 昆明: 云南农业大学.

赵立军, 马放, 山丹, 等, 2007. 曲霉菌丝球Y3对细菌的固定化效能. 江苏大学学报(自然科学版), 28(5): 446-449.

赵鹏飞, 常明山, 罗辑, 等, 2019. 一株寄生曲霉Q527对黄野螟的感染作用及生物学特性. 广东农业科学, 46(2): 106-112, 173.

赵勇, 李俊凯, 徐汉虹, 等, 2006. 有机酸与多菌灵混配对水稻纹枯病菌的增效作用. 华中农业大学学报, 25(4): 378-380.

周丽洁, 陈艳秋, 宋海燕, 2006. 榆干侧耳菌丝培养特性研究. 食用菌, 28(4): 18-19.

朱春林, 2016. 几种生物反应体系对石墨和氧化石墨烯的作用及机理研究. 南京: 南京理工大学.

朱红惠, 姚青, 龙良坤, 等, 2004. 不同氮形态对AM真菌孢子萌发和菌丝生长的影响. 菌物学报, 23(4): 590-595.

朱雄伟, 胡道伟, 梅运军, 等, 2003. 通过碳源与氮源研究白腐菌产漆酶和菌丝体生长的相关性. 微生物学杂志, 23(3): 12-14, 17.

朱永真, 杜双田, 车进, 等, 2011. 不同碳源及氮源对羊肚菌菌丝生长的影响. 西北农林科技大学学报(自然科学版), 39(3): 113-118.

竹文坤, 2015. 基于微生物诱导微纳结构单元组装制备功能纳米复合材料的研究. 合肥: 中国科学技术大学.

邹庆道, 张子君, 李海涛, 等, 2005. 不同温度及光照对番茄早疫病菌丝生长的影响. 辽宁农业科学(1): 36-37.

Abhijith R, Ashok A, Rejeesh C R, 2018. Sustainable packaging applications from mycelium to substitute polystyrene: A review. Materials Today: Proceedings, 5(1): 2139-2145.

Ai Y J, Liu Y, Huo Y Z, et al., 2019. Insights into the adsorption mechanism and dynamic behavior of tetracycline antibiotics on reduced graphene oxide (RGO) and graphene oxide (GO) materials. Environmental Science: Nano, 6(11): 3336-3348.

Akhavan O, Choobtashani M, Ghaderi E, 2012. Protein degradation and RNA efflux of viruses photocatalyzed by graphene-tungsten oxide composite under visible light irradiation. Journal of Physical Chemistry C, 116(17): 9653-9659.

Akyil S, Eral M, 2005. Preparation of composite adsorbents and their characteristics. Journal of Radioanalytical and Nuclear Chemistry, 266(1): 89-93.

Alangi N, Mukherjee J, Gantayet L, 2016. Solubility of uranium oxide in molten salt electrolysis bath of LiF-BaF$_2$ with LaF$_3$ additive. Journal of Nuclear Materials, 470: 90-96.

Aliev A E, Oh J, Kozlov M E, et al., 2009. Giant-stroke, superelastic carbon nanotube aerogel muscles. Science, 323(5921): 1575-1578.

Allagui A, Elwakil A S, Fouda M E, et al., 2018. Capacitive behavior and stored energy in supercapacitors at power line frequencies. Journal of Power Sources, 390: 142-147.

Appels F V W, Dijksterhuis J, Lukasiewicz C E, et al., 2018. Hydrophobin gene deletion and environmental growth conditions impact mechanical properties of mycelium by affecting the density of the material. Scientific Reports, 8(1): 4703.

Asahi R, Morikawa T, Irie H, et al., 2014. Nitrogen-doped titanium dioxide as visible-light-sensitive photocatalyst: Designs, developments, and prospects. Chemical Reviews, 114(19): 9824-9852.

Atalay F E, Kaya H, Bingol A, et al., 2017. La-based material for energy storage applications. Acta Physica Polonica A, 131(3): 453-456.

Azcarate I, Costentin C, Robert M, et al., 2016. Through-space charge interaction substituent effects in molecular catalysis leading to the design of the most efficient catalyst of CO_2-to-CO electrochemical conversion. Journal of the American Chemical Society, 138(51): 16639-16644.

Badireddy A R, Chellam S, Gassman P L, et al., 2010. Role of extracellular polymeric substances in bioflocculation of activated sludge microorganisms under glucose-controlled conditions. Water Research, 44(15): 4505-4516.

Bai R S, Abraham T E, 2001. Biosorption of Cr (Ⅵ) from aqueous solution by *Rhizopus* nigricans. Bioresource Technology, 79(1): 73-81.

Bai R, Abraham T. 2002. Studies on enhancement of Cr(Ⅵ) biosorption by chemically modified biomass of Rhizopus nigricans. Water Research, 36(5): 1224-1236.

Barg S, Perez F M, Ni N, et al., 2014. Mesoscale assembly of chemically modified graphene into complex cellular networks. Nature Communications, 5: 4328.

Berovič M, Cimerman A, Steiner W, et al., 1991. Submerged citric acid fermentation: Rheological properties of *Aspergillus niger* broth in a stirred tank reactor. Applied Microbiology and Biotechnology, 34(5): 579-581.

Bharde A A, Parikh R Y, Baidakova M, et al., 2008. Bacteria-mediated precursor-dependent biosynthesis of superparamagnetic iron oxide and iron sulfide nanoparticles. Langmuir, 24(11): 5787-5794.

Bhatnagar A, Pandey S K, Vishwakarma A K, et al., 2016. Fe_3O_4@graphene as a superior catalyst for hydrogen de/absorption from/in MgH_2/Mg. Journal of Materials Chemistry A, 4(38): 14761-14772.

Bigall N C, Eychmüller A, 2010. Synthesis of noble metal nanoparticles and their non-ordered superstructures. Philosophical Transactions Series A, Mathematical, Physical, and Engineering Sciences, 368(1915): 1385-1404.

Bigall N C, Reitzig M, Naumann W, et al., 2008. Fungal templates for noble-metal nanoparticles and their application in catalysis. Angewandte Chemie (International Ed in English), 47(41): 7876-7879.

Binupriya A R, Sathishkumar M, Swaminathan K, et al., 2008. Comparative studies on removal of Congo red by native and modified mycelial pellets of *Trametes versicolor* in various reactor modes. Bioresource Technology, 99(5): 1080-1088.

Biswal M, Banerjee A, Deo M, et al., 2013. From dead leaves to high energy density supercapacitors. Energy & Environmental Science, 6(4): 1249-1259.

Boisselier E, Astruc D. 2009. Gold nanoparticles in nanomedicine: Preparations, imaging, diagnostics, therapies and toxicity. Chemical Society Reviews, 38(6): 1759-1782.

Bonderer L J, Studart A R, Gauckler L J, 2008. Bioinspired design and assembly of platelet reinforced polymer films. Science, 319(5866): 1069-1073.

Bone S E, Cliff J, Weaver K, et al., 2020. Complexation by organic matter controls uranium mobility in anoxic sediments. Environmental Science & Technology, 54(3): 1493-1502.

Borenstein A, Hanna O, Attias R, et al., 2017. Carbon-based composite materials for supercapacitor electrodes: A review. Journal of Materials Chemistry A, 5(25): 12653-12672.

Botubol J M, Macías-Sánchez A J, Collado I G, et al., 2013. Stereoselective synthesis and absolute configuration determination of xylariolide A. European Journal of Organic Chemistry, 2013(12): 2420-2427.

Brookshaw D R, Pattrick R A D, Bots P, et al., 2015. Redox interactions of Tc(VII), U(VI), and Np(V) with microbially reduced biotite and chlorite. Environmental Science & Technology, 49(22): 13139-13148.

Cai Y W, Wu C F, Liu Z Y, et al., 2017. Fabrication of a phosphorylated graphene oxide-chitosan composite for highly effective and selective capture of U(VI). Environmental Science: Nano, 4(9): 1876-1886.

Campbell B, Ionescu R, Favors Z, et al., 2015. Bio-derived, binderless, hierarchically porous carbon anodes for Li-ion batteries. Scientific Reports, 5: 14575.

Cao J J, Cohen A, Hansen J, et al., 2016. China-U. S. cooperation to advance nuclear power. Science, 353(6299): 547-548.

Carapeto L P, Cárcamo M C, Duarte J P, et al., 2017. Larvicidal efficiency of the fungus *Amanita muscaria* (Agaricales, Amanitaceae) against *Musca domestica* (Diptera, Muscidae). Biotemas, 30(3): 79.

Castro M E, Cottet L, Castillo A, 2014. Biosynthesis of gold nanoparticles by extracellular molecules produced by the phytopathogenic fungus *Botrytis cinerea*. Materials Letters, 115: 42-44.

Chaalal O, Zekri A Y, Soliman A M, 2015. A novel technique for the removal of strontium from water using thermophilic bacteria in a membrane reactor. Journal of Industrial and Engineering Chemistry, 21: 822-827.

Chabot V, Higgins D, Yu A P, et al., 2014. A review of graphene and graphene oxide sponge: Material synthesis and applications to energy and the environment. Energy & Environmental Science, 7(5): 1564-1596.

Chai L Y, Wang J X, Wang H Y, et al., 2015. Porous carbonized graphene-embedded fungus film as an interlayer for superior Li-S batteries. Nano Energy, 17: 224-232.

Chai L Y, Wang Y Y, Zhao N, et al., 2013. Sulfate-doped Fe_3O_4/Al_2O_3 nanoparticles as a novel adsorbent for fluoride removal from drinking water. Water Research, 47(12): 4040-4049.

Chen H J, Chen Z, Zhao G X, et al., 2018. Enhanced adsorption of U(VI) and [241]Am(III) from wastewater using Ca/Al layered double hydroxide@carbon nanotube composites. Journal of Hazardous Materials, 347: 67-77.

Chen L F, Ma S X, Lu S, et al., 2017. Biotemplated synthesis of three-dimensional porous MnO/C-N nanocomposites from renewable rapeseed pollen: An anode material for lithium-ion batteries. Nano Research, 10(1): 1-11.

Chen S J, Wang Z X, Xia Y H, et al., 2019. Porous carbon material derived from fungal hyphae and its application for the removal of dye. RSC Advances, 9(44): 25480-25487.

Cheng W C, Ding C C, Sun Y B, et al., 2015. Fabrication of fungus/attapulgite composites and their removal of U(VI) from aqueous solution. Chemical Engineering Journal, 269: 1-8.

Cheng W C, Wang M L, Yang Z G, et al., 2014. The efficient enrichment of U(VI) by graphene oxide-supported chitosan. RSC Advances, 4(106): 61919-61926.

Choi C H, Kim M, Kwon H C, et al., 2016. Tuning selectivity of electrochemical reactions by atomically dispersed platinum catalyst. Nature Communications, 7: 10922.

Choi C H, Park S H, Chung M W, et al., 2013. Easy and controlled synthesis of nitrogen-doped carbon. Carbon, 55: 98-107.

Choudhary N, Li C, Moore J, et al., 2017. Asymmetric supercapacitor electrodes and devices. Advanced Materials, 29(21): 1605336.

Chua C, Connolly M, Lartsev A, et al., 2014. Quantum Hall effect and quantum point contact in bilayer-patched epitaxial graphene. Nano Letters, 14(6): 3369-3373.

Chun K Y, Oh Y, Rho J, et al., 2010. Highly conductive, printable and stretchable composite films of carbon nanotubes and silver. Nature Nanotechnology, 5(12): 853-857.

Chung H T, Cullen D A, Higgins D, et al., 2017. Direct atomic-level insight into the active sites of a high-performance PGM-free ORR catalyst. Science, 357(6350): 479-484.

Cong H P, Ren X C, Wang P, et al., 2012. Wet-spinning assembly of continuous, neat, and macroscopic graphene fibers. Scientific Reports, 2: 613.

Cong Y, Zhang J L, Chen F, et al., 2007. Preparation, photocatalytic activity, and mechanism of nano-TiO_2 Co-doped with nitrogen and iron (III). The Journal of Physical Chemistry C, 111(28): 10618-10623.

Conn C E, Drummond C J, 2013. Nanostructured bicontinuous cubic lipid self-assembly materials as matrices for protein encapsulation. Soft Matter, 9(13): 3449-3464.

Cottineau T, Béalu N, Gross P A, et al., 2013. One step synthesis of niobium doped titania nanotube arrays to form (N, Nb) Co-doped TiO_2 with high visible light photoelectrochemical activity. Journal of Materials Chemistry A, 1(6): 2151-2160.

Crookes-Goodson W J, Slocik J M, Naik R R, 2008. Bio-directed synthesis and assembly of nanomaterials. Chemical Society Reviews, 37(11): 2403-2412.

Dai S G, Liu Z, Zhao B T, et al., 2018. A high-performance supercapacitor electrode based on N-doped porous graphene. Journal of Power Sources, 387: 43-48.

Dankert A, Langouche L, Kamalakar M V, et al., 2014. High-performance molybdenum disulfide field-effect transistors with spin tunnel contacts. ACS Nano, 8(1): 476-482.

Del Buffa S, Bonini M, Ridi F, et al., 2015. Design and characterization of a composite material based on Sr(II)-loaded clay nanotubes included within a biopolymer matrix. Journal of Colloid and Interface Science, 448: 501-507.

Deng L B, Zhong W H, Wang J B, et al., 2017. The enhancement of electrochemical capacitance of biomass-carbon by pyrolysis of extracted nanofibers. Electrochimica Acta, 228: 398-406.

Deng W Y, Kang T H, Liu H, et al., 2018. Potassium hydroxide activated and nitrogen doped graphene with enhanced supercapacitive behavior. Science of Advanced Materials, 10(7): 937-949.

Di J, Xia J X, Ge Y P, et al., 2014. Facile fabrication and enhanced visible light photocatalytic activity of few-layer MoS_2 coupled BiOBr microspheres. Dalton Transactions, 43(41): 15429-15438.

Ding C C, Cheng W C, Sun Y B, et al., 2014. Determination of chemical affinity of graphene oxide nanosheets with radionuclides investigated by macroscopic, spectroscopic and modeling techniques. Dalton Transactions, 43(10): 3888-3896.

Ding C C, Cheng W C, Sun Y B, et al., 2015. Novel fungus-Fe_3O_4 bio-nanocomposites as high performance adsorbents for the removal of radionuclides. Journal of Hazardous Materials, 295: 127-137.

Ding Y, Jing D B, Gong H L, et al., 2012. Biosorption of aquatic cadmium(II) by unmodified rice straw. Bioresource Technology, 114: 20-25.

Dolat D, Mozia S, Wróbel R, et al., 2015. Nitrogen-doped, metal-modified rutile titanium dioxide as photocatalysts for water remediation. Applied Catalysis B: Environmental, 162: 310-318.

Dong C C, Lu J, Qiu B C, et al., 2018. Developing stretchable and graphene-oxide-based hydrogel for the removal of organic pollutants and metal ions. Applied Catalysis B: Environmental, 222: 146-156.

Doshi H, Seth C, Ray A, et al., 2008. Bioaccumulation of heavy metals by green algae. Current Microbiology, 56(3): 246-255.

Dreyer D R, Park S, Bielawski C W, et al., 2010. The chemistry of graphene oxide. Chemical Society Reviews, 39(1): 228-240.

Du L W, Xu Q H, Huang M Y, et al., 2015. Synthesis of small silver nanoparticles under light radiation by fungus *Penicillium oxalicum* and its application for the catalytic reduction of methylene blue. Materials Chemistry and Physics, 160: 40-47.

Duan W Y, Chen G D, Chen C X, et al., 2017. Electrochemical removal of hexavalent chromium using electrically conducting carbon nanotube/polymer composite ultrafiltration membranes. Journal of Membrane Science, 531: 160-171.

Dubal D P, Ayyad O, Ruiz V, et al., 2015. Hybrid energy storage: The merging of battery and supercapacitor chemistries. Chemical Society Reviews, 44(7): 1777-1790.

Duran C, Ozdes D, Gundogdu A, et al., 2011. Kinetics and isotherm analysis of basic dyes adsorption onto almond shell (*Prunus dulcis*) as a low cost adsorbent. Journal of Chemical & Engineering Data, 56(5): 2136-2147.

Eftekhari A, 2018. On the mechanism of microporous carbon supercapacitors. Materials Today Chemistry, 7: 1-4.

Eita M, El Labban A, Cruciani F, et al., 2015. Ambient layer-by-layer ZnO assembly for highly efficient polymer bulk heterojunction solar cells. Advanced Functional Materials, 25(10): 1558-1564.

Etacheri V, Yourey J E, Bartlett B M, 2014. Chemically bonded TiO_2-bronze nanosheet/reduced graphene oxide hybrid for high-power lithium ion batteries. ACS Nano, 8(2): 1491-1499.

Faghihian H, Iravani M, Moayed M, et al., 2013. Preparation of a novel PAN-zeolite nanocomposite for removal of Cs^+ and Sr^{2+} from aqueous solutions: Kinetic, equilibrium, and thermodynamic studies. Chemical Engineering Journal, 222: 41-48.

Fakhre N A, Ibrahim B M, 2018. The use of new chemically modified cellulose for heavy metal ion adsorption. Journal of Hazardous Materials, 343: 324-331.

Fakhrullin R F, Zamaleeva A I, Minullina R T, et al., 2012. Cyborg cells: Functionalisation of living cells with polymers and nanomaterials. Chemical Society Reviews, 41(11): 4189-4206.

Fan L Z, Liu J L, Ud-Din R, et al., 2012. The effect of reduction time on the surface functional groups and supercapacitive performance of graphene nanosheets. Carbon, 50(10): 3724-3730.

Fan L Z, Qiao S Y, Song W L, et al., 2013. Effects of the functional groups on the electrochemical properties of ordered porous carbon for supercapacitors. Electrochimica Acta, 105: 299-304.

Fei H L, Dong J C, Arellano-Jiménez M J, et al., 2015. Atomic cobalt on nitrogen-doped graphene for hydrogen generation. Nature Communications, 6: 8668.

Feldt S M, Gibson E A, Gabrielsson E, et al., 2010. Design of organic dyes and cobalt polypyridine redox mediators for high-efficiency dye-sensitized solar cells. Journal of the American Chemical Society, 132(46): 16714-16724.

Feng M L, Sarma D, Qi X H, et al., 2016. Efficient removal and recovery of uranium by a layered organic-inorganic hybrid thiostannate. Journal of the American Chemical Society, 138(38): 12578-12585.

Ferrari A C, Basko D M. 2013. Raman spectroscopy as a versatile tool for studying the properties of graphene. Nature Nanotechnology, 8: 235-246.

Fischer-Parton S, Parton R M, Hickey P C, et al., 2000. Confocal microscopy of FM4-64 as a tool for analysing endocytosis and vesicle trafficking in living fungal hyphae. Journal of Microscopy, 198(Pt 3): 246-259.

Foerstendorf H, Heim K, 2009. Spectroscopic identification of ternary carbonate complexes upon U(Ⅵ)-sorption onto ferrihydrite. Geochimica et Cosmochimica Acta Supplement, 73: A386.

Fonollosa E, Nieto A, Peñalver A, et al., 2015. Presence of radionuclides in sludge from conventional drinking water treatment plants. A review. Journal of Environmental Radioactivity, 141: 24-31.

Fontes A M, Geris R, Dos Santos A V, et al., 2014. Bio-inspired gold microtubes based on the morphology of filamentous fungi. Biomaterials Science, 2(7): 956-960.

Frazier R A, Deaville E R, Green R J, et al., 2010. Interactions of tea tannins and condensed tannins with proteins. Journal of Pharmaceutical and Biomedical Analysis, 51(2): 490-495.

Frens G, 1973. Controlled nucleation for the regulation of the particle size in monodisperse gold suspensions. Nature Physical Science, 241: 20-22.

Gao C T, Kim N D, Villegas Salvatierra R, et al., 2017. Germanium on seamless graphene carbon nanotube hybrids for lithium ion anodes. Carbon, 123: 433-439.

Gao H L, Lu Y, Mao L B, et al., 2014. A shape-memory scaffold for macroscale assembly of functional nanoscale building blocks. Materials Horizons, 1(1): 69-73.

Gao J K, Hou L A, Zhang G H, et al., 2015. Facile functionalized of SBA-15 via a biomimetic coating and its application in efficient removal of uranium ions from aqueous solution. Journal of Hazardous Materials, 286: 325-333.

Ge J P, Hu Y X, Biasini M, et al., 2007. Superparamagnetic magnetite colloidal nanocrystal clusters. Angewandte Chemie (International Ed in English), 46(23): 4342-4345.

Gerin P A, Dengis P B, Rouxhet P G, 1995. Performance of XPS analysis of model biochemical compounds. Journal De Chimie Physique, 92: 1043-1065.

Girbardt M, 1957. Der spitzenkörper von *Polystictus* versicolor (L.). Planta, 50(1): 47-59.

Gong C, Colombo L, Wallace R M, et al., 2014. The unusual mechanism of partial Fermi level pinning at metal-MoS₂ interfaces. Nano Letters, 14(4): 1714-1720.

Guan C, Zhao W, Hu Y T, et al., 2017. Cobalt oxide and N-doped carbon nanosheets derived from a single two-dimensional metal-organic framework precursor and their application in flexible asymmetric supercapacitors. Nanoscale Horizons, 2(2): 99-105.

Gui X C, Li H B, Wang K L, et al., 2011. Recyclable carbon nanotube sponges for oil absorption. Acta Materialia, 59(12): 4798-4804.

Hamanaka T, Higashiyama K, Fujikawa S, et al., 2001. Mycelial pellet intrastructure and visualization of mycelia and intracellular lipid in a culture of *Mortierella alpina*. Applied Microbiology and Biotechnology, 56(1/2): 233-238.

Han A J, Chen W X, Zhang S L, et al., 2018. A polymer encapsulation strategy to synthesize porous nitrogen-doped carbon-nanosphere-supported metal isolated-single-atomic-site catalysts. Advanced Materials, 30(15): e1706508.

Han J, Kwon J H, Lee J W, et al., 2017. An effective approach to preparing partially graphitic activated carbon derived from structurally separated pitch pine biomass. Carbon, 118: 431-437.

Haneef M, Ceseracciu L, Canale C, et al., 2017. Advanced materials from fungal *Mycelium*: Fabrication and tuning of physical properties. Scientific Reports, 7: 41292.

Hao J N, Huang Y J, He C, et al., 2018. Bio-templated fabrication of three-dimensional network activated carbons derived from mycelium pellets for supercapacitor applications. Scientific Reports, 8(1): 562.

Harris S D, Read N D, Roberson R W, et al., 2005. Polarisome meets spitzenkörper: Microscopy, genetics, and genomics converge. Eukaryotic Cell, 4(2): 225-229.

He Y F, Gehrig D, Zhang F, et al., 2016. Highly efficient electrocatalysts for oxygen reduction reaction based on 1D ternary doped porous carbons derived from carbon nanotube directed conjugated microporous polymers. Advanced Functional Materials, 26(45): 8255-8265.

Ho Y S, Chiu W T, Wang C C, 2005. Regression analysis for the sorption isotherms of basic dyes on sugarcane dust. Bioresource Technology, 96(11): 1285-1291.

Hojamberdiev M, Prasad R M, Morita K, et al., 2012. Template-free synthesis of polymer-derived mesoporous $SiOC/TiO_2$ and SiOC/N-doped TiO_2 ceramic composites for application in the removal of organic dyes from contaminated water. Applied Catalysis B: Environmental, 115: 303-313.

Hou J H, Cao C B, Idrees F, et al., 2015. Hierarchical porous nitrogen-doped carbon nanosheets derived from silk for ultrahigh-capacity battery anodes and supercapacitors. ACS Nano, 9(3): 2556-2564.

Howard R J, Aist J R, 1979. Hyphal tip cell ultrastructure of the fungus *Fusarium*: Improved preservation by freeze-substitution. Journal of Ultrastructure Research, 66(3): 224-234.

Howard R J, Aist J R, 1980. Cytoplasmic microtubules and fungal morphogenesis: Ultrastructural effects of methyl benzimidazole-2-ylcarbamate determined by freeze-substitution of hyphal tip cells. The Journal of Cell Biology, 87(1): 55-64.

Howard R J, 1981. Ultrastructural analysis of hyphal tip cell growth in fungi: Spitzenkörper, cytoskeleton and endomembranes after freeze-substitution. Journal of Cell Science, 48: 89-103.

Hu T, Ding S J, Deng H J, 2016. Application of three surface complexation models on U(VI) adsorption onto graphene oxide. Chemical Engineering Journal, 289: 270-276.

Huang S F, Li Z P, Wang B, et al., 2018. N-doping and defective nanographitic domain coupled hard carbon nanoshells for high performance lithium/sodium storage. Advanced Functional Materials, 28(10): 1706294.

Huggins T M, Whiteley J M, Love C T, et al., 2016. Controlled growth of nanostructured biotemplates with cobalt and nitrogen codoping as a binderless lithium-ion battery anode. ACS Applied Materials & Interfaces, 8(40): 26868-26877.

Huie J C, 2003. Guided molecular self-assembly: A review of recent efforts. Smart Materials and Structures, 12(2): 264-271.

Hummers W S Jr, Offeman R E, 1958. Preparation of graphitic oxide. Journal of the American Chemical Society, 80(6): 1339.

Ilari A, Stefanini S, Chiancone E, et al., 2000. The dodecameric ferritin from *Listeria innocua* contains a novel intersubunit iron-binding site. Nature Structural Biology, 7(1): 38-43.

Imai H, Takei Y, Shimizu K, et al., 1999. Direct preparation of anatase TiO_2 nanotubes in porous alumina membranes. Journal of Materials Chemistry, 9(12): 2971-2972.

Iqbal M, Saeed A, Zafar S I, 2007. Hybrid biosorbent: An innovative matrix to enhance the biosorption of Cd(II) from aqueous solution. Journal of Hazardous Materials, 148(1/2): 47-55.

Islam M R, Tudryn G, Bucinell R, et al., 2017. Morphology and mechanics of fungal mycelium. Scientific Reports, 7(1): 13070.

Jariwala D, Sangwan V K, Lauhon L J, et al., 2013. Carbon nanomaterials for electronics, optoelectronics, photovoltaics, and sensing. Chemical Society Reviews, 42(7): 2824-2860.

Jeon H J, Jeong H S, Kim Y H, et al., 2014. Fabrication of 10 nm-scale complex 3D nanopatterns with multiple shapes and components by secondary sputtering phenomenon. ACS Nano, 8(2): 1204-1212.

Jernelöv A, 2010. How to defend against future oil spills. Nature, 466(7303): 182-183.

Jiang D, Liu L, Pan N, et al., 2015. The separation of Th(IV)/U(VI) via selective complexation with graphene oxide. Chemical Engineering Journal, 271: 147-154.

Jiang L, Walczyk D, McIntyre G, et al., 2017. Manufacturing of biocomposite sandwich structures using mycelium-bound cores and preforms. Journal of Manufacturing Processes, 28: 50-59.

Jiang R, Li L, Sheng T, et al., 2018. Edge-site engineering of atomically dispersed Fe-N_4 by selective C-N bond cleavage for enhanced oxygen reduction reaction activities. Journal of the American Chemical Society, 140(37): 11594-11598.

Jones M R, Osberg K D, MacFarlane R J, et al., 2011. Templated techniques for the synthesis and assembly of plasmonic nanostructures. Chemical Reviews, 111(6): 3736-3827.

Jung D S, Hwang T H, Park S B, et al., 2013. Spray drying method for large-scale and high-performance silicon negative electrodes in Li-ion batteries. Nano Letters, 13(5): 2092-2097.

Jung Y, Kim S, Park S J, et al., 2007. Preparation of functionalized nanoporous carbons for uranium loading. Colloids and Surfaces A: Physicochemical and Engineering Aspects, 313: 292-295.

Kaçan E, Kütahyalı C, 2012. Adsorption of strontium from aqueous solution using activated carbon produced from textile sewage sludges. Journal of Analytical and Applied Pyrolysis, 97: 149-157.

Kanagaraj J, Panda R, Senthilvelan T, et al., 2016. Cleaner approach in leather dyeing using graft copolymer as high performance auxiliary: Related kinetics and mechanism. Journal of Cleaner Production, 112(P5): 4863-4878.

Kanematsu M, Young T M, Fukushi K, et al., 2012. Individual and combined effects of water quality and empty bed contact time on As(V) removal by a fixed-bed iron oxide adsorber: Implication for silicate precoating. Water Research, 46(16): 5061-5070.

Karan R, Rajan K C, Sreenivas T, 2019. Studies on lowering of uranium from mine water by static bed ion exchange process. Separation Science and Technology, 54(10): 1607-1619.

Kazemi F, Younesi H, Ghoreyshi A A, et al., 2016. Thiol-incorporated activated carbon derived from fir wood sawdust as an efficient adsorbent for the removal of mercury ion: Batch and fixed-bed column studies. Process Safety and Environmental Protection, 100: 22-35.

Kelly S, Grimm L H, Hengstler J, et al., 2004. Agitation effects on submerged growth and product formation of *Aspergillus niger*. Bioprocess and Biosystems Engineering, 26(5): 315-323.

Kim J H, Lebeault J M, Reuss M, 1983. Comparative study on rheological properties of mycelial broth in filamentous and pelleted forms. European Journal of Applied Microbiology and Biotechnology, 18(1): 11-16.

Kim K H, Oh Y, Islam M F, 2012. Graphene coating makes carbon nanotube aerogels superelastic and resistant to fatigue. Nature Nanotechnology, 7(9): 562-566.

Kong X K, Sun Z Y, Chen M, et al., 2013. Metal-free catalytic reduction of 4-nitrophenol to 4-aminophenol by N-doped graphene. Energy & Environmental Science, 6(11): 3260-3266.

Krüner B, Schreiber A, Tolosa A, et al., 2018. Nitrogen-containing novolac-derived carbon beads as electrode material for supercapacitors. Carbon, 132: 220-231.

Kuo W S, Wu C M, Yang Z S, et al., 2008. Biocompatible bacteria@Au composites for application in the photothermal destruction of cancer cells. Chemical Communications, (37): 4430-4432.

Kuroda K, Ishida T, Haruta M, 2009. Reduction of 4-nitrophenol to 4-aminophenol over Au nanoparticles deposited on PMMA. Journal of Molecular Catalysis A: Chemical, 298(1/2): 7-11.

Kütahyali C, Eral M, 2010. Sorption studies of uranium and thorium on activated carbon prepared from olive stones: Kinetic and thermodynamic aspects. Journal of Nuclear Materials, 396 (2/3): 251-256.

Ladeira A C Q, Gonçalves C R, 2007. Influence of anionic species on uranium separation from acid mine water using strong base resins. Journal of Hazardous Materials, 148 (3): 499-504.

Lam E, Hrapovic S, Majid E, et al., 2012. Catalysis using gold nanoparticles decorated on nanocrystalline cellulose. Nanoscale, 4 (3): 997-1002.

Lee J, Briggs M, Hu C, et al., 2018. Controlling electric double-layer capacitance and pseudocapacitance in heteroatom-doped carbons derived from hypercrosslinked microporous polymers. Nano Energy, 46: 277-289.

Lee J H, Shin W H, Ryou M H, et al., 2012. Functionalized graphene for high performance lithium ion capacitors. ChemSusChem, 5 (12): 2328-2333.

Lee K, Park S W, Ko M J, et al., 2009. Selective positioning of organic dyes in a mesoporous inorganic oxide film. Nature Materials, 8 (8): 665-671.

Lee Y, Chang K, Hu C, et al., Differentiate the pseudocapacitance and double-layer capacitance contributions for nitrogen-doped reduced graphene oxide in acidic and alkaline electrolytes. Journal of Power Sources, 2013, 227: 300-308.

Lei J, Guo Q, Yao W T, et al., 2018. Bioconcentration of organic dyes via fungal hyphae and their derived carbon fibers for supercapacitors. Journal of Materials Chemistry A, 6 (23): 10710-10717.

Lei J, Liu H H, Yin D R, et al., 2020. Boosting the loading of metal single atoms via a bioconcentration strategy. Small, 16 (10): e1905920.

Lei J, Zhou J, Li J W, et al., 2018. Novel collagen waste derived Mn-doped nitrogen-containing carbon for supercapacitors. Electrochimica Acta, 285: 292-300.

Lew R R, 2011. How does a hypha grow? The biophysics of pressurized growth in fungi. Nature Reviews Microbiology, 9 (7): 509-518.

Li B, Dai F, Xiao Q F, et al., 2016. Nitrogen-doped activated carbon for a high energy hybrid supercapacitor. Energy & Environmental Science, 9 (1): 102-106.

Li D K, Li Q, Mao D Y, et al., 2017. A versatile bio-based material for efficiently removing toxic dyes, heavy metal ions and emulsified oil droplets from water simultaneously. Bioresource Technology, 245 (P A): 649-655.

Li J Z, Wang L L, Li L, et al., 2019. Metal sulfides@carbon microfiber networks for boosting lithium ion/sodium ion storage via a general metal- *Aspergillus niger* bioleaching strategy. ACS Applied Materials & Interfaces, 11 (8): 8072-8080.

Li L, Xu M Z, Chubik M, et al., 2015. Entrapment of radioactive uranium from wastewater by using fungus-Fe_3O_4 bio-nanocomposites. RSC Advances, 5 (52): 41611-41616.

Li W, Yao W T, Zhu W K, et al., 2016. In situ preparation of mycelium/bayberry tannin for the removal of strontium from aqueous solution. Journal of Radioanalytical and Nuclear Chemistry, 310 (2): 495-504.

Li Z H, Shi J Y, Huang X W, et al., 2018. Micro-sensors based on hypha-templated coaxial microfibers. Analytical Methods, 10 (1): 138-144.

Lian J, Li J W, Wang L, et al., 2018. Konjac glucomannan derived carbon aerogels for multifunctional applications. Nano, 13 (10): 1850113.

Lian J, Xiong L S, Cheng R, et al., 2019. Ultra-high nitrogen content biomass carbon supercapacitors and nitrogen forms analysis. Journal of Alloys and Compounds, 809: 151664.

Lian Y R, Bai X Y, Li X Q, et al., 2017a. Novel fungal hyphae/Fe_3O_4 and $N-TiO_2$/NG composite for adsorption and photocatalysis. RSC Advances, 7(12): 6842-6848.

Lian Y R, Zhu W K, Yao W T, et al., 2017b. A biomass carbon mass coated with modified TiO_2 nanotube/graphene for photocatalysis. New Journal of Chemistry, 41(10): 4212-4219.

Liang H W, Liu J W, Qian H S, et al., 2013. Multiplex templating process in one-dimensional nanoscale: Controllable synthesis, macroscopic assemblies, and applications. Accounts of Chemical Research, 46(7): 1450-1461.

Liang J J, Yuan C C, Li H H, et al., 2018. Growth of SnO_2 nanoflowers on N-doped carbon nanofibers as anode for Li- and Na-ion batteries. Nano-Micro Letters, 10(2): 21.

Liang H W, Zhang W J, Ma Y N, et al., 2011. Highly active carbonaceous nanofibers: A versatile scaffold for constructing multifunctional free-standing membranes. ACS Nano, 5(10): 8148-8161.

Lin K C, Lai S Y, Chen S M, 2014. A highly sensitive NADH sensor based on a mycelium-like nanocomposite using graphene oxide and multi-walled carbon nanotubes to co-immobilize poly(luminol) and poly(neutral red) hybrid films. The Analyst, 139(16): 3991-3998.

Ling L, Huang X Y, Zhang W X, 2018. Enrichment of precious metals from wastewater with core-shell nanoparticles of iron. Advanced Materials, 30(17): e1705703.

Linley S, Liu Y Y, Ptacek C J, et al., 2014. Recyclable graphene oxide-supported titanium dioxide photocatalysts with tunable properties. ACS Applied Materials & Interfaces, 6(7): 4658-4668.

Liu L C, Liu Z, Liu A N, et al., 2014. Engineering the TiO_2-graphene interface to enhance photocatalytic H_2 production. ChemSusChem, 7(2): 618-626.

Liu L, Xu S D, Yu Q, et al., 2016. Nitrogen-doped hollow carbon spheres with a wrinkled surface: Their one-pot carbonization synthesis and supercapacitor properties. Chemical Communications, 52(78): 11693-11696.

Liu S G, Mao C P, Wang L, et al., 2015. Bio-inspired synthesis of carbon hollow microspheres from *Aspergillus flavus* conidia for lithium-ion batteries. RSC Advances, 5(73): 59655-59658.

Liu T Y, Zhang F, Song Y, et al., 2017. Revitalizing carbon supercapacitor electrodes with hierarchical porous structures. Journal of Materials Chemistry A, 5(34): 17705-17733.

Liu W, Zhang S K, Dar S U, et al., 2018. Polyphosphazene-derived heteroatoms-doped carbon materials for supercapacitor electrodes. Carbon, 129: 420-427.

Livne A, Mijowska S C, Polishchuk I, et al., 2019. A fungal mycelium templates the growth of aragonite needles. Journal of Materials Chemistry B, 7(37): 5725-5731.

Loiseau T, Mihalcea I, Henry N, et al., 2014. The crystal chemistry of uranium carboxylates. Coordination Chemistry Reviews, 266: 69-109.

López-Franco R, Bartnicki-Garcia S, Bracker C E, 1994. Pulsed growth of fungal hyphal tips. Proceedings of the National Academy of Sciences of the United States of America, 91(25): 12228-12232.

López-Franco R, Bracker C E, 1996. Diversity and dynamics of the Spitzenkörper in growing hyphal tips of higher fungi. Protoplasma, 195(1): 90-111.

López-Franco R, Howard R J, Bracker C E, 1995. Satellite Spitzenkörper in growing hyphal tips. Protoplasma, 188(1): 85-103.

Lorenz M M, Alkhafadji L, Stringano E, et al., 2014. Relationship between condensed tannin structures and their ability to precipitate feed proteins in the rumen. Journal of the Science of Food and Agriculture, 94(5): 963-968.

Low G K C, McEvoy S R, Matthews R W, 1991. Formation of nitrate and ammonium ions in titanium dioxide mediated photocatalytic degradation of organic compounds containing nitrogen atoms. Environmental Science & Technology, 25(3): 460-467.

Lu Q, Liu J, Wang X Y, et al., 2018. Construction and characterizations of hollow carbon microsphere@polypyrrole composite for the high performance supercapacitor. Journal of Energy Storage, 18: 62-71.

Luo L J, Yang Y, Zhang A L, et al., 2015. Hydrothermal synthesis of fluorinated anatase TiO_2/reduced graphene oxide nanocomposites and their photocatalytic degradation of bisphenol A. Applied Surface Science, 353: 469-479.

Ma S L, Huang L, Ma L J, et al., 2015. Efficient uranium capture by polysulfide/layered double hydroxide composites. Journal of the American Chemical Society, 137(10): 3670-3677.

Maier S A, Kik P G, Atwater H A, et al., 2003. Local detection of electromagnetic energy transport below the diffraction limit in metal nanoparticle plasmon waveguides. Nature Materials, 2(4): 229-232.

Malard L M, Nilsson J, Elias D C, et al., 2007. Probing the electronic structure of bilayer graphene by Raman scattering. Physical Review B, 76(20): 201401.

Malik A, 2004. Metal bioremediation through growing cells. Environment International, 30(2): 261-278.

Manos M J, Kanatzidis M G. 2012. Layered metal sulfides capture uranium from seawater. Journal of the American Chemical Society, 134(39): 16441-16446.

Martínez-Huitle C A, Brillas E, 2009. Decontamination of wastewaters containing synthetic organic dyes by electrochemical methods: A general review. Applied Catalysis B: Environmental, 87(3/4): 105-145.

Meidanchi A, Akhavan O, 2014. Superparamagnetic zinc ferrite spinel-graphene nanostructures for fast wastewater purification. Carbon, 69: 230-238.

Meng Q, Chen Y Z, Zhu W K, et al., 2018. One step hydrothermal synthesis of 3D CoS_2@MoS_2-NG for high performance supercapacitors. Nanotechnology, 29(29): 29LT01.

Meng Q, Ge H L, Yao W T, et al., 2019. One-step synthesis of nitrogen-doped wood derived carbons as advanced electrodes for supercapacitor applications. New Journal of Chemistry, 43(9): 3649-3652.

Meng Q S, Qin K Q, Ma L Y, et al., 2017. N-doped porous carbon nanofibers/porous silver network hybrid for high-rate supercapacitor electrode. ACS Applied Materials & Interfaces, 9(36): 30832-30839.

Michalet X, Pinaud F F, Bentolila L A, et al., 2005. Quantum dots for live cells, in vivo imaging, and diagnostics. Science, 307(5709): 538-544.

Mikolajczyk A, Gajewicz A, Rasulev B, et al., 2015. Zeta potential for metal oxide nanoparticles: A predictive model developed by a nano-quantitative structure-property relationship approach. Chemistry of Materials, 27(7): 2400-2407.

Min Y L, He G Q, Li R B, et al., 2013. Doping nitrogen anion enhanced photocatalytic activity on TiO_2 hybridized with graphene composite under solar light. Separation and Purification Technology, 106: 97-104.

Ming P, Zhang Y Y, Bao J W, et al., 2015. Bioinspired highly electrically conductive graphene-epoxy layered composites. RSC Advances, 5(28): 22283-22288.

Mishra S, Dwivedi J, Kumar A, et al., 2016. The synthesis and characterization of tributyl phosphate grafted carbon nanotubes by the floating catalytic chemical vapor deposition method and their sorption behavior towards uranium. New Journal of Chemistry, 40(2): 1213-1221.

Mo R J, Zhao Y, Zhao M M, et al., 2018. Graphene-like porous carbon from sheet cellulose as electrodes for supercapacitors. Chemical Engineering Journal, 346: 104-112.

Mohammadi A, Arsalani N, Tabrizi A G, et al., 2018. Engineering rGO-CNT wrapped Co₃S₄ nanocomposites for high-performance asymmetric supercapacitors. Chemical Engineering Journal, 334: 66-80.

Mohammed Fayaz A, Balaji K, Girilal M, et al., 2009. Mycobased synthesis of silver nanoparticles and their incorporation into sodium alginate films for vegetable and fruit preservation. Journal of Agricultural and Food Chemistry, 57(14): 6246-6252.

Morin E, Kohler A, Baker A R, et al., 2012. Genome sequence of the button mushroom *Agaricus bisporus* reveals mechanisms governing adaptation to a humic-rich ecological niche. Proceedings of the National Academy of Sciences of the United States of America, 109(43): 17501-17506.

Muhamad H, Doan H, Lohi A, 2010. Batch and continuous fixed-bed column biosorption of Cd^{2+} and Cu^{2+}. Chemical Engineering Journal, 158(3): 369-377.

Mukherjee P, Ahmad A, Mandal D, et al., 2001. Fungus-mediated synthesis of silver nanoparticles and their immobilization in the mycelial matrix: A novel biological approach to nanoparticle synthesis. Nano Letters, 1(10): 515-519.

Mukherjee P, Roy M, Mandal B P, et al., 2008. Green synthesis of highly stabilized nanocrystalline silver particles by a non-pathogenic and agriculturally important fungus T. asperellum. Nanotechnology, 19(7): 075103.

Na W, Jun J, Park J W, et al., 2017. Highly porous carbon nanofibers Co-doped with fluorine and nitrogen for outstanding supercapacitor performance. Journal of Materials Chemistry A, 5(33): 17379-17387.

Naderi H R, Norouzi P, Ganjali M R, 2016. Electrochemical study of a novel high performance supercapacitor based on MnO₂/nitrogen-doped graphene nanocomposite. Applied Surface Science, 366: 552-560.

Naderi H R, Sobhani-Nasab A, Rahimi-Nasrabadi M, et al., 2017. Decoration of nitrogen-doped reduced graphene oxide with cobalt tungstate nanoparticles for use in high-performance supercapacitors. Applied Surface Science, 423: 1025-1034.

Nam K T, Kim D W, Yoo P J, et al., 2006. Virus-enabled synthesis and assembly of nanowires for lithium ion battery electrodes. Science, 312(5775): 885-888.

Nandgaonkar A G, Wang Q Q, Fu K, et al., 2014. A one-pot biosynthesis of reduced graphene oxide (RGO)/bacterial cellulose (BC) nanocomposites. Green Chemistry, 16(6): 3195-3201.

Narayanan K B, Sakthivel N, 2010. Biological synthesis of metal nanoparticles by microbes. Advances in Colloid and Interface Science, 156(1/2): 1-13.

Narayanan K B, Sakthivel N, 2011. Facile green synthesis of gold nanostructures by NADPH-dependent enzyme from the extract of *Sclerotium rolfsii*. Colloids and Surfaces A: Physicochemical and Engineering Aspects, 380(1/3): 156-161.

Nardecchia S, Serrano M C, Gutiérrez M C, et al., 2012. Osteoconductive performance of carbon nanotube scaffolds homogeneously mineralized by flow-through electrodeposition. Advanced Functional Materials, 22(21): 4411-4420.

Newsome L, Morris K, Trivedi D, et al., 2015. Biostimulation by glycerol phosphate to precipitate recalcitrant uranium(IV) phosphate. Environmental Science & Technology, 49(18): 11070-11078.

Nguyen-Phan T D, Pham V H, Shin E W, et al., 2011. The role of graphene oxide content on the adsorption-enhanced photocatalysis of titanium dioxide/graphene oxide composites. Chemical Engineering Journal, 170(1): 226-232.

Nie H L, Dou X, Tang Z H, et al., 2015. High-yield spreading of water-miscible solvents on water for langmuir-blodgett assembly. Journal of the American Chemical Society, 137(33): 10683-10688.

Nishiyama Y, Hanafusa T, Yamashita J, et al., 2016. Adsorption and removal of strontium in aqueous solution by synthetic hydroxyapatite. Journal of Radioanalytical and Nuclear Chemistry, 307: 1279-1285.

Niu Z, Fang S, Liu X, et al., 2015. Coordination-driven polymerization of supramolecular nanocages. Journal of the American Chemical Society, 137(47): 14873-14876.

Padgett D E, 1978. Observations on estuarine distribution of Saprolegniaceae. Transactions of the British Mycological Society, 70(1): 141-143.

Paraknowitsch J P, Thomas A, 2013. Doping carbons beyond nitrogen: An overview of advanced heteroatom doped carbons with boron, sulphur and phosphorus for energy applications. Energy & Environmental Science, 6(10): 2839-2855.

Parham H, Bates S, Xia Y D, et al., 2013. A highly efficient and versatile carbon nanotube/ceramic composite filter. Carbon, 54: 215-223.

Park D, Yun Y S, Jo J H, et al., 2005. Mechanism of hexavalent chromium removal by dead fungal biomass of *Aspergillus niger*. Water Research, 39(4): 533-540.

Park J H, Cho S E, Suyama M, et al., 2016. Identification and characterization of *Choanephora* spp. causing *Choanephora* flower rot on *Hibiscus syriacus*. European Journal of Plant Pathology, 146(4): 949-961.

Pei F Y, Liu Y L, Xu S G, et al., 2013. Nanocomposite of graphene oxide with nitrogen-doped TiO_2 exhibiting enhanced photocatalytic efficiency for hydrogen evolution. International Journal of Hydrogen Energy, 38(6): 2670-2677.

Pelletier M G, Holt G A, Wanjura J D, et al., 2013. An evaluation study of mycelium based acoustic absorbers grown on agricultural by-product substrates. Industrial Crops and Products, 51: 480-485.

Peng X, Peng L L, Wu C Z, et al., 2014. Two dimensional nanomaterials for flexible supercapacitors. Chemical Society Reviews, 43(10): 3303-3323.

Peng Y, Lu B Z, Chen S W, 2018. Carbon-supported single atom catalysts for electrochemical energy conversion and storage. Advanced Materials, 30(48): e1801995.

Perumal S, Lee H M, Cheong I W, 2016. A study of adhesion forces between vinyl monomers and graphene surfaces for non-covalent functionalization of graphene. Carbon, 107: 74-76.

Pi L, Jiang R, Zhou W C, et al., 2015. G-C_3N_4 modified biochar as an adsorptive and photocatalytic material for decontamination of aqueous organic pollutants. Applied Surface Science, 358: 231-239.

Pouget E M, Bomans P H H, Goos J A C M, et al., 2009. The initial stages of template-controlled $CaCO_3$ formation revealed by cryo-TEM. Science, 323(5920): 1455-1458.

Pu H T, Jiang F J, 2005. Towards high sedimentation stability: Magnetorheological fluids based on CNT/Fe_3O_4 nanocomposites. Nanotechnology, 16(9): 1486-1489.

Pumera M, 2013. Electrochemistry of graphene, graphene oxide and other graphenoids: Review. Electrochemistry Communications, 36: 14-18.

Qian W J, Sun F X, Xu Y H, et al., 2014. Human hair-derived carbon flakes for electrochemical supercapacitors. Energy & Environmental Science, 7(1): 379-386.

Qiao B T, Wang A Q, Yang X F, et al., 2011. Single-atom catalysis of CO oxidation using Pt1/FeO_x. Nature Chemistry, 3(8): 634-641.

Quester K, Avalos-Borja M, Castro-Longoria E, 2013. Biosynthesis and microscopic study of metallic nanoparticles. Micron, 54: 1-27.

Radloff C, Vaia R A, Brunton J, et al., 2005. Metal nanoshell assembly on a virus bioscaffold. Nano Letters, 5(6): 1187-1191.

Rauda I E, Buonsanti R, Saldarriaga-Lopez L C, et al., 2012. General method for the synthesis of hierarchical nanocrystal-based mesoporous materials. ACS Nano, 6(7): 6386-6399.

Rechberger W, Hohenau A, Leitner A, et al., 2003. Optical properties of two interacting gold nanoparticles. Optics Communications, 220(1/3): 137-141.

Rehman A, Majeed M I, Ihsan A, et al., 2011. Living fungal hyphae-templated porous gold microwires using nanoparticles as building blocks. Journal of Nanoparticle Research, 13(12): 6747-6754.

Reijnders L. 2008. Hazard reduction for the application of titania nanoparticles in environmental technology. Journal of Hazardous Materials, 152(1): 440-445.

Ren Y M, Xu Q, Zhang J M, et al., 2014. Functionalization of biomass carbonaceous aerogels: Selective preparation of MnO_2@CA composites for supercapacitors. ACS Applied Materials & Interfaces, 6(12): 9689-9697.

Riquelme M, 2013. Tip growth in filamentous fungi: A road trip to the apex. Annual Review of Microbiology, 67: 587-609.

Romanchuk A Y, Slesarev A S, Kalmykov S N, et al., 2013. Graphene oxide for effective radionuclide removal. Physical Chemistry Chemical Physics: PCCP, 15(7): 2321-2327.

Saha S, Pal A, Kundu S, et al., 2010. Photochemical green synthesis of calcium-alginate-stabilized Ag and Au nanoparticles and their catalytic application to 4-nitrophenol reduction. Langmuir, 26(4): 2885-2893.

Sarapuu A, Kibena-Põldsepp E, Borghei M, et al., 2018. Electrocatalysis of oxygen reduction on heteroatom-doped nanocarbons and transition metal-nitrogen-carbon catalysts for alkaline membrane fuel cells. Journal of Materials Chemistry A, 6(3): 776-804.

Saraswathy A, Hallberg R, 2005. Mycelial pellet formation by *Penicillium ochrochloron* species due to exposure to pyrene. Microbiological Research, 160(4): 375-383.

Sarkar B, Mandal S, Tsang Y F, et al., 2018. Designer carbon nanotubes for contaminant removal in water and wastewater: A critical review. The Science of the Total Environment, 612: 561-581.

Sowmya, Selvakumar M, 2018. Multilayered electrode materials based on polyaniline/activated carbon composites for supercapacitor applications. International Journal of Hydrogen Energy, 43(8): 4067-4080.

Service R F, 2005. How far can we push chemical self-assembly? Science, 309(5731): 95.

Shaffer M, Fan X, Windle A, 1998. Dispersion and packing of carbon nanotubes. Carbon, 36(11): 1603-1612.

Shan D N, Deng S B, He C H, et al., 2018. Intercalation of rigid molecules between carbon nanotubes for adsorption enhancement of typical pharmaceuticals. Chemical Engineering Journal, 332: 102-108.

Shao D D, Hou G S, Li J X, et al., 2014. PANI/GO as a super adsorbent for the selective adsorption of uranium(Ⅵ). Chemical Engineering Journal, 255: 604-612.

Shen S H, Zhou R F, Li Y H, et al., 2019. Bacterium, fungus, and virus microorganisms for energy storage and conversion. Small Methods, 3(12): 1900596.

Sheng D P, Zhu L, Xu C, et al., 2017. Efficient and selective uptake of TcO_4^- by a cationic metal-organic framework material with open Ag^+ sites. Environmental Science & Technology, 51(6): 3471-3479.

Sheng G D, Yang S T, Sheng J, et al., 2011. Macroscopic and microscopic investigation of Ni(Ⅱ) sequestration on diatomite by batch, XPS, and EXAFS techniques. Environmental Science & Technology, 45(18): 7718-7726.

Shenton W, Pum D, Sleytr U B, et al., 1997. Synthesis of cadmium sulphide superlattices using self-assembled bacterial S-layers. Nature, 389: 585-587.

Shi H F, Bencze K Z, Stemmler T L, et al., 2008. A cytosolic iron chaperone that delivers iron to ferritin. Science, 320(5880): 1207-1210.

Shi Q, Zhang R, Lv Y, et al., 2015. Nitrogen-doped ordered mesoporous carbons based on cyanamide as the dopant for supercapacitor. Carbon, 84: 335-346.

Shimanovich U, Bernardes G J L, Knowles T P J, et al., 2014. Protein micro- and nano-capsules for biomedical applications. Chemical Society Reviews, 43(5): 1361-1371.

Shimizu T, 2002. Bottom-up synthesis and structural properties of self-assembled high-axial-ratio nanostructures. Macromolecular Rapid Communications, 23(5/6): 311-331.

Sijbesma R P, Nolte R J M, 1991. A molecular clip with allosteric binding properties. Journal of the American Chemical Society, 113(17): 6695-6696.

Sipos G, Prasanna A N, Walter M C, et al., 2017. Genome expansion and lineage-specific genetic innovations in the forest pathogenic fungi *Armillaria*. Nature Ecology & Evolution, 1(12): 1931-1941.

Sitko R, Janik P, Feist B, et al., 2014. Suspended aminosilanized graphene oxide nanosheets for selective preconcentration of lead ions and ultrasensitive determination by electrothermal atomic absorption spectrometry. ACS Applied Materials & Interfaces, 6(22): 20144-20153.

Situ S F, Samia A C S, 2014. Highly efficient antibacterial iron oxide@carbon nanochains from wüstite precursor nanoparticles. ACS Applied Materials & Interfaces, 6(22): 20154-20163.

Soner Altundoğan H, Altundoğan S, Tümen F, et al., 2000. Arsenic removal from aqueous solutions by adsorption on red mud. Waste Management, 20(8): 761-767.

Sprynskyy M, Kovalchuk I, Buszewski B, 2010. The separation of uranium ions by natural and modified diatomite from aqueous solution. Journal of Hazardous Materials, 181(1/3): 700-707.

Staaf L G H, Lundgren P, Enoksson P, 2014. Present and future supercapacitor carbon electrode materials for improved energy storage used in intelligent wireless sensor systems. Nano Energy, 9: 128-141.

Stocks S M, Thomas C R, 2001. Strength of mid-logarithmic and stationary phase *Saccharopolyspora erythraea* hyphae during a batch fermentation in defined nitrate-limited medium. Biotechnology and Bioengineering, 73(5): 370-378.

Su R, Bechstein R, Kibsgaard J, et al., 2012. High-quality Fe-doped TiO_2 films with superior visible-light performance. Journal of Materials Chemistry, 22(45): 23755-23758.

Suematsu H, Sengiku M, Kato K, et al., 2002. Photoluminescence properties of crystallized strontium aluminate thin films prepared by ion-beam evaporation. Thin Solid Films, 407(1/2): 136-138.

Sugunan A, Melin P, Schnürer J, et al., 2007. Nutrition-driven assembly of colloidal nanoparticles: Growing fungi assemble gold nanoparticles as microwires. Advanced Materials, 19(1): 77-81.

Sun J F, Huang Y, Sze Sea Y N, et al., 2017. Recent progress of fiber-shaped asymmetric supercapacitors. Materials Today Energy, 5: 1-14.

Sun T T, Zhao S, Chen W X, et al., 2018. Single-atomic cobalt sites embedded in hierarchically ordered porous nitrogen-doped carbon as a superior bifunctional electrocatalyst. Proceedings of the National Academy of Sciences of the United States of America, 115(50): 12692-12697.

Sun Y B, Wang Q, Chen C L, et al., 2012. Interaction between Eu(III) and graphene oxide nanosheets investigated by batch and extended X-ray absorption fine structure spectroscopy and by modeling techniques. Environmental Science & Technology, 46(11): 6020-6027.

Sylwester E R, Hudson E A, Allen P G, 2000. The structure of uranium(VI) sorption complexes on silica, alumina, and montmorillonite. Geochimica et Cosmochimica Acta, 64(14): 2431-2438.

Tan L C, Liu Q, Jing X Y, et al., 2015. Removal of uranium(VI) ions from aqueous solution by magnetic cobalt ferrite/multiwalled carbon nanotubes composites. Chemical Engineering Journal, 273: 307-315.

Tan Y M, Xu C F, Chen G X, et al., 2013. Synthesis of ultrathin nitrogen-doped graphitic carbon nanocages as advanced electrode materials for supercapacitor. ACS Applied Materials & Interfaces, 5(6): 2241-2248.

Tang M L, Chen J, Wang P F, et al., 2018. Highly efficient adsorption of uranium(VI) from aqueous solution by a novel adsorbent: Titanium phosphate nanotubes. Environmental Science: Nano, 5(10): 2304-2314.

Tang Y Z, Reeder R J, 2009. Uranyl and arsenate cosorption on aluminum oxide surface. Geochimica et Cosmochimica Acta, 73(10): 2727-2743.

Tang Y P, Wu D Q, Chen S, et al., 2013. Highly reversible and ultra-fast lithium storage in mesoporous graphene-based TiO_2/SnO_2 hybrid nanosheets. Energy & Environmental Science, 6(8): 2447-2451.

Tian H, Saunders M, Dodd A, et al., 2016. Triconstituent co-assembly synthesis of N, S-doped carbon-silica nanospheres with smooth and rough surfaces. Journal of Materials Chemistry A, 4(10): 3721-3727.

Tian K, Wu J L, Wang J L, 2018. Adsorptive extraction of uranium(VI) from seawater using dihydroimidazole functionalized multiwalled carbon nanotubes. Radiochimica Acta, 106(9): 719-731.

Tsai I L, Cao J Y, Le Fevre L, et al., 2017. Graphene-enhanced electrodes for scalable supercapacitors. Electrochimica Acta, 257: 372-379.

Tuzen M, Saygi K O, Soylak M, 2008. Solid phase extraction of heavy metal ions in environmental samples on multiwalled carbon nanotubes. Journal of Hazardous Materials, 152(2): 632-639.

Ullah R, Dutta J, 2008. Photocatalytic degradation of organic dyes with manganese-doped ZnO nanoparticles. Journal of Hazardous Materials, 156(1): 194-200.

Varghese O K, Paulose M, Latempa T J, et al., 2009. High-rate solar photocatalytic conversion of CO_2 and water vapor to hydrocarbon fuels. Nano Letters, 9(2): 731-737.

Velema W A, Szymanski W, Feringa B L, 2014. Photopharmacology: Beyond proof of principle. Journal of the American Chemical Society, 136(6): 2178-2191.

Verma V C, Singh S K, Solanki R, et al., 2011. Biofabrication of anisotropic gold nanotriangles using extract of endophytic *Aspergillus clavatus* as a dual functional reductant and stabilizer. Nanoscale Research Letters, 6(1): 16.

Vidya K, Gupta N M, Selvam P, 2004. Influence of pH on the sorption behaviour of uranyl ions in mesoporous MCM-41 and MCM-48 molecular sieves. Materials Research Bulletin, 39(13): 2035-2048.

Vikesland P J, Heathcock A M, Rebodos R L, et al., 2007. Particle size and aggregation effects on magnetite reactivity toward carbon tetrachloride. Environmental Science & Technology, 41(15): 5277-5283.

Wang H Y, Li X R, Chai L Y, et al., 2015. Nano-functionalized filamentous fungus hyphae with fast reversible macroscopic assembly & disassembly features. Chemical Communications, 51(40): 8524-8527.

Wang P Y, Yin L, Wang J, et al., 2017. Superior immobilization of U(VI) and [243]Am(III) on polyethyleneimine modified lamellar carbon nitride composite from water environment. Chemical Engineering Journal, 326: 863-874.

Wang T, Zhang L L, Li C, et al., 2015. Synthesis of Core-Shell Magnetic Fe_3O_4@poly(m-Phenylenediamine) Particles for Chromium Reduction and Adsorption. Environmental Science &Technology, 49(9): 5654-5662.

Wang X X, Cullen D A, Pan Y T, et al., 2018. Nitrogen-coordinated single cobalt atom catalysts for oxygen reduction in proton exchange membrane fuel cells. Advanced Materials, 30(11): 1706758.

Ward M D, Raithby P R, 2013. Functional behaviour from controlled self-assembly: Challenges and prospects. Chemical Society Reviews, 42(4): 1619-1636.

Weber W J, Roberts F P, 1983. A review of radiation effects in solid nuclear waste forms. Nuclear Technology, 60(2): 178-198.

Wei J, Zang Z G, Zhang Y B, et al., 2017. Enhanced performance of light-controlled conductive switching in hybrid cuprous oxide/reduced graphene oxide (Cu_2O/rGO) nanocomposites. Optics Letters, 42(5): 911-914.

Wei W F, Cui X W, Chen W X, et al., 2011. Manganese oxide-based materials as electrochemical supercapacitor electrodes. Chemical Society Reviews, 40(3): 1697-1721.

Wessels J G H, De Vries O M H, Asgeirsdottir S A, et al., 1991. Hydrophobin genes involved in formation of aerial hyphae and fruit bodies in *Schizophyllum*. The Plant Cell, 3(8): 793-799.

Wick L Y, Remer R, Würz B, et al., 2007. Effect of fungal hyphae on the access of bacteria to phenanthrene in soil. Environmental Science & Technology, 41(2): 500-505.

Wilbraham R J, Boxall C, Goddard D T, et al., 2015. The effect of hydrogen peroxide on uranium oxide films on 316L stainless steel. Journal of Nuclear Materials, 464: 86-96.

Wood K N, O'Hayre R, Pylypenko S, 2014. Recent progress on nitrogen/carbon structures designed for use in energy and sustainability applications. Energy & Environmental Science, 7(4): 1212-1249.

Wu G, Santandreu A, Kellogg W, et al., 2016. Carbon nanocomposite catalysts for oxygen reduction and evolution reactions: From nitrogen doping to transition-metal addition. Nano Energy, 29: 83-110.

Wu H L, Xia L, Ren J, et al., 2017. A high-efficiency N/P Co-doped graphene/CNT@porous carbon hybrid matrix as a cathode host for high performance lithium-sulfur batteries. Journal of Materials Chemistry A, 5(38): 20458-20472.

Wucherpfennig T, Kiep K A, Driouch H, et al., 2010. Morphology and rheology in filamentous cultivations. Advances in Applied Microbiology, 72: 89-136.

Xia L S, Tan K X, Wang X, et al., 2013. Uranium removal from aqueous solution by banyan leaves: Equilibrium, thermodynamic, kinetic, and mechanism studies. Journal of Environmental Engineering, 139(6): 887-895.

Xia W, Qu C, Liang Z B, et al., 2017. High-performance energy storage and conversion materials derived from a single metal-organic framework/graphene aerogel composite. Nano Letters, 17(5): 2788-2795.

Xia Y, Xiao Z, Dou X, et al., 2013. Green and facile fabrication of hollow porous MnO/C microspheres from microalgaes for lithium-ion batteries. ACS Nano, 7(8): 7083-7092.

Xiang Q J, Yu J G, Jaroniec M, 2011. Enhanced photocatalytic H_2-production activity of graphene-modified titaniananosheets. Nanoscale, 3(9): 3670-3678.

Xiao M D, Chen H J, Ming T, et al., 2010. Plasmon-modulated light scattering from gold nanocrystal-decorated hollow mesoporous silica microspheres. ACS Nano, 4(11): 6565-6572.

Xie B Q, Chen Y, Yu M Y, et al., 2016. Hydrothermal synthesis of layered molybdenum sulfide/N-doped graphene hybrid with enhanced supercapacitor performance. Carbon, 99: 35-42.

Xie Y J, Yan B, Xu H L, et al., 2014. Highly regenerable mussel-inspired Fe_3O_4@Polydopamine-Ag core-shell microspheres as catalyst and adsorbent for methylene blue removal. ACS Applied Materials & Interfaces, 6(11): 8845-8852.

Xie Y, Chen C L, Ren X M, et al., 2019. Emerging natural and tailored materials for uranium-contaminated water treatment and environmental remediation. Progress in Materials Science, 103: 180-234.

Xing M Y, Wu Y M, Zhang J L, et al., 2010. Effect of synergy on the visible light activity of B, N and Fe Co-doped TiO_2 for the degradation of MO. Nanoscale, 2(7): 1233-1239.

Xu G Y, Han J P, Ding B, et al., 2015. Biomass-derived porous carbon materials with sulfur and nitrogen dual-doping for energy storage. Green Chemistry, 17(3): 1668-1674.

Xu J, Tan Z Q, Zeng W C, et al., 2016. A hierarchical carbon derived from sponge-templated activation of graphene oxide for high-performance supercapacitor electrodes. Advanced Materials, 28(26): 5222-5228.

Xu M Y, Han X L, Hua D B, 2017. Polyoxime-functionalized magnetic nanoparticles for uranium adsorption with high selectivity over vanadium. Journal of Materials Chemistry A, 5(24): 12278-12284.

Xu X J, Xia L, Huang Q Y, et al., 2012. Biosorption of cadmium by a metal-resistant filamentous fungus isolated from chicken manure compost. Environmental Technology, 33(13-15): 1661-1670.

Xue Z X, Wang S T, Lin L, et al., 2011. A novel superhydrophilic and underwater superoleophobic hydrogel-coated mesh for oil/water separation. Advanced Materials, 23(37): 4270-4273.

Yagub M T, Sen T K, Afroze S, et al., 2014. Dye and its removal from aqueous solution by adsorption: A review. Advances in Colloid and Interface Science, 209: 172-184.

Yan L, Huang Y Y, Cui J L, et al., 2015. Simultaneous As(III) and Cd removal from copper smelting wastewater using granular TiO_2 columns. Water Research, 68: 572-579.

Yang J K, Zhang X T, Li B, et al., 2014. Photocatalytic activities of heterostructured TiO_2-graphene porous microspheres prepared by ultrasonic spray pyrolysis. Journal of Alloys and Compounds, 584: 180-184.

Yang S, Tak Y J, Kim J, et al., 2017. Support effects in single-atom platinum catalysts for electrochemical oxygen reduction. ACS Catalysis, 7(2): 1301-1307.

Yang X, Jiang Z H, Fei B H, et al., 2018. Graphene functionalized bio-carbon xerogel for achieving high-rate and high-stability supercapacitors. Electrochimica Acta, 282: 813-821.

Yao H B, Huang G, Cui C H, et al., 2011. Macroscale elastomeric conductors generated from hydrothermally synthesized metal-polymer hybrid nanocable sponges. Advanced Materials, 23(32): 3643-3647.

Yao W, Wang X X, Liang Y, et al., 2018. Synthesis of novel flower-like layered double oxides/carbon dots nanocomposites for U(VI) and [241]Am(III) efficient removal: Batch and EXAFS studies. Chemical Engineering Journal, 332: 775-786.

You B, Wang L L, Yao L, et al., 2013. Three dimensional N-doped graphene-CNT networks for supercapacitor. Chemical Communications, 49(44): 5016-5018.

Yu J G, Wang Y, Xiao W, 2013. Enhanced photoelectrocatalytic performance of SnO_2/TiO_2 rutile composite films. Journal of Materials Chemistry A, 1(36): 10727-10735.

Yu Z N, Tetard L, Zhai L, et al., 2015. Supercapacitor electrode materials: Nanostructures from 0 to 3 dimensions. Energy & Environmental Science, 8(3): 702-730.

Yuan D Z, Wang Y, Qian Y, et al., 2017. Highly selective adsorption of uranium in strong HNO_3 media achieved on a phosphonic acid functionalized nanoporous polymer. Journal of Materials Chemistry A, 5(43): 22735-22742.

Yuan R F, Zhou B H, Hua D, et al., 2013. Enhanced photocatalytic degradation of humic acids using Al and Fe Co-doped TiO_2 nanotubes under UV/ozonation for drinking water purification. Journal of Hazardous Materials, 262: 527-538.

Zhang L Y, Li X R, Wang M R, et al., 2016. Highly flexible and porous nanoparticle-loaded films for dye removal by graphene oxide-fungus interaction. ACS Applied Materials & Interfaces, 8(50): 34638-34647.

Zhang L, Li H Q, Lai X J, et al., 2017. Thiolated graphene-based superhydrophobic sponges for oil-water separation. Chemical Engineering Journal, 316: 736-743.

Zhang L Y, Wang Y Y, Peng B, et al., 2014. Preparation of a macroscopic, robust carbon-fiber monolith from filamentous fungi and its application in Li-S batteries. Green Chemistry, 16(8): 3926-3934.

Zhang Q L, Lu T, Bai D, et al., 2016. Self-immobilization of a magnetic biosorbent and magnetic induction heated dye adsorption processes. Chemical Engineering Journal, 284: 972-978.

Zhang Z P, Sun J T, Wang F, et al., 2018. Efficient oxygen reduction reaction (ORR) catalysts based on single iron atoms dispersed on a hierarchically structured porous carbon framework. Angewandte Chemie, 57(29): 9038-9043.

Zhang Y, Zhu W, Cui X, et al., 2015. One-step hydrothermal synthesis iron and nitrogen co-doped Tio2 nanotubes with enhanced visible-light photocatalytic activity. crystengcomm, 17(43): 757-762.

Zhao D L, Wang X B, Yang S T, et al., 2012. Impact of water quality parameters on the sorption of U(VI) onto hematite. Journal of Environmental Radioactivity, 103(1): 20-29.

Zhao D L, Zhang Q, Xuan H, et al., 2017. EDTA functionalized Fe_3O_4/graphene oxide for efficient removal of U(VI) from aqueous solutions. Journal of Colloid and Interface Science, 506: 300-307.

Zhao G X, Wen T, Yang X, et al., 2012. Preconcentration of U(VI) ions on few-layered graphene oxide nanosheets from aqueous solutions. Dalton Transactions, 41(20): 6182-6188.

Zhao K M, Liu S Q, Ye G Y, et al., 2018. High-yield bottom-up synthesis of 2D metal-organic frameworks and their derived ultrathin carbon nanosheets for energy storage. Journal of Materials Chemistry A, 6(5): 2166-2175.

Zhao L M, Schaefer D, Xu H X, et al., 2005. Elastic properties of the cell wall of *Aspergillus nidulans* studied with atomic force microscopy. Biotechnology Progress, 21(1): 292-299.

Zhao Y S, Liu C X, Feng M, et al., 2010. Solid phase extraction of uranium(VI) onto benzoylthiourea-anchored activated carbon. Journal of Hazardous Materials, 176(1): 119-124.

Zhao Y X, Qiu X F, Burda C, 2008. The effects of sintering on the photocatalytic activity of N-doped TiO_2 nanoparticles. Chemistry of Materials, 20(8): 2629-2636.

Zhao Z H, Li M T, Zhang L P, et al., 2015. Design principles for heteroatom-doped carbon nanomaterials as highly efficient catalysts for fuel cells and metal-air batteries. Advanced Materials, 27(43): 6834-6840.

Zheng T, Yang Z X, Gui D X, et al., 2017. Overcoming the crystallization and designability issues in the ultrastable zirconium phosphonate framework system. Nature Communications, 8: 15369.

Zhong Y, Xia X H, Deng S J, et al., 2018. Spore carbon from *Aspergillus oryzae* for advanced electrochemical energy storage. Advanced Materials, 30(46): e1805165.

Zhou J, Yu J, Liao H, et al., 2020. Facile fabrication of bimetallic collagen fiber particles via immobilizing zirconium on chrome-tanned leather as adsorbent for fluoride removal from ground water near hot spring. Separation Science and Technology, 55(4): 658-671.

Zhou Z D, Liu F L, Huang Y, et al., 2015. Biosorption of palladium(II) from aqueous solution by grafting chitosan on persimmon tannin extract. International Journal of Biological Macromolecules, 77: 336-343.

Zhu W K, Lei J, Li Y, et al., 2019. Procedural growth of fungal hyphae/Fe$_3$O$_4$/graphene oxide as ordered-structure composites for water purification. Chemical Engineering Journal, 355: 777-783.

Zhu Y W, Murali S, Cai W W, et al., 2010. Graphene and graphene oxide: Synthesis, properties, and applications. Advanced Materials, 22(35): 3906-3924.

Zhu Y Q, Sun W M, Luo J, et al., 2018. A cocoon silk chemistry strategy to ultrathin N-doped carbon nanosheet with metal single-site catalysts. Nature Communications, 9(1): 3861.

Zimmermann G, 2007. Review on safety of the entomopathogenic fungi Beauveria bassiana and Beauveria brongniartii. Biocontrol Science and Technology, 17(6): 553-596.

Zong P F, Wang S F, Zhao Y L, et al., 2013. Synthesis and application of magnetic graphene/iron oxides composite for the removal of U(VI) from aqueous solutions. Chemical Engineering Journal, 220: 45-52.

Zou Y D, Wang P Y, Yao W, et al., 2017. Synergistic immobilization of UO$_2^{2+}$ by novel graphitic carbon nitride@layered double hydroxide nanocomposites from wastewater. Chemical Engineering Journal, 330: 573-584.

附　　录

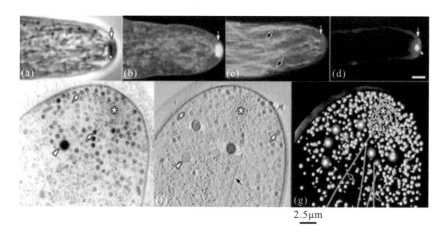

图 1-6　菌丝顶体参与菌丝顶端生长的过程

(a)经数码增强的无染色粗糙脉孢菌菌丝的图像，显示由分泌囊泡组成的暗云相和亮核相的顶体(箭头处)；(b)经 FM4-64 染色的
菌丝激光共聚焦显微镜图像，显示顶体内的囊泡(箭头处)；(c)激光共聚焦显微镜图像；(d)构巢曲霉活细胞菌丝；(e)～(g)构巢
　曲霉菌丝尖端的透射电镜图。顶体核内的一簇微泡(星号)被顶泡(白色箭头)、沃鲁宁体(白色箭头)和微管(黑色箭头)所包围

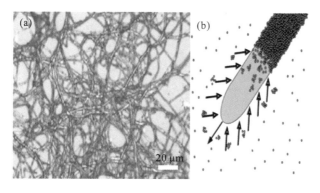

图 1-18　在培养基中加入谷氨酸后真菌组装纳米金的电子显微相片(a)
及纳米金组装到真菌菌丝上的示意图(b)

随着菌丝的顶端延长，纳米金颗粒沉积到新长出的菌丝表面

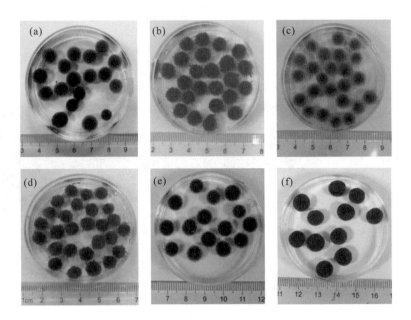

图 2-5 几种有序结构多功能菌丝纳米复合球光学图片

(a) FH/Fe₃O₄ NPs/Au NPs；(b) FH/GO/Au NPs；(c) FH/Fe₃O₄ NPs/GO；(d) FH/Au NPs/Fe₃O₄ NPs；

(e) FH/GO/Au NPs/CNT；(f) FH/CNT/Au NPs/GO

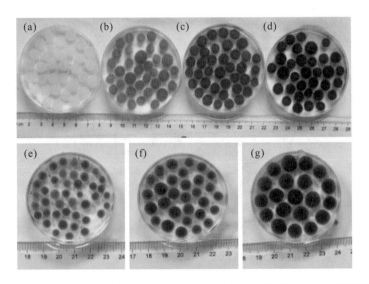

图 2-10 不同 GO 浓度条件下菌丝生长组装制备的 FH/GO 复合球数码相片 (a～d) 和不同培养时间条件下

菌丝生长组装制备的 FH/GO 复合球数码相片 (e～g)

(a) 0mg/mL；(b) 3mg/mL；(c) 6mg/mL；(d) 12mg/mL；(e) 60h；(f) 72h；(g) 84h

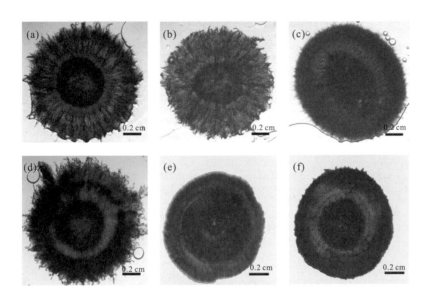

图 2-15　几种多功能菌丝纳米复合球切片光学显微图片

(a) FH/Fe₃O₄ NPs/Au NPs；(b) FH/GO/Au NPs；(c) FH/Fe₃O₄ NPs/GO；(d) FH/ Au NPs/Fe₃O₄ NPs；

(e) FH/GO/Au NPs/CNT；(f) FH/ CNT /Au NPs/ GO

(a)FH/Fe₃O₄ NPs/GO复合球对甲基紫吸附-回收-再利用过程

(b)吸附甲基紫的FH/Fe₃O₄ NPs/GO
复合球冻干样品数码相片

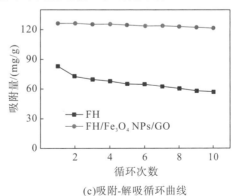

(c)吸附-解吸循环曲线

图 2-19　甲基紫吸附

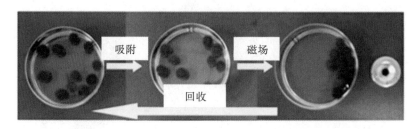

图 2-22　FH/Fe$_3$O$_4$ NPs/Au NPs 复合球作用下对硝基苯酚催化-回收-再利用示意图

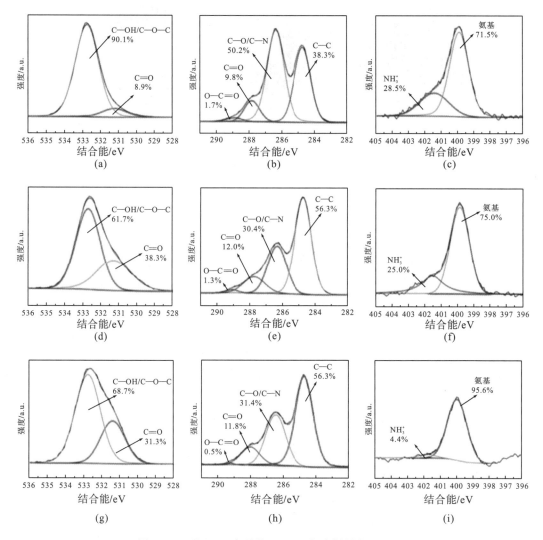

图 3-13　不同 GO 含量的 FH/GO 复合材料的 XPS 图

(a)～(c)FH 的 O1s、C1s 和 N1s 的高分辨率 XPS 图；(d)～(f)FH/GO-3 的 O1s、C1s 和 N1s 的高分辨率 XPS 图；(g)～(i)FH/GO-3 吸附 U(VI)后 O1s、C1s 和 N1s 的高分辨率 XPS 图

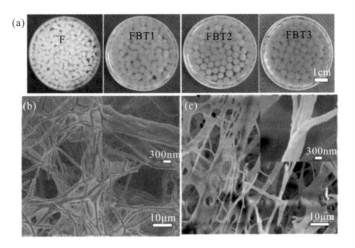

图 3-22　不同复合材料的数码相片和 SEM 图

(a) F、FBT1、FBT2 和 FBT3 的数码相片；(b)、(c) F 和 FBT1 的 SEM 图

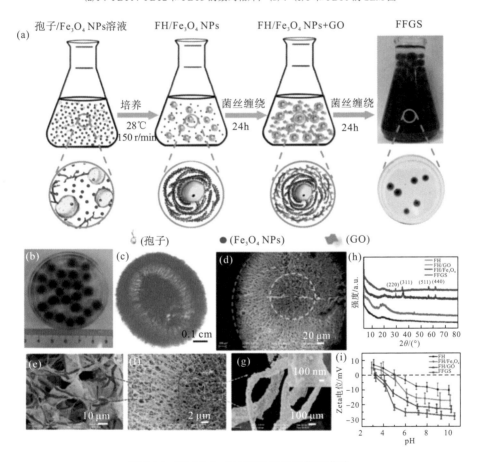

图 3-36　FFGS 合成过程及相关图像和曲线

(a) FFGS 合成过程；(b) FFGS 的照片；(c) 低温切片后 FFGS 的光学显微镜图像；(d) FFGS 的 SEM 图；(e) 放大的 FFGS 的 SEM 图；(f) 复合球的壳层；(g) 复合球的核；(h) XRD 图谱；(i) Zeta 电位随 pH 的变化

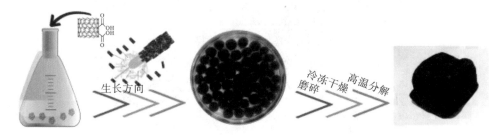

图 4-1　FH/CNT-*x* 的制备过程

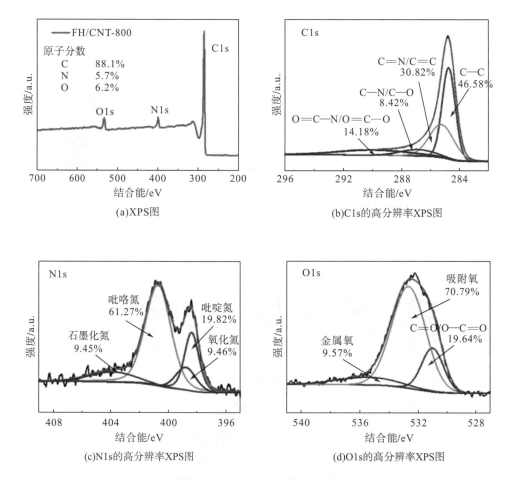

(a)XPS图

(b)C1s的高分辨率XPS图

(c)N1s的高分辨率XPS图

(d)O1s的高分辨率XPS图

图 4-5　FH/CNT-800 的 XPS 图

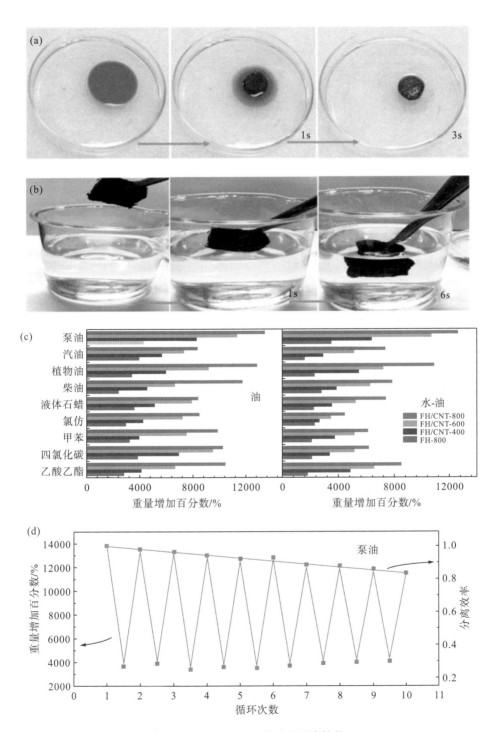

图 4-6　FH/CNT-800 的油水分离性能

(a)水-油分离的过程；(b)对油的吸附；(c.左)在油体系中的吸附性能；(c.右)在水-油体系中的吸附性能；(d)FH/CNT-800 的

可回收性和分离效率

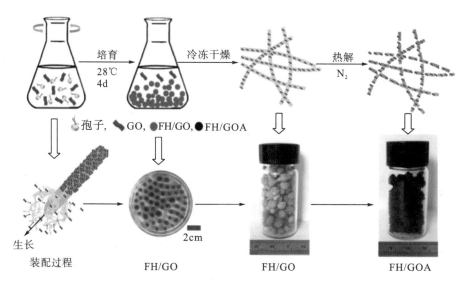

图 4-8 FH/GOA 合成过程示意图

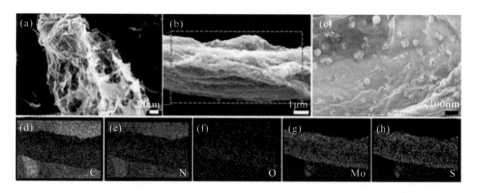

图 5-2 FH-石墨烯-MoS$_2$-0.5 的 SEM 图［(a)～(c)］和 EDX 图［(d)～(h)］

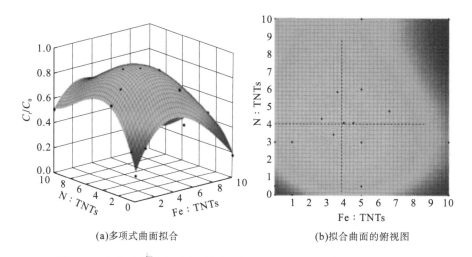

(a)多项式曲面拟合   (b)拟合曲面的俯视图

图 5-23   九水硝酸铁和尿素添加量对 Fe/N-TNTs/NG 催化甲基蓝的影响

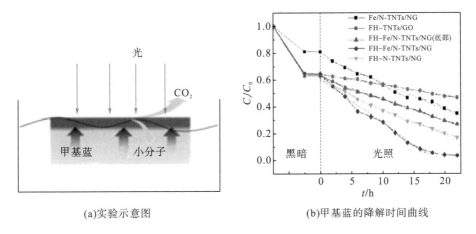

(a)实验示意图   (b)甲基蓝的降解时间曲线

图 5-25　三维块体降解甲基蓝测试

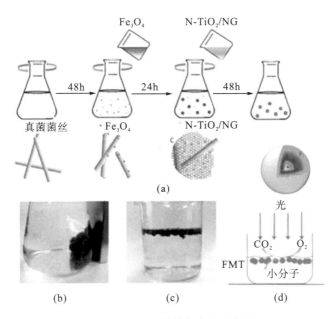

图 5-28　FMT 的制备流程示意图

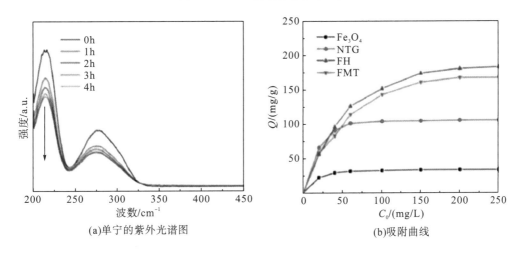

(a)单宁的紫外光谱图   (b)吸附曲线

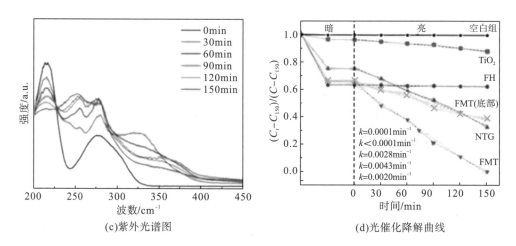

(c)紫外光谱图   (d)光催化降解曲线

图 5-34　光谱图及相关曲线

光催化降解曲线 0 时刻左侧为暗反应，暗反应时间为 330min

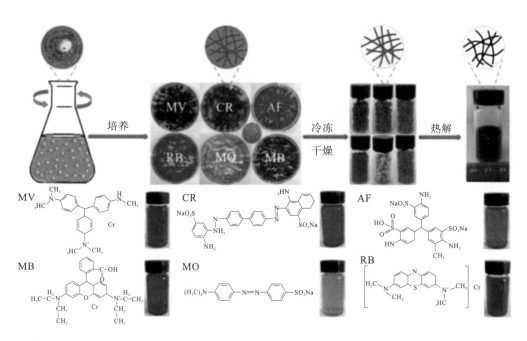

图 6-1　工艺流程、有机染料分子式及其溶液的数码相片

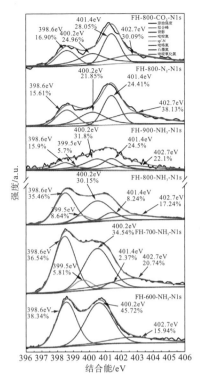

(a)N1s高分辨率XPS图

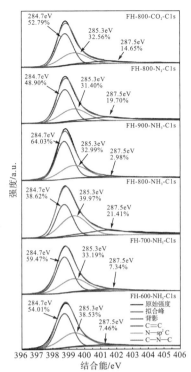

(b)C1s高分辨率XPS图

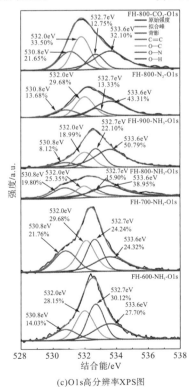

(c)O1s高分辨率XPS图

图6-28 拟合图谱

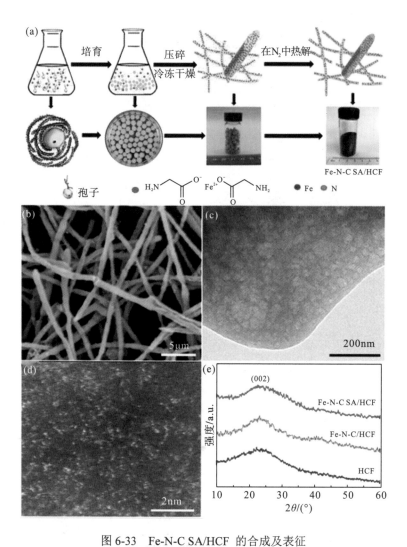

图 6-33   Fe-N-C SA/HCF 的合成及表征

(a)Fe-N-C SA/HCF 合成流程；(b)～(d)Fe-N-C SA/HCF 的 SEM 图、TEM 图、HAADF-STEM 图；(e)HCF、Fe-N-C/HCF、

Fe-N-C SA/HCF 的 XRD 图谱

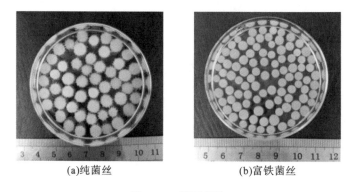

图 6-34   数码相片

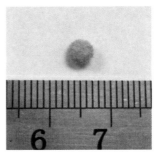

(a)纯菌丝 (b)冻干后的富铁菌丝

图 6-35　单个菌丝的数码相片

(a)纯菌丝 (b)富铁菌丝

图 6-36　宏观数码相片

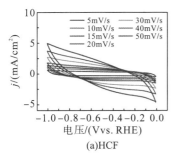
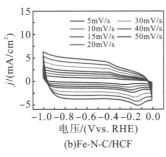
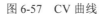
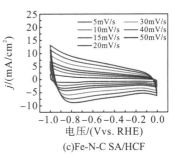

(a)HCF (b)Fe-N-C/HCF (c)Fe-N-C SA/HCF

图 6-57　CV 曲线